《系统与控制丛书》编委会

系统与控制丛书

情感计算与情感机器人系统

吴　敏　刘振焘　陈略峰　著

科　学　出　版　社

北　京

内 容 简 介

  本书在介绍情感计算、情感建模以及人机情感交互概念的基础上，分析了当前人机情感交互的研究前沿，总结了在多模态情感识别方法、人机交互氛围场建模、情感意图理解方法、情感机器人的多模态情感表达以及人机情感交互系统应用方面的最新研究成果，使读者对人机情感交互有更深的理解，对促进我国在情感计算与情感机器人领域的快速发展具有积极的作用。

  本书可作为人工智能、机器人、计算机科学与技术、控制科学与工程等专业高年级本科生及研究生的教材和参考用书，也可供情感计算、模式识别、智能机器人以及相关领域的工程技术人员和科研工作者参考使用。

图书在版编目(CIP)数据

情感计算与情感机器人系统/吴敏，刘振焘，陈略峰著. —北京：科学出版社，2018.4
 （系统与控制丛书）
 ISBN 978-7-03-056923-3

 Ⅰ. ①情⋯ Ⅱ. ①吴⋯ ②刘⋯ ③陈⋯ Ⅲ. ①人工智能–研究
Ⅳ. ①TP18

中国版本图书馆 CIP 数据核字（2018）第 049306 号

责任编辑：朱英彪 赵晓廷/责任校对：张小霞
责任印制：吴兆东/封面设计：蓝正设计

科 学 出 版 社 出版
北京东黄城根北街 16 号
邮政编码：100717
http://www.sciencep.com
北京盛通数码印刷有限公司印刷
科学出版社发行 各地新华书店经销
*
2018 年 4 月第 一 版 开本：720 × 1000 1/16
2024 年 4 月第七次印刷 印张：14 3/4
字数：280 000
定价：98.00 元
(如有印装质量问题，我社负责调换)

编 者 的 话

我们生活在一个科学技术飞速发展的信息时代，诸如宇宙飞船、机器人、因特网、智能机器及汽车制造等高新技术对自动化提出了更高的要求。系统与控制理论也因此面临着更大的挑战。它必须能够为设计高水平的物理或信息系统提供原理和方法，使得设计出的系统能感知并自动适应快速变化的环境。

为帮助系统控制专业的专家、工程师以及青年学生迎接这些挑战，科学出版社和中国自动化学会控制理论专业委员会合作，设立了《系统与控制丛书》的出版项目。本丛书分中、英文两个系列，目的是出版一些具有创新思想的高质量著作，内容既可以是新的研究方向，也可以是至今仍然活跃的传统方向。研究生是本丛书的主要读者群，因此，我们强调内容的可读性和表述的清晰。我们希望丛书能达到这些目的，为此，期盼着大家的支持和奉献！

《系统与控制丛书》编委会
2007 年 4 月 1 日

前　言

　　随着机器人进入日常生活中的各个方面，人们对其提出了更高的要求，希望它们具有感知人类情感、意图的能力，这类机器人称为情感机器人。情感机器人的出现将改变传统的人机交互模式，实现人与机器人的情感交互。用人工的方法和技术赋予机器人以人类式的情感，使情感机器人具有识别、理解和表达喜乐哀怒的能力。目前，机器人革命已经进入"互联网＋情感＋智能"的时代，这就要求机器人具有情感。面对国内外市场对情感机器人的迫切需求，突破人机交互及情感计算等相关领域的关键技术刻不容缓。因此，提高机器人的智能化水平，使其能够感知周围的环境，理解人类的情感、意图和服务需求，自适应地与用户进行人机交互，根据用户的需求以及环境信息的变化来提供优质的服务，已成为新一代智能机器人的发展趋势。

　　近年来，对于情感机器人的研究已经成为热门课题。国家自然科学基金委员会于 2004 年将情感计算理论与方法的研究列为重点项目，旨在通过计算机科学与心理学的结合，研究认知与情绪的交互作用，深入探讨情感计算理论及模态情感识别等关键技术。自 2013 年以来，我国已连续 4 年占据世界第一大机器人市场位置，相应政策的制定促进了机器人产业的发展，在发布的《国家中长期科学和技术发展规划纲要（2006—2020 年）》中明确指出，促进"以人为中心"的信息技术发展，把智能服务机器人和人机交互系统列为未来重点发展的前沿技术。与此同时，国务院印发的《中国制造 2025》提出加快发展智能制造装备和产品，深化人机智能交互技术在生产过程中的应用，更加凸显了加快人工智能与情感计算融合方面研究的必要性。2017 年 7 月国务院颁布的《新一代人工智能发展规划》更加促进了新一代人工智能基础理论与关键技术的研究与发展，为情感计算与情感机器人系统的研究与应用带来更好的发展机遇。本书针对情感机器人和人机情感交互系统的发展需要，较为全面地介绍情感计算与情感机器人系统的基本概念、系统架构和系统功能，重点探讨情感机器人系统中涉及的多模态情感识别、氛围场建模、情感意图理解、机器人行为适应、机器人情感表达等关键技术和科学问题，给出人机情感交互系统的设计及应用实例。

　　本书共 7 章。第 1 章是绪论，从情感计算和情感建模两方面出发，介绍情感机器人的发展与应用。第 2 章基于情感机器人系统人机交互对情感信息的要求，结合语音、表情、生理信号各模态的要点，对多模态情感特征提取方法进行系统阐述。第 3 章基于情感机器人系统情感识别的实际要求，从特征抽取和特征选择两方面系统地阐述多模态情感特征集降维方法。第 4 章结合实际情感机器人研究，从情感识别方法、多模态信息融合和机器人情感表达三方面对情感机器人系统中的多模态情感识别与表达方法进行介绍。第 5 章介绍人机交互过程中的氛围场建模方法和基于模糊氛围场的机器人行为适应。第 6 章介绍情感意图理解模型和基于情感意图理解的机器人行为适应方法。第 7 章介绍早期的人机情感交互系统和本书作者团队设计的多模态人机情感交互系统（包括系统整体架构、情感交互场景、系统功能设计与实现等）。

在本书撰写过程中，日本东京工业大学广田薰教授、日本东京工科大学/中国地质大学（武汉）佘锦华教授、日本神奈川工科大学山崎洋一副教授给予了支持和帮助；中国科学院沈阳自动化研究所于海斌研究员，北京理工大学陈杰教授，中南大学蔡自兴教授、谭冠政教授和梅英博士提供了多方面协助；中国地质大学（武汉）何勇教授、赖旭芝教授、曹卫华教授、陈鑫教授也给予了大力支持；中国地质大学（武汉）研究生毛俊伟、谢桥、周梦甜、徐建平、张日、郝曼、冯雨、李锶涵和本科生于朝阳、杨睿萍、李田承担了本书的文字整理、录入与校对工作，在此深表感谢。

本书内容得益于国家自然科学基金项目"基于多模态情感识别的人机交流氛围场建模方法"（61403422）和"基于人机交互深层认知信息的多机器人行为协调机制研究"（61603356）、国家自然科学基金重点项目"复杂地质钻进过程智能控制"（61733016）、国家自然科学基金重点国际（地区）合作研究项目"钢铁烧结绿色制造的碳优化与先进控制理论和方法"（61210011）、湖北省自然科学基金创新群体项目（2015CFA010）、湖北省自然科学基金面上项目（2018CFB447）、教育部高等学校学科创新引智计划项目（B17040）以及武汉市科技计划项目（2017010201010133）的研究成果，感谢有关专家对本书的推荐和鼓励，并向书中所有参考文献的作者表示感谢。

由于作者水平有限，书中难免存在不妥之处，恳请广大专家和读者批评指正，对此不胜感激。

吴　敏　刘振焘　陈略峰

2017 年 11 月

目　　录

第 1 章 绪 论

情感在人们的日常生活中起着重要的作用。人与人之间的交流过程中传递着大量的情感信息，这使得人们可以进行和谐自然的交流。随着感性工学和人工心理学的发展，情感逐渐受到认知科学研究者的广泛关注。目前，认知科学家把情感与知觉、学习、记忆、言语等经典认知过程相提并论，关于情感本身及情感与其他认知过程中相互作用的研究也成为当代认知科学的热点。

情感计算是人机情感交互系统和情感机器人的关键技术。随着人工智能技术的发展，人机交互已经逐渐步入人们的日常生活，但是传统的人机交互方式是机械化的，难以满足现在的需求。情感计算技术的引入使机器具有了与人类似的情感功能，在人机交互中能够与人发生情感上的互动，从而使得人与机器间的交流更加自然。

1.1 情 感 计 算

情感计算就是赋予计算机像人一样的观察、理解和表达各种情感特征的能力，最终使计算机能与人进行自然、亲切和生动的交互 [1]。情感计算及其在人机交互系统中的应用必将成为未来人工智能的一个重要研究方向 [2]。

1.1.1 情感计算概述

情感计算的概念是在 1997 年由麻省理工学院（Massachusetts Institute of Technology，MIT）媒体实验室 Picard 教授提出的，她指出情感计算与情感相关，源于情感或能够对情感施加影响的计算 [3]。1999 年，北京科技大学王志良教授提出了人工心理理论 [4]，对人的情感、意志、性格、创造等心理活动进行研究。人工心理理论以人工智能现有的理论和方法为基础，是人工智能的继承和发展，有着更广泛的内容。中国科学院自动化研究所胡包刚研究员等也通过自己的研究，提出了情感计算的定义，认为情感计算的目的是通过赋予计算机识别、理解、表达和适应人的情感的能力来建立和谐人机环境，并使计算机具有更高的、全面的智能。

心理学和认知科学对情感计算的发展起了很大的促进作用。心理学研究表明，情感是人与环境之间某种关系的维持或改变，当外界环境的发展与人的需求及愿望符合时会引起人积极肯定的情感，反之则会引起人消极否定的情感。情感是人态度在生理上一种较复杂而又稳定的生理评价和体验，在生理反应上的反映包括喜、怒、忧、思、悲、恐、惊七种基本情感。情感因素往往影响着人们的理性判断和决策，因此人们常常以避免"感情用事"来告诫自己和他人。但情感因素对人们的影响也不都是负面的，根据心理学和医学的相关研究成果，人们如果丧失了一定的情感能力，如理解和表达情感的能力，那么理性的决策和判断是难以达到的。不少学者认为情感能力是人类智能的重要标志，领会、运用、表达情感的能力发挥着比传统的智力更为重要的作用。

情感计算是一门综合性很强的技术，是人工智能情感化的关键一步。情感计算的主要研究内容包括：分析情感的机制，主要是情感状态判定及与生理和行为之间的关系；利用多种传感器获取人当前情感状态下的行为特征与生理变化信息，如语音信号、面部表情、身体姿态等体态语以及脉搏、皮肤电、脑电等生理指标；通过对情感信号的分析与处理，构建情感模型将情感量化，使机器人具有感知、识别并理解人情感状态的能力，从而使情感更加容易表达；根据情感分析与决策的结果，机器人能够针对人的情感状态进行情感表达，并做出行为反应 [5]。

近年来，随着情感计算技术的快速发展，人机情感交互和情感机器人已成为人机交互和情感计算领域的研究热点，其内容涉及数学、心理学、计算机科学、人工智能和认知科学等众多学科。人机情感交互就是要实现计算机识别和表达情感的功能，最终使人与计算机能够进行自然、和谐的交互。当前，基于语音、面部表情、手势、生理信号等方式的人机情感交互系统和情感机器人的开发取得了一定的成果，它在远程教育、医疗保健、助老助残、智能驾驶、网络虚拟游戏和服务机器人等诸多领域有着广阔的应用前景。

1.1.2 情感计算关键技术及现状

情感计算中关键的两个技术环节是如何让机器能够识别人的情感、如何根据人的情感状态产生和表达机器的情感。虽然情感计算是一门新兴学科，但前期心理学、生理学、行为学和脑科学等相关学科的研究成果已经为情感计算的研究奠定了坚实的基础。目前，国内外关于情感计算的研究已经在情感识别和情感合成与表达方面，包括语音情感识别与合成表达、人脸表情识别与合成表达、生理信号情感识别、身体姿态情感识别与合成表达等，取得了初步成果。

1. 情感识别现状

情感识别是通过对情感信号的特征提取，得到能最大限度地表征人类情感的情感特征数据，据此进行建模，找出情感的外在表象数据与内在情感状态的映射关系，从而将人类当前的内在情感类型识别出来。在情感计算中，情感识别是最重要的研究内容之一。情感识别的研究主要包括语音情感识别、人脸表情识别和生理信号情感识别等。目前，我国关于情感识别的研究已经比较普遍，例如，清华大学、中国科学院、北京航空航天大学、北京科技大学、哈尔滨工业大学、东南大学、上海交通大学、中国地质大学（武汉）等多所高校和科研机构参与了情感识别相关课题的研究[6-12]。

1）语音情感识别

MIT 媒体实验室 Picard 教授带领的情感计算研究团队在 1997 年就开始了对于语音情感的研究。在语音情感识别方面，该团队的成员 Fernandez 等开发了汽车驾驶语音情感识别系统，通过语音对司机的情感状态进行分析，有效减少了车辆行驶过程中因不好情感状态而引起的危险[13]。美国南加利福尼亚大学语音情感研究团队以客服系统为应用背景，致力于语音情感的声学分析与合成，并对积极情绪和消极情绪两种情感状态进行识别。该团队将语音情感识别技术集成到语音对话系统中，使计算机能够更加自然、和谐地与人进行交互[14]。

在国内，中国地质大学（武汉）自动化学院情感计算团队对独立人和非独立人的语音情感识别进行了深入的研究，他们对说话人的声学特征和韵律特征进行分析，提取了独立说话人的语音特征和非独立说话人的语音特征[12]。清华大学蔡连红教授带领的人机语音交互研究室也开展了语音情感识别的研究。在语音情感识别方面，他们主要是针对普通话，对其韵律特征进行分析。但因为语音的声学特征比较复杂，不同人之间的声学差异较大，所以目前针对非独立人之间的语音情感识别技术还需要进一步研究。

2）人脸表情识别

人脸表情识别是情感识别中非常关键的一部分。在人类交流过程中，有 55%是通过面部表情来完成情感传递的。20 世纪 70 年代，美国心理学家 Ekman 和 Friesen 对现代人脸表情识别做了开创性的工作[15]。Ekman 定义了人类的 6 种基本表情：高兴、生气、吃惊、恐惧、厌恶和悲伤，确定了识别对象的类别；建立了面部动作编码系统（facial action coding system，FACS）[16]，使研究者能够按照系统划分的一系列人脸动作单元来描述人脸面部动作，根据人脸运动与表情的关系，检测人脸面部细微表情。随后，Suwa 等对人脸视频动画进行了人脸表情识别的最初尝试。随着模式识别与图像处理技术的发展，人脸表情识别技术得到迅猛发展与广泛的应用。目前，大多数情感机器人（如 MIT 的 Kismet 机器人、日本的 AHI 机器人等）都具有较好的人脸表情识别能力。

在我国，哈尔滨工业大学高文教授团队首先引入了人脸表情识别的研究成果。随后，北京科技大学王志良教授团队将人脸表情识别算法应用于机器人的情感控制研究中。中国地质大学（武汉）刘振焘博士和陈略峰博士针对人脸表情识别技术展开研究并将其运用到多模态人机情感交互系统中[17]。另外，清华大学、中国科学院等都对面部表情识别有深入的研究。但是由于人类情感和表情的复杂性，识别算法的有效性和鲁棒性还不能完全达到实际应用的要求，这些都是未来研究中有待解决的问题。

　　3）生理信号情感识别

　　MIT 媒体实验室情感计算研究团队最早对生理信号的情感识别进行研究，同时也证明了生理信号运用到情感识别中是可行的。Picard 教授在最初的实验中采用肌电、皮肤电、呼吸和血容量搏动 4 种生理信号，并提取它们的 24 维统计特征对这 4 种情感状态进行识别 [18, 19]。德国奥格斯堡大学计算机学院的 Wagner 等对心电、肌电、皮肤电和呼吸 4 种生理信号进行分析来识别高兴、生气、喜悦和悲伤 4 种情绪，取得了较好的效果 [20]。韩国的 Kim 等研究发现通过测量心脏心率、皮肤导电率、体温等生理信号可以有效地识别人的情感状态 [21, 22]，他们与三星公司合作开发了一种基于多生理信号短时监控的情感识别系统。

　　在我国，基于生理信号情感识别的研究起步较晚，北京航空航天大学毛峡教授团队对不同情感状态的生理信号进行了初步的研究。江苏大学和上海交通大学也对生理信号的情感识别进行了研究，建立了自己的生理信号情感识别数据库，从心电信号、脑电信号等进行特征提取和识别 [23, 24]。西南大学的刘光远教授等对生理信号的情感识别进行了深入的研究，并出版专著《人体生理信号的情感分析方法》[25]。生理信号在信号表征的过程中具有一定的个体差异性，目前的研究还基本处在实验室阶段，主要通过刺激材料诱发被试的相应情绪状态，而不同个体对于同一刺激材料的反应也会存在一定的差异，因此如何解决不同个体之间的差异性仍然是生理信号情感识别方面一个亟待解决的难点。

　　2. 情感合成与表达现状

　　机器除了识别、理解人的情感之外，还需要进行情感的反馈，即机器的情感合成与表达 [26]。人类的情感很难用指标量化，机器则恰恰相反，一堆冷冰冰的零部件被组装起来，把看不见摸不着的"情感"量化成机器可理解、表达的数据产物。与人类的情感表达方式类似，机器的情感表达可以通过语音、面部表情和手势等多模态信息进行传递，因此机器的情感合成可分为情感语音合成、面部表情合成和肢体语言合成。

　　1）情感语音合成

　　情感语音合成是将富有表现力的情感加入传统的语音合成技术。常用的方法有基于波形拼接的合成方法、基于韵律特征的合成方法和基于统计参数特征的合成方法。基于波形拼接的合成方法是从事先建立的语音数据库中选择合适的语音单元，如半音节、音节、音素、字等，利用这些片段进行拼接处理得到想要的情感语音。基音同步叠加技术就是利用该方法实现的 [27]。基于韵律特征的合成方法是将韵律学参数加入情感语音的合成中。He 等提取基音频率、短时能量等韵律学参数建立韵律特征模板，合成了带有情感的语音信号 [28]。基于统计参数特征的合成方法是通过提取基因频率、共振峰等语音特征，再运用隐马尔可夫模型对特征进行训练得到模型参数，最终合成情感语音。Tokuda 等运用统计参数特征的合成方法建立了情感语音合成系统[29]。MIT 媒体实验室 Picard 教授带领的情感计算研究团队开发了世界上第一个情感语音合成系统——Affect Editor，第一次尝试使用基频、时长、音质和清晰度等声学特征的变化来合成情感语音[30]。

2）面部表情合成

面部表情合成是利用计算机技术在屏幕上合成一张带有表情的人脸图像。常用的方法有 4 种，即基于物理肌肉模型的方法、基于样本统计的方法、基于伪肌肉模型的方法和基于运动向量分析的方法。基于物理肌肉模型的方法模拟面部肌肉的弹性，通过弹性网格建立表情模型[31]。基于样本统计的方法对采集好的表情数据库进行训练，建立人脸表情的合成模型[32]。基于伪肌肉模型的方法采用样条曲线、张量、自由曲面变形等方法模拟肌肉弹性[33]。基于运动向量分析的方法是对面部表情向量进行分析得到基向量，对这些基向量进行线性组合得到合成的表情[34]。荷兰数学和计算机科学中心的 Hendrix 等提出的 CharToon 系统通过对情感圆盘上的 7 种已知表情（中性、悲伤、高兴、生气、害怕、厌恶和惊讶）进行插值生成各种表情。荷兰特温特大学的 Bui 等实现了一个基于模糊规则的面部表情生成系统，可将动画 Agent 的 7 种表情和 6 种基本情感混合的表情映射到不同的3D 人脸肌肉模型上[35]。我国西安交通大学的 Yang 等提出了一种交互式的利用局部约束的人脸素描表情生成方法[36]。该方法通过样本表情图像获得面部形状和相关运动的预先信息，再结合统计人脸模型和用户输入的约束条件得到输出的表情素描。

3）肢体语言合成

肢体语言主要包括手势、头部等部位的姿态，其合成的技术是通过分析动作基元的特征，用运动单元之间的运动特征构造一个单元库，根据不同的需要选择所需的运动交互合成相应的动作[37]。由于人体关节自由度较高，运动控制比较困难，为了丰富虚拟人运动合成细节，一些研究利用高层语义参数进行运动合成控制，运用各种控制技术实现合成运动的情感表达[38-40]。日本东京工业大学的 Amaya 等提出一种由中性无表情的运动产生情感动画的方法[41]。该方法首先获取人的不同情感状态的运动情况，然后计算每一种情感的情感转变，即中性和情感运动的差异。Coulson 在 Ekman 的情感模型的基础上创造了 6 种基本情感的相应身体语言模型，将各种姿态的定性描述转化成用数据定量分析各种肢体语言[42]。瑞士洛桑联邦理工学院的 Erden 根据 Coulson 情感运动模型、NAO 机器人的自由度和关节运动角度范围，设置了 NAO 机器人 6 种基本情感的姿态的不同肢体语言的关节角度[43]，使得 NAO 机器人能够通过肢体语言表达相应的情感。

在我国，哈尔滨工业大学研发了多功能感知机，主要包括表情识别、人脸识别、人脸检测与跟踪、手语识别、手语合成、表情合成和唇读等功能，并与海尔公司合作研究服务机器人；清华大学进行了基于人工情感的机器人控制体系结构研究；北京交通大学进行了多功能感知和情感计算的融合研究；中国地质大学（武汉）研发了一套基于多模态情感计算的人机交互系统，采用多模态信息的交互方式，实现语音、面部表情和手势等多模态信息的情感交互 [17, 44]。

虽然情感计算的研究已经取得了一定的成果，但是仍然面临很多挑战，如情感信息采集技术问题、情感识别算法、情感的理解与表达问题，以及多模态情感识别技术等。另外，如何将情感识别技术运用到人性化和智能化的人机交互中也是一个值得深入研究的课题。显然，为了解决这些问题，我们需要理解人对环境感知以及情感和意图的产生与表达机理，研究智能信息采集设备来获取更加细致和准确的情感信息，需要从算法层面和建模层面进行深入钻研，使得机器能够高效、高精度地识别出人的情感状态并产生和表达相应的情感。为了让人机交互更加自然和谐，在情感计算研究中也要考虑到自然场景对人的生理和行为的影响，这些都是情感计算在将来有待突破的关键。

1.1.3 情感计算的应用

随着情感计算技术的发展，相关的研究成果已经广泛应用于人机交互中。人机交互是人与机器之间通过媒体或手段进行交互。随着科学技术的不断进步和完善，传统的人机交互已经满足不了人们的需要。由于传统的人机交互主要通过生硬的机械化方式进行，注重交互过程的便利性和准确性，而忽略了人机之间的情感交流，无法理解和适应人的情绪或心境。如果缺乏情感理解和表达能力，机器就无法具有与人一样的智能，也很难实现自然和谐的人机交互，使得人机交互的应用受到局限。

由此可见，情感计算对于人机交互设计的重要性日益显著，将情感计算能力与计算设备有机结合能够帮助机器正确感知环境，理解用户的情感和意图，并做出合适反应。具有情感计算能力的人机交互系统已经应用到许多方面 [45]，如健康医疗 [46, 47]、远程教育 [48-50] 和安全驾驶 [51, 52] 等。

在健康医疗方面，具有情感交互能力的智能系统可通过智能可穿戴设备及时捕捉用户与情绪变化相关的生理信号，当监测到用户的情绪波动较大时，系统可及时地调节用户的情绪，以避免健康隐患，或者提出保健的建议。在远程教育方面，应用情感计算可以提高学习者的学习兴趣与学习效率，优化计算机辅助人类学习的功能。在安全驾驶方面，智能辅助驾驶系统可以通过面部表情识别，或者眼动、生理等情感信号动态监测司机的情感状态，根据对司机情绪的分析与理解，适时适当地提出警告，或者及时制止异常的驾驶行为，提高道路交通安全。

除了在人机交互方面的应用，情感计算还运用到人们的日常生活中，为人类提供更好的服务。在电子商务方面,系统可通过眼动仪追踪用户浏览设计方案时的眼睛轨迹、聚焦等参数,分析这些参数与客户关注度的关联,并记录客户对商品的兴趣,自动分析其偏好[53]。另外有研究表明,不同的图像可以引起人不同的情绪。例如,蛇、蜘蛛和枪等图片能引起恐惧,而有大量金钱和黄金等的图片则可以让人兴奋和愉悦。如果电子商务网站在设计时考虑这些因素对客户情绪的影响,将对提升客流量产生非常积极的作用。在家庭生活方面,在信息家电和智能仪器中增加自动感知人们情绪状态的功能,可提高人们的生活质量。在信息检索方面,通过情感分析的概念解析功能,可以提高智能信息检索的精度和效率。另外,情感计算还可以应用在机器人、智能玩具和游戏等相关产业中,以构筑更加拟人化的风格。

1.2 情感建模

情感建模是情感计算的重要过程,是情感识别、情感表达和人机情感交互的关键。2003 年,Picard 和 Hudlicka 就情感计算具有挑战性的六大问题进行了论述,其中有关情感建模的问题就是争论的一个焦点[54]。情感建模的意义在于通过建立情感状态的数学模型,能够更直观地描述和理解情感的内涵。情感模型根据其表示方式可以分为维度情感模型和离散情感模型。它们用不同的方式对情感进行描述,但在目前的情感建模研究中,维度情感模型的应用更加广泛。

1.2.1 维度情感模型

维度空间论认为人类的所有情感分布在由若干个维度组成的某一空间中,不同的情感根据不同维度的属性分布在空间中不同的位置[55-57]。不同情感状态彼此之间的相似程度和差异可以根据它们在空间中的距离来显示。在维度情感中,不同情感之间不是独立的,而是连续的,可以实现逐渐、平稳的转变。

1. 一维情感模型

美国心理学家 Johnston 认为情感可以用一根实数轴来量化,其正半轴表示快乐,负半轴表示不快乐。通过该轴的位置可以判断情感的快乐和不快乐程度。他认为人类的情感除了其独特分类不同外,都沿着情感的快乐维度来排列,如恐惧、悲伤、愤怒和高兴等。当人受到消极情感的刺激时,情感会向负轴方向移动,当刺激终止时,消极情感减弱并向原点靠近。当受到积极情感的刺激时,情感状态向正半轴移动,并随着刺激的减弱逐渐向原点靠近。由于情感的快乐维度是个体情感共有的属性,许多不同的情感会借此相互制约,这可以为个体情感的自我调节提供依据,但是多数心理学家认为情感是由多个因素决定的[58],也因此产生了后来的多维情感空间。

2. 二维情感模型

一些心理学家认为情感应该具有极性和强度的区别，并依此提出了二维情感模型。情感的极性是指情感具有正情感和负情感之分，强度是指情感具有强烈程度和微弱程度的区别。这种情感的描述方式正好符合人们对客观世界的基本看法。在过去很长一段时间里，人们普遍认为情感是一维的，即正负两种情感。直到 1969 年，Wessman 和 Ricks 通过对大学生的研究发现，人在体验正情感的同时也有较强的负情感，具有强烈负情感的同时也伴随着正情感。因此，他们将情感理解为具有两个维度，即极性维度和强度维度。1982 年，Zevon 和 Tellege 采用因子 F 分析的方法证明了情感具有两个维度的结论。目前使用最多的是 VA(valence-arousal) 二维情感模型，该模型是由 Russell 等利用分子分析方法提出来的 [59]。这个模型将情感划分为两个维度：价效 (valence) 维度和唤醒 (arousal) 维度，如图 1.1 所示。

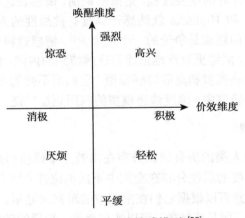

图 1.1　VA 二维情感模型 [59]

价效维度的负半轴表示消极的情感，正半轴表示积极的情感。唤醒维度的负半轴表示平缓的情感，正半轴表示强烈的情感。例如，在这个二维情感模型中，高兴位于第一象限，惊恐位于第二象限，厌烦位于第三象限，轻松位于第四象限。每个人的情感状态可以根据在价效维度和唤醒维度上的取值组合得到表征。

3. 三维情感模型

三维情感模型指除了考虑情感的极性和强度外，还将其他的因素考虑到情感描述中。PAD（pleasure-arousal-dominance）三维情感模型是 Mehrabian 在 Russell 二维情感模型的基础上于 1974 年提出的维度观测量模型，是当今认可度较高的一种三维情感模型 [60]。由图 1.2 可知，该模型定义情感具有愉悦度、唤醒度和优势度 3 个维度，其中 P 代表愉悦度，表示个体情感状态的正负特性；A 代表唤醒度，表示个体的神经生理激活水平；D 代表优势度，表示个体对情景和他人的控制状态。PAD 情感模型具有简洁性和完善性，通过 SAM（self assessment manikin）量可以快速地测定人的情感，在目前应用比较广泛。

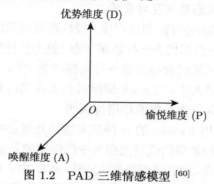

图 1.2　PAD 三维情感模型 [60]

Plutchik 通过多年努力提出了一个基于生物学基础的生物情感进化论。他认为情感是具有衍生作用、复杂的反应序列，包括认知评价、主观调整、自主的活动和神经唤起的活动，并根据因素分析方法提出了个体情感的抛物锥体情感空间模型 [61]。抛物锥的垂直维度表示情感的强度，每一个扇面体部分代表一个主要的情感，如图 1.3 所示。

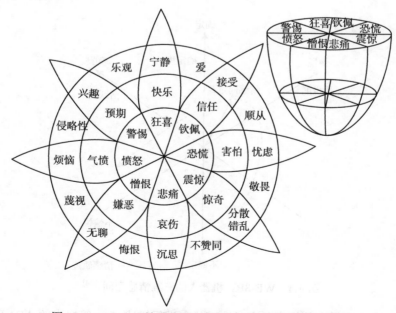

图 1.3　Plutchik 情感抛物锥体情感空间模型扇面图 [61]

该情感空间模型的 8 个扇形分别代表 8 种原始基本情感所在的情感空间位置：狂喜、悲痛、钦佩、憎恨、愤怒、恐慌、震惊和警惕，它们的强度按照垂直维度下降的方向逐渐减弱。在如图 1.3 所示的截面中，越靠近圆心的情感越强烈，反之则越弱。在每一层扇面中，距离越近的情感状态之间越相似，距离越远的情感差异越大，互为对顶角的情感状态是相互对立的。

Brezeal 等认为情感由外界的刺激程度、极性和对刺激的反应强度三个维度构成。该模型空间中的每一点都代表一种情感状态，整个情感空间分成以若干个点为中心的若干区域，每个区域代表特定的一种情感状态[62]。目前，该情感模型已经运用到 Kismet 情感机器人中。Kismet 情感机器人在某时刻的情感状态是综合考虑感知系统、动机系统和行为系统的作用得到的。

日本早稻田大学使用 Ekman 的 6 种基本情绪且增加中性、酒醉、害羞三种，共定义了 9 种情感，每种情感的强度按照与中性情感的差别又分为 50 个等级，并用该情感模型开发了 WE-3RV 情感机器人[63]。WE-3RV 机器人能够根据外界的感知信号来改变自己的情感状态，并用面部表情和声音等做出一系列的情感表达，具有情感识别和表达功能。图 1.4 是 WE-3RV 机器人的三维情感空间，它由愉悦度、活跃度和确定度构成，情感向量 E 表示其情感状态。此外，正如每个人有不同个性一样，WE-3RV 也有机器人个性，包括感知个性和表达个性，其中，感知个性决定刺激如何影响机器人的情感状态，表达个性则决定机器人的表情和颈部运动[64]。

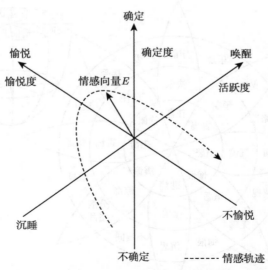

图 1.4　WE-3RV 机器人的三维情感空间[64]

另外，有许多学者从维度角度对情感状态进行描述，Liu 等提出的 APA（affinity-pleasure-arousal）三维情感空间模型 [65] 采用亲和力（affinity）、愉悦度（pleasure）和活力度（arousal）3 种情感属性，能够描述绝大多数情感状态。Wundt 的情绪三维理论认为，情绪由 3 个维度组成，它们是愉快–不愉快、激动–平静、紧张–松弛 [66]，各种具体情绪分布在 3 个维度的两极之间的不同位置上。Schlosberg 认为情绪的维度有愉快–不愉快、注意–拒绝和激活水平 3 个维度，并据此建立了一种三维模式图 [67]。

4. 其他多维情感模型

有些心理学家认为情感由更加复杂的因素组成，由此便产生了更高维数的维度情感模型。Izard 的四维理论认为情绪有愉悦度、紧张度、激动度和确信度 4 个维度 [68]。他认为愉悦度代表情感体验的主观享乐程度，紧张度和激动度代表了人体神经活动的生理水平，而确信度代表个体感受情感的程度 [64]。Krech 认为情感的强度是指情感具有由弱到强的变化范围，同时还以紧张水平、复杂度、快乐度 3 个指标来对情感进行量化。紧张水平是指对要发生的事情的事先冲动；复杂度是对复杂情感的量化；快乐度是表示情感所处的愉快和不愉快的程度。Krech 根据这 4 个维度，从强度、紧张程度、复杂度和快乐度来判断人所处的情感 [25]。另外，Frijda 提出了情感具有愉快、激活、兴趣、社会评价、惊奇、复杂共 6 个维度的观点 [69, 70]。但是，高维情感空间的应用存在较大难度，因此高维情感空间在实际应用中很少使用。

维度情感模型立足于人类情感体验的欧氏距离空间描述，其主要思想是人类的所有情感都涵盖于情感模型中，且情感模型不同维度上的不同取值组合可以表示一种特定的情感状态。虽然维度情感模型是连续体，基本情感可以通过一定的方法映射到情感模型上，但是对于基本情感并没有严格的边界，即基本情感之间可以逐渐、平稳转化。维度情感模型的发展为人类的情感识别和机器人的情感合成与调节提供了模型基础 [25]。

1.2.2 离散情感模型

离散情感模型是把情感状态描述为离散的形式（基本情感类别），如喜、怒、哀、乐等，早期的研究大多数采用离散情感模型描述情感状态。对于基本离散情感类别的定义，较为著名的是美国心理学家 Ekman 提出的 6 大基本情感类别：愤怒、厌恶、恐惧、高兴、悲伤、惊讶，其在情感计算研究领域得到了广泛应用。Plutchik 从强度、相似性和两极性三方面进行情绪划分，得出 8 种基本情绪：狂喜、警惕、悲痛、惊奇、狂怒、恐惧、接受、憎恨。Izard 用因素分析方法提出人总共具有 8~11 种基本情绪：兴趣、惊奇、痛苦、厌恶、愉快、愤怒、恐惧和悲伤，以及害羞、轻蔑和自罪感 [68]。1990 年，Ortony 和 Turner 针对研究者提出的不同基本情感进行了总结，如表 1.1 所示。

表 1.1　基本情绪分类时的不同观点总结

研究者	基本情绪
Arnold [71]	生气、厌恶、勇敢、沮丧、渴望、绝望、恐惧、讨厌、希望、悲伤、有爱
Ekman 等 [72]	生气、厌恶、恐惧、快乐、悲伤、惊讶
Frijda [69]	渴望、开心、好奇、惊讶、惊奇、悲伤
Gray [73]	愤怒、欢乐、焦虑、恐怖
Izard [68]	生气、厌恶、恐惧、好奇、欢乐、羞愧、惊讶、蔑视、悲痛、内疚
James [74]	恐惧、悲痛、有爱、愤怒
McDougall [75]	生气、厌恶、得意、恐惧、服从、温柔、惊奇
Mowrer [76]	痛苦、愉快
Oatley 等 [77]	生气、焦虑、厌恶、高兴、悲伤
Panksepp [78]	期待、恐惧、痛苦、愤怒
Plutchik [61]	期待、生气、厌恶、恐惧、欢乐、悲伤、惊讶、赞同
Tomkins [79]	生气、厌恶、恐惧、好奇、欢乐、羞愧、惊讶、蔑视、悲痛
Watson [80]	生气、有爱、愤怒
Weiner 等 [81]	高兴、悲伤

离散情感模型较为简洁明了，方便理解，但只能描述有限种类的情感状态。而维度情感模型弥补了离散情感模型的缺点，能够直观地反映情感状态的变化过程，因此受到广大学者的广泛关注。

1.2.3　其他情感模型

除了比较常用的维度情感模型和离散情感模型之外，一些心理学家和情感研究者还提出了其他基于不同思想的情感模型，如基于认知的情感模型、基于情感能量的概率情感模型、基于事件相关的情感模型等，从不同的角度分析和描述人类的情感，使情感的数学描述更加丰富。

1. OCC 情感模型

Ortony 等在《情感认知结构》中提出 OCC（Ortony-Clore-Collins）模型 [82]。该模型是针对情感研究而提出的最完整的情感模型之一，它将 22 种基本情感根据其起因分为三类：事件的结果、仿生代理的动作和对于对象的观感，并对这三类定义了情感的层次关系，如图 1.5 所示。根据图 1.5 中的基本情感关系，可知特定情感的产生条件和后续的发展。OCC 模型给出了各类情感产生的认知评价方式。同时，该模型根据假设的正负极性和个体对刺激事件反应是否高兴、满意和喜欢的评价倾向构成情感反应 [25]。

在 OCC 情感模型中，最常产生的是恐惧、愤怒、高兴和悲伤这 4 种情绪。尽管 OCC 情感模型的传递函数并不是很明确，但是从广义上看，其具有较强的可推理性，易于用计算机实现，因此被广泛用于人机交互系统中 [83, 84]。

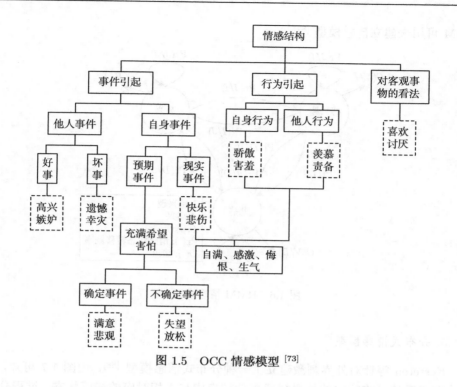

图 1.5 OCC 情感模型 [73]

2. 隐马尔可夫模型情感模型

隐马尔可夫模型（hidden Markov model，HMM）的理论基础是 1970 年前后由 Baum 等建立起来的，随后由 CMU 的 Baker 和 IBM 的 Jelinek 等应用到语音识别中 [85]。1997 年，Picard 根据 HMM 提出了 HMM 情感模型 [3]，如图 1.6 所示。

HMM 情感模型有 3 种情感状态，并可根据需要扩展到多种情感状态。Picard 认为人的情感不可以被直接观察，但某一情感状态的特征能够被观测到，如情绪响应上升时间、峰值间隔的频率变化范围等，因此情感状态可以通过这些观测到的情感特征得到，也可以使用整个 HMM 来描述和识别更大规模的情感状态。HMM 情感模型适合表现由不同情感组成的混合情感，例如，忧伤可以由爱和悲伤组成。另外，该模型还适合表现由若干单一的情感状态基于时间的不断交替出现而成的混合情感，如爱恨交织的情感状态就可能是爱恨两种之间循环，也可能会经常在中性状态上停顿。在 HMM 中，通过转移概率描述情感状态之间的相互转移，从而输出一种最可能的情感状态。基于 HMM 的情感建模的不足之处在于，对于相同的刺激，其感知结果（状态）是确定的 [86]。谷学静等根据 Wilson 的情感行为层次模型提出基于 HMM 的建模方法，他们的思想是使情感的变化特征正好与 HMM 的特征不谋而合，即 HMM 的观测值对应人类表情，而隐含状态对应人类的心情，因此

HMM 可用来建立情感模型 [87]。

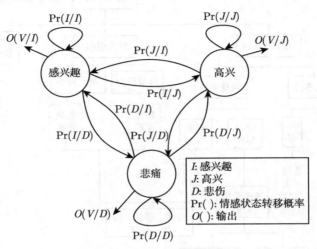

图 1.6　HMM 情感模型 [3]

3. 分布式情感模型

　　Kesteren 等针对外界刺激建立了一种分布式情感模型 [88]。由图 1.7 可知，整个分布式系统是将特定的外界情感事件转换成与之相对应的情感状态，过程分为以下两阶段。

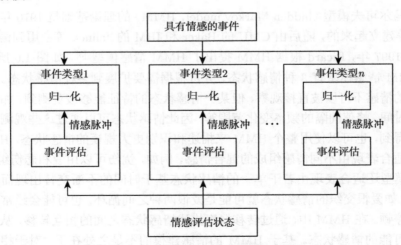

图 1.7　Kesteren 分布式情感模型 [88]

　　（1）由事件评估器评价事件的情感意义，针对每一类相关事件，分别定义一个事件评估器，当事件发生时，先确定事件的类型和信息，然后选择相关事件评估器进行情感评估，并产生量化结果情感脉冲向量（emotion impulse vector，EIV）。

（2）对 EIV 归一化得到 NEIV（normalization emotion impulse vector），通过情感状态估计器（emotional states calculator，ESC）计算出新的情感状态。事件评估器、EIV、NEIV 及 ESC 均采用神经网络实现。

1.3 情感机器人

情感机器人已经成为当今机器人领域的一个重要发展方向，它具有识别人类情感和表达情感的能力，这使得机器人与人之间的交流不再是生硬的机械化方式，而是像人与人之间的自然和谐的交流 [89]。随着情感计算和人工智能技术的发展，情感机器人正逐步走进人们的日常生活，并在一些领域得到了成功的应用。

1.3.1 情感机器人的发展

国外对情感机器人的研究开展较早 [90-92]。1999 年，日本索尼公司研发了第一代 AIBO 机器狗并成功走向市场，这也是最早进入人们生活的情感机器人。后来以 MIT 媒体实验室为代表的一些高校组织和企业也陆续开展了情感机器人的相关研究，并取得显著的成果。我国情感机器人研究的开展与欧美相比相对较晚，但在近几年取得飞速发展，目前已上市多种情感机器人产品。

1. 日本情感机器人研究现状

日本是最早开展情感机器人研究的国家之一，机器人产业已成为其支柱产业之一。早稻田大学、东京理科大学等均很早就开始情感机器人技术的研究，并取得不错的成果，如 Kobian 机器人、SAYA 机器人等。而随着日本情感机器人技术的发展，近几年情感机器人的市场也在日本逐步走向成熟，并涉及家庭服务、医疗护理等多个应用领域，表 1.2 列出了日本研发的一些典型的情感机器人。

表 1.2 日本情感机器人概况

名称	研发机构	功能	年份
AIBO	索尼	实现简单的情绪表达	1999
ASIMO	丰田	语音识别与交互、面部识别	2000
SAYA	东京理科大学	面部表情识别	2002
Paro	产业技术园	语音与面部识别，情绪表达	2007
Kobian	早稻田大学	语音、面部识别，面部及动作协同表达	2009
PaPeRo	日本电气	语音识别、面部识别、语音交互	2013
Robi	高桥智隆	语音和面部识别，动作和情感表达	2013
Pepper	日本软银集团	语音和面部识别，动作和情感表达	2015

Pepper（图 1.8）作为最新的一款情感机器人在日本已经得到普遍推广，由日本软银集团于 2015 年研发，主要应用于家庭服务方面[91]。Pepper 机器人配备了语音识别技术、呈现优美姿态的关节技术以及分析表情和声调的情绪识别技术，可与人类进行交流。索尼公司的 AIBO 机器狗和 QRIO 型以及 SDR-4X 型情感机器人的市场化已经趋于成熟。这些机器人可以通过与人交流来"学习"某些动作，表露某种情感，如高兴、生气等。

图 1.8　Pepper 机器人

2. 美国情感机器人研究现状

美国对情感机器人的研究也开展较早，但目前仍然局限于高校的基础研究阶段。MIT 媒体实验室于 2000 年研制出美国的第一款情感机器人 Kismet，随后的十多年，又陆续推出了 Leonardo、Huggable、Albert HUBO、Nexi 和 JIBO 情感机器人[92]，如表 1.3 所示。这些情感机器人都能够进行语音和面部的识别，且具有简单的面部情感表达和学习功能。2008 年 4 月，MIT 的科学家展示了他们开发的情感机器人 Nexi，该机器人不仅能够理解人的语言，还可对不同语言做出相应的喜怒哀乐反应，通过转动和睁闭眼睛、皱眉、张嘴、打手势等形式表达其丰富的情感，如图 1.9(a) 所示。JIBO 作为 MIT 媒体实验室最新研发的情感机器人主要应用于家庭服务方面并在美国成功上市，如图 1.9(b) 所示。JIBO 机器人具有较好的语音交互和情感表达功能，是人们生活中的好助理。

表 1.3　美国情感机器人概况

名称	研发机构	功能	年份
Kismet	MIT 媒体实验室	表情识别，面部情感表达	2000
Leonardo	MIT 媒体实验室	语音面部识别，面部和动作情感表达	2002
Huggable	MIT 媒体实验室	语音交互，可完成拥抱等安慰动作	2006
Albert HUBO	汉森机器人公司	面部表情表达情感	2009
Nexi	MIT 媒体实验室	语音识别、面部识别、情感表达	2008
JIBO	MIT 媒体实验室	语音和面部识别，语音交互，情感表达	2014

(a) Nexi   (b) JIBO

图 1.9 美国的情感机器人

3. 欧洲情感机器人研究现状

欧洲的情感机器人发展相对于日本和美国而言起步较晚。应用较为广泛的是 2005 年法国 Aldebaran 机器人公司研发的 NAO 机器人 [90]。该机器人可以实现语音、面部、动作的识别，且有简单的情绪表达和学习能力。随后，西班牙、德国、比利时和意大利等国的高校逐步都开展了情感机器人的研究，但目前这些机器人还处于基础研究阶段。表 1.4 列出了欧洲情感机器人概况，目前上市的主要有荷兰飞利浦公司研发的 iCat 情感机器人和 Blue Frog Robotics 公司研发的 Buddy 情感机器人，这两款机器人都能实现语音和面部的识别，具有情感表达能力，主要应用于家庭服务方面。NAO 机器人和 Buddy 机器人如图 1.10 所示。

表 1.4 欧洲情感机器人概况

名称	研发机构	功能	年份
NAO	法国 Aldebaran 公司	语言和面部识别及其情感表达	2005
ROMAN	凯撒斯劳滕工业大学	面部表情表达情感	2005
ARMAR-3	卡尔斯鲁厄理工学院	语音交互、面部识别，简单表情表达	2006
Maggie	马德里卡洛斯三世大学	语音与面部识别，语音交互	2006
iCUB	意大利技术研究所	面部情感表达	2008
Probo	布鲁塞尔大学	面部感情表达	2008
iCat	飞利浦	语音和面部识别及其情感表达	2009
Buddy	Blue Frog Robotics	语音和面部识别及其情感表达	2015

(a) NAO   (b) Buddy

图 1.10 欧洲的情感机器人

4. 我国情感机器人研究现状

我国在情感机器人方面的研究起步较晚, 随着科技的高速发展, 对于情感机器人的研究受到极大关注, 并已取得显著成果。在高校研究方面, 哈尔滨工业大学于2004 年首次研制出具有 8 种面部表情的仿人头部机器人"H&F ROBOT-1", 该机器人能够实现人体头部器官运动的基本面部表情 (自然表情、严肃、高兴、微笑、悲伤、吃惊、恐惧、生气) 的模仿。随后在 2005 年和 2007 年相继研发出"百智星"机器人和"H&F ROBOT-3"机器人, 这两种机器人主要用于人机交互的研究和儿童教育方面。

2013 年后, 我国的情感机器人已经形成较好的商业化, 如哈工大机器人集团的"威尔"机器人、康力优蓝机器人公司的"爱乐优"机器人和深圳狗尾草智能科技有限公司的"公子小白"机器人等 [93]。这些机器人涉及广泛的应用领域, 包括迎宾、儿童教育和社交等。近几年先后上市了多种儿童陪护机器人, 其外形较小, 具有简单的情感交互能力, 如 ibotn 机器人、360 儿童机器人、巴巴腾机器人等。表1.5 列出了我国情感机器人的代表。

表 1.5　我国情感机器人概况

名称	研发机构	功能	年份
童童	中国科学院	语音和面部识别与表达	2004
百智星	哈尔滨工业大学	语音和面部表情识别与表达	2005
H&F ROBOT-3	哈尔滨工业大学	语音和面部表情识别与表达	2007
爱乐优	康力优蓝机器人公司	语音识别和交互、面部识别	2013
威尔	哈工大机器人集团	语音识别和交互、面部识别	2015
佳佳	中国科学院	人机对话理解、面部微表情识别	2016
公子小白	深圳狗尾草智能科技有限公司	情感识别及拟人多模态表情	2016

随着人工智能时代的到来, 机器人在人类生活中扮演的角色越来越重要, 情感机器人作为机器人家庭的一员也势必继续成为人们关注的焦点。随着社会的进步和人们生活方式的转变, 情感机器人将会逐渐渗透到人们生活的各个方面, 使人们的生活更加美好。

1.3.2　情感机器人的应用

随着情感机器人的市场日益成熟, 情感机器人已经应用到了不同的领域, 涉及人们生活的方方面面。目前, 情感机器人主要应用在家庭服务、公共服务、医疗服务、社交和教育等领域, 这对将来改善人类的生活具有重要意义。

1. 家庭服务

家庭服务包括老人/儿童陪护、防盗监控、家庭清洁和家庭娱乐等各种家庭方面的工作。目前，情感机器人的研究主要针对老人陪护和儿童陪护等方面。

进入 21 世纪，世界人口老龄化问题日益突出，这使得家庭服务型机器人的需求逐渐增长。据统计，我国自 2005 年以来 65 周岁以上人口数量不断增加，国家统计局 2016 年发布的数据：60 周岁及以上人口占总人口的 16.7%；65 周岁及以上人口占总人口的 10.8%；而 14 周岁以下人口近几年不断减少。这意味着人口老龄化的高峰即将到来，创造价值的劳动力减少，因此养老问题的严重性和必要性浮出水面。

此外，人口老龄化问题也困扰着许多国家。据估计，2005～2030 年，欧洲联盟（简称欧盟）65 周岁以上的老龄人口将增加 52.3%，美国 65 周岁及以上老年人目前占全国总人口的 12.5% 左右，预计 2050 年将达到 20.7%。另外，日本、澳大利亚、韩国等国也面临着严峻的人口老龄化问题。因此，养老任务在接下来的几十年中将变得越来越重。更值得关注的是，在这些老年人中又有一定比例的留守老人，他们没有子女的陪伴，在生活上比较孤独。随着情感机器人的发展，具有情感交互功能的服务机器人可以从物质和精神上照顾老人，有助于应对未来人口老龄化和劳动力紧缺的不利局面。

日本产业技术综合研究所研发的海豹机器人 Paro 在对治疗老年痴呆症方面有着显著效果。Paro 机器人的外形就像是毛绒海豹玩具（图 1.11），它能够对光线、声音、触觉、温度和姿势进行感应，可以与老人进行交流，智能地识别主人内心的想法，并随之改变自己的行为。如今，Paro 机器人已经作为医疗器械通过了美国食品药品监督管理局的认证，在包括美国、日本在内的部分国家得到了推广。

图 1.11   海豹机器人 Paro

除了人口老龄化问题之外，我国面临的另外一个严峻问题是留守儿童问题。据统计，全国农村留守儿童数量为 902 万，他们在成长过程中由于缺少父母的关怀，容易出现情绪不稳定的状况。针对这个问题，目前市场上出现了一些儿童陪护情感机器人，如 360 儿童机器人等。360 儿童机器人能够与儿童进行情感交互，识别儿童的面部表情。该机器人对儿童进行情感上的呵护，与他们进行交流，回答儿童各种各样的小问题等，使他们的身心更加健康，这在一定程度上可以缓解留守儿童孤独的问题。

2. 公共服务

情感机器人也常应用于公共服务领域。例如，在展览会会场、办公大楼、旅游景点为客人提供信息咨询服务的迎宾机器人，在政府机关、博物馆、旅馆等各种公共场所服务的接待机器人，在旅游景点、展览馆进行导游导览的导游机器人，在商城、房地产销售大厅的导购机器人等。

由哈工大机器人集团研发的迎宾机器人"威尔"能识别人的语音和表情，并能够实现语音交互。"威尔"机器人广泛应用于公共服务行业中，如酒店、银行和展览馆等。

此外，中国科学院的"童童"和日本丰田的 ASIMO 机器人都是专门为公共服务研发的情感机器人。由日本软银集团研发的 Pepper 机器人同样用于公共服务方面，如图 1.12 所示。Pepper 机器人可以识别顾客的情感，并通过语音、表情等与顾客进行交流。

图 1.12　Pepper 机器人用于公共服务

3. 医疗服务

情感机器人除了可以应用在家庭服务和公共服务之外，在医疗上也得以应用，如对社会交往有障碍的人进行情感上的治疗、对有心理障碍的人予以情感上的呵护、缓解患者的不良情绪等。

1）自闭症儿童的治疗

情感机器人在医疗上的最大应用之一就是对儿童自闭症的治疗。全球现有自闭症患者 3500 万人，其中 40% 是儿童，中国自闭症患儿有 100 多万人，且呈逐年上升趋势。情感机器人能够在与自闭症患儿交互和陪伴中使患儿产生亲切、轻松、愉悦、依赖的不同心理情绪。目前，国外应用的实例证实情感机器人对于自闭症儿童的治疗与恢复起到有效的作用，大大改善了他们的行为结果。目前，较有代表性的自闭症陪护机器人有 NAO 和 Milo。

（1）NAO 机器人是一款功能丰富的人形机器人，可以拟人讲话、做出动作，还能识别人的面部和语音，为自闭症儿童克服社交障碍提供了帮助。

（2）Milo 机器人通过语音、动作与自闭症儿童产生互动，其造型拟人可爱，可提供给自闭症儿童一定的社会互动，培养正常的沟通能力。它的面部表情可以变化，能说话，同时也可做很多灵活的动作，帮助自闭症儿童康复并融入社会。

2）缓解患者心理压力

情感机器人在医疗上的另外一个应用是对患者的不良情绪进行疏导，促进患者的康复。患者往往会比较焦虑和没有安全感，严重的甚至会形成抑郁症，因此保持一个良好的心情对康复有很大的好处。情感机器人能在陪伴过程中与患者进行交流、情感沟通，在一定程度上帮助患者调节消极情绪。同时，情感机器人的陪护可以缓解患者的孤独感，使他们获得一定的安全感。目前，在该领域应用比较广泛的是 Pepper 机器人，它不仅在公共服务方面使用广泛，还经常用于医疗方面。例如，比利时等国的医院已经开始引进该机器人进行辅助治疗，并且得到了较好的反馈效果。

虽然情感计算与情感机器人的研究及应用取得了一定成果，但是由于它们涉及心理学、认知科学、行为科学、脑科学、计算机科学、控制科学等交叉学科领域，仍然面临很多科学难题和挑战，概括如下。

（1）自然环境下的人机情感交互。目前，绝大多数的情感识别、机器人情感表达方面的研究还停留在实验室基础研究阶段，使用的人脸表情图片、情感语音、生理信号等情感信息是在特定的实验环境下采集和加工后得到的，与自然的人机交互过程还存在着很大的差距。如何实现自然环境下有效的多模态情感信息获取，克服自然环境下噪声的影响，是人机情感交互面临的一个难题，其中包括自然环境下说话人语音信号的提取和去噪、不同角度和光线下的人脸表情识别、实时准确的情感识别方法等。

（2）非个性化情感特征信息的提取和融合。目前，情感识别方法存在普适性差、识别结果依赖于训练样本中固定人物的情感信息等问题。如何在情感识别过程中克服不同人之间的差异，从语音、面部表情、手势、生理信号等各种模态信号中提取稳定的情感特征并将其有效地融合，是情感识别面临的一大难题。

（3）情感机器人多模态情感表达的自动控制。情感机器人能够感知语音、面部表情、手势、生理信号等多模态情感信息，而如何运用先进控制理论和方法，实现丰富的语音情感合成、人脸微表情的肌肉控制、情感手势的轨迹运动控制等，以及人与机器人之间的自然和谐交流，是未来情感交互系统的一个重要研究方向。

（4）类脑情感认知模型。目前，情感识别研究主要采用机器学习方法，需要通过大量的训练样本和高性能计算来提高情感识别的精度和效率。如何模拟人类的大脑情感认知机理，结合脑科学、认知科学和计算机科学，建立类脑情感认知模型，实现快速、准确的情感识别，是未来情感计算领域的一个重大挑战。

　　（5）情感机器人标准。随着情感计算和情感机器人技术的快速发展，情感机器人在家庭服务、医疗、助老助残、教育、游戏和辅助驾驶等方面有着更为广泛的应用。为此，需要制定一套完整的情感机器人标准，包括技术标准和伦理道德标准等；建立一系列多模态情感识别、交流氛围场、意图理解、机器人情感表达等的通用模型，能够满足个性化和非个性化的用户需求。

1.4　本书内容

　　第 1 章为绪论，主要阐述了情感计算的关键技术及其现状和应用，简单介绍了情感计算的模型以及情感机器人的现状及其在不同领域中的应用。

　　第 2 章介绍多模态情感特征提取，针对语音、视觉、生理信号三种模态的情感特征提取方法进行系统阐述。语音部分对语音信号预处理、声学情感特征提取进行介绍。视觉部分对人脸检测与定位、人脸表情特征提取进行介绍。生理信号部分对脑电信号预处理、脑电信号情感特征提取进行介绍。

　　第 3 章从特征抽取与特征选择两方面介绍通用的特征降维方法。特征抽取部分介绍主成分分析法、线性判别分析法、多维尺度分析法等方法。特征选择部分介绍相关性分析特征选择、随机森林特征选择等方法。根据情感机器人系统人机交互对情感信息的要求，结合语音、表情、生理信号各模态的特点，系统地阐述多模态情感特征集降维方法。

　　第 4 章主要介绍情感机器人系统中的多模态情感识别与表达方法。在多模态情感识别方面，结合实际情感识别研究对几种经典的情感分类方法进行介绍。在此基础上，从特征级融合和决策级融合两方面介绍多模态情感信息融合方法。在多模态情感表达方面，首先介绍机器人语音的合成与表达，对语音合成的方法进行分类和说明。然后介绍机器人在面部表情方面的情感表达，介绍常用的几种面部表情建模及合成方法。最后介绍机器人在肢体语言方面的情感表达，分析人的每种情感与肢体语言之间的关系，阐述肢体语言建模与合成的方法。

　　第 5 章主要介绍人机交互氛围场建模方法、模糊氛围场行为适应及其在人机交互中的应用。交流氛围是多人和多机器人在交互过程中所营造出来的一种心理状态、感受，根据交流氛围的特性，首先提出模糊氛围场的概念并采用三维空间模型定量地分析和描述交流氛围。然后介绍基于模糊层次分析的权重计算方法以及如何动态地调整交流个体影响模糊氛围场的权重大小。在模糊氛围场的基础上，进一步介绍两种机器人行为适应机制，即基于模糊产生规则的友好 Q 学习行为适应机制和基于合作–中立–竞争的友好 Q 学习适应机制。最后介绍模糊氛围场和行为适应方法的人机交互实验。

第 6 章主要介绍情感意图理解方法。首先介绍情感意图的定义及其影响因素分析。然后介绍两种情感意图理解模型，即基于模糊多层次分析的情感意图理解模型和基于 Takagi-Sugeno（T-S）模糊多层次分析的情感意图理解模型。在情感意图理解模型的基础上介绍两种情感意图的行为适应机制，即基于模糊友好 Q 学习的情感意图行为适应机制和基于信息驱动的模糊友好 Q 学习情感意图行为适应机制。最后为情感意图实验，将情感意图理论应用到具体场景中，通过实验测试情感意图理解模型及适应机制的性能。

第 7 章主要介绍 Mascot 情感机器人系统、WE-4R II情感机器人系统等早期的人机情感交互系统，在对其设计理念及系统实现进行分析的基础上，对本书作者团队自行开发的多模态人机情感交互系统从系统整体架构、情感交互场景、系统功能设计与实现等方面进行详细介绍。

参 考 文 献

[1]   张迎辉, 林学誾. 情感可以计算 —— 情感计算综述. 计算机科学, 2008, 35(5): 5-8

[2]   毛峡, 薛丽丽. 人机情感交互. 北京: 科学出版社, 2011

[3]   Picard R W. Affective Computing. Cambridge: MIT Press, 1997

[4]   王志良. 人工心理学: 关于更接近人脑工作模式的科学. 北京科技大学学报, 2000, 22(5): 478-481

[5]   Schwark J D. Toward a taxonomy of affective computing. International Journal of Human-Computer Interaction, 2015, 31(11): 761-768

[6]   Tao J, Kang Y. Features importance analysis for emotional speech classification. Affective Computing & Intelligent Interaction Proceedings, 2005, 3784: 449-457

[7]   Mao X, Chen L. Speech emotion recognition based on parametric filter and fractal dimension. IEICE Transactions on Information & Systems, 2010, 93(8): 2324-2326

[8]   谷学静, 石志国, 王志良, 等. 基于 BDI Agent 技术的情感机器人语音识别技术研究. 全国开放式分布与并行计算学术会议, 武汉, 2002: 24-26

[9]   韩文静, 李海峰, 阮华斌, 等. 语音情感识别研究进展综述. 软件学报, 2014, 25(1): 37-50

[10] 赵力, 钱向民, 邹采荣, 等. 语音信号中的情感识别研究. 软件学报, 2001, 12(7): 1050-1055

[11] Zheng W L, Lu B L. Investigating critical frequency bands and channels for EEG-based emotion recognition with deep neural networks. IEEE Transactions on Autonomous Mental Development, 2015, 7(3): 162-175

[12] Liu Z T, Wu M, Cao W H, et al. Speech emotion recognition based on feature selection and extreme learning machine decision tree. Neurocomputing, 2018, 273: 271-280

[13] Fernandez R, Picard R W. Modeling drivers' speech under stress. Speech Communication, 2003, 40(1/2): 145-159

[14] Fernandez R. A computational model for the automatic recognition of affect in speech. Cambridge: Massachusetts Institute of Technology, 2004: 449-457

[15] Ekman P, Friesen W V. Constants across cultures in the face and emotion. Jounal of Personality and Social Psychology, 1971, 17(2): 124-129

[16] Ekman P, Friesen W V. Facial action coding system (FACS): A technique for the measurement of facial actions. Rivista Di Psichiatria, 1978, 47(2): 126-138

[17] Liu Z T, Wu M, Cao W H, et al. A facial expression emotion recognition based humans-robots interaction system. IEEE/CAA Journal of Automatica Sinica, 2017, 4(4): 668-676

[18] Vyzas E, Picard R W. Affective pattern classification. Emotional & Intelligent the Tangled Knot of Cognition, 1998: 176-182

[19] Healey J, Picard R. Digital processing of affective signals. IEEE International Conference on Acoustics, Speech and Signal Processing, Washington DC, 1998: 3749-3752

[20] Wagner J, Kim N J, Andre E. From physiological signals to emotions: Implementing and comparing selected methods for feature extraction and classification. IEEE International Conference on Multimedia, Amsterdam, 2005: 940-943

[21] Kim K H, Bang S W, Sang R K. Development of person-independent emotion recognition system based on multiple physiological signals. 24th Annual International Conference of the Engineering-in-Medicine-and-Biology-Society/Annual Fall Meeting of the Biomedical-Engineering-Society, Houston, 2002: 50-51

[22] Kim J, André E. Emotion recognition based on physiological changes in music listening. IEEE Transactions on Pattern Analysis & Machine Intelligence, 2008, 30(12): 2067-2083

[23] Duan R N, Zhu J Y, Lu B L. Differential entropy feature for EEG-based emotion classification. International IEEE/Embs Conference on Neural Engineering, San Diego, 2013: 81-84

[24] Zheng W L, Zhu J Y, Lu B L. Identifying stable patterns over time for emotion recognition from EEG. IEEE Transactions on Affective Computing, 2017. DOI: 101109/TAFFC.2017.2712143

[25] 刘光远, 温万惠, 陈通, 等. 人体生理信号的情感计算方法. 北京: 科学出版社, 2014

[26] Mei Y, Tan G Z, Liu Z T. An emotion-driven attention model for service robot. The 12th World Congress on Intelligent Control and Automation, Guilin, 2016: 1526-1531

[27] Akanksh B, Vekkot S, Tripathi S. Interconversion of emotions in speech using TD-PSOLA. Advances in Signal Processing and Intelligent Recognition Systems, Trivandrum, 2015: 906-908

[28] He L, Huang H, Lech M. Emotional speech synthesis based on prosodic feature modification. Engineering, 2013, 5(10): 73-77

[29] Tokuda K, Masuko T, Yoshimura T, et al. Simultaneous modeling of spectrum, pitch

and state duration in HMM-based speech synthesis. The Transactions of the Institute of Electronics, Information and Communication Engineers, 1999, 83(11): 33-38

[30] Cahn J E. The generation of affect in synthesized speech. Journal of the American Voice I/O Society, 1990, 8: 1-19

[31] Seijffers R, Zhang J, Matthews J C, et al. ATF3 expression improves motor function in the ALS mouse model by promoting motor neuron survival and retaining muscle innervation. The National Academy of Sciences, 2014, 111(4): 1622-1627

[32] Minoi J L, Amin S H, Thomaz C E, et al. Synthesizing realistic expressions in 3D face data sets. IEEE International Conference on Biometrics: Theory, Applications and Systems, Washington DC, 2008: 1-6

[33] Tao D C, Song M L, Li X L. Bayesian tensor approach for 3-D face modeling. IEEE Transactions on Circuits and Systems for Video Technology, 2008, 18(10): 1397-1410

[34] Yu H, Garrod O G B, Schyns P G. Perception-driven facial expression synthesis. Computers & Graphics, 2012, 36(3): 152-162

[35] Bui T D, Heylen D, Poel M, et al. Generation of facial expressions from emotion using a fuzzy rule based system//Stumptner M, Corbett D, Brooks M. AI 2001: Advances in Artificial Intelligence. Berlin: Springer, 2001: 83-94

[36] Yang Y, Zheng N, Liu Y, et al. Interactive facial sketch expression generation using local constraints. IEEE International Conference on Intelligent Computing and Intelligent Systems, Shanghai, 2009: 864-868

[37] Han H J, Song R J, Fu Y Q. One algorithm of gesture animation synthesis. The 12th International Conference on Computational Intelligence and Security, Wuxi, 2016: 374-377

[38] Liu L, Shao L. Synthesis of spatio-temporal descriptors for dynamic hand gesture recognition using genetic programming. IEEE International Conference and Workshops on Automatic Face and Gesture Recognition, Shanghai, 2013: 1-7

[39] Bozkurt E, Erzin E, Yemez Y. Affect-expressive hand gestures synthesis and animation. IEEE International Conference on Multimedia and Expo, Torino, 2015: 1-6

[40] Jorg S, Hodgins J, Safonova A. Data-driven finger motion synthesis for gesturing characters. ACM Transactions on Graphics, 2012, 31(6): 1-7

[41] Amaya K, Bruderlin A, Calvert T. Emotion from motion. The Conference on Graphics Interface'96, Toronto, 1996: 222-229

[42] Coulson M. Attributing emotion to static body postures: Recognition accuracy, confusions, and viewpoint dependence. Journal of Nonverbal Behavior, 2004, 28(2): 117-139

[43] Erden M S. Emotional postures for the humanoid-robot NAO. International Journal of Social Robotics, 2013, 5(4): 441-456

[44] Liu Z T, Pan F F, Wu M, et al. A multimodal emotional communication based humans-robots interaction system. The 35th Chinese Control Conference, Chengdu, 2016:

6363-6368

[45] 平安, 王志良, 黄莹, 等. 人机情感交互系统研究综述. 中国人工智能学会学术年会, 北京, 2009: 648-653

[46] Lisetti C, Lerouge C. Affective computing in tele-home health. Proceedings of the 37th Hawaii International Conference on System Sciences, Hawaii, 2004: 8-12

[47] Nasoz F, Lisetti C L. MAUI avatars: Mirroring the user's sensed emotions via expressive multi-ethnic facial avatars. Journal of Visual Languages & Computing, 2006, 17(5): 430-444

[48] 冯满堂, 王瑞杰, 马青玉. 情感计算及其在网络教育中的应用. 软件导刊: 教育技术, 2008, (4): 82-83

[49] Green Z A, Batool S. Emotionalized learning experiences: Tapping into the affective domain. Evaluation & Program Planning, 2017, 62: 35-48

[50] Cho M H, Kim Y, Choi D H. The effect of self-regulated learning on college students' perceptions of community of inquiry and affective outcomes in online learning. Internet & Higher Education, 2017, 34: 10-17

[51] Lisetti C L, Nasoz F. Affective intelligent car interfaces with emotion recognition. Proceedings of the 11th International Conference on Human Interaction, Las Vegas, 2005

[52] Chen L L, Zhao Y, Ye P F, et al. Detecting driving stress in physiological signals based on multimodal feature analysis and kernel classifiers. Expert Systems with Applications, 2017, 85: 279-291

[53] Shi F, Marini J L, Audry E. Towards a psycho-cognitive recommender system. The International Workshop on Emotion Representations and Modelling for Companion Technologies, Bergeggi, 2015: 25-31

[54] Picard R W. Affective computing: Challenges. International Journal of Human-Computer Studies, 2003, 59(1): 55-64

[55] Fontaine J R J, Scherer K R, Roesch E B, et al. The world of emotions is not two-dimensional. Psychological Science, 2007, 18(12): 1050-1057

[56] Anderson A K, Sobel A N. Dissociating intensity from valence as sensory inputs to emotion. Neuron, 2003, 39(4): 581-583

[57] Hamann S. Nosing in on the emotional brain. Nat Neuroscience, 2003, 6(2): 106-108

[58] 王志良. 人工心理. 北京: 机械工业出版社, 2006

[59] Russell S J, Subramanian D. Provable bounded-optimal agents. Journal of Artificial Intelligence Research, 1995, 2(1): 575-609

[60] Mehrabian A. Basic dimensions for a general psychological theory: Implications for personality, social, environmental, and developmental studies. Cambridge: Delgeschlager, Gunn & Hain, 1980

[61] Plutchik R. The nature of emotions. American Scientist, 2001, 89: 344-356

[62] Brezeal C, Scassellati B. How to build robots that make friends and influence people. IEEE/RSJ International Conference on Intelligent Robots and Systems, Kyongju, 1999: 858-863

[63] Miwa H, Takanobu H, Takanishi A. Human-like head robot WE-3RV for emotional human-robot interaction//Bianchi E G, Guinot J C, Rzymkowski C. Romansy 14. Vienna: Springer, 2002: 519-526

[64] 杨国亮, 王志良. 情感建模研究进展. 自动化技术与应用, 2004, 23(11): 1-4

[65] Liu Z T, Dong F Y, Hirota K, et al. Emotional states based 3-D fuzzy atmosfield for casual communication between humans and robots. International Conference on Fuzzy Systems, Taipei, 2011: 777-782

[66] Wundt W. Outlines of Psychology. Leipzig: Wihelm Engelmann, 1907

[67] Schlosberg H. Three dimensions of emotion. Psychological Review, 1954, 61(2): 81-89

[68] Izard C E. Human Emotions. New York: Plenum Press, 1977

[69] Frijda N H. The Emotions. New York: Cambridge University Press, 1986

[70] Frijda N H. Comments on oatley and johnson-laird's "Towards a cognitive theory of emotions". Cognition & Emotion, 1987, 1: 51-58

[71] Arnold M B. Emotion and Personality. New York: Columbia University Press, 1960

[72] Ekman P, Power M J. Handbook of Cognition and Emotion. New York: The Guilford Press, 1999

[73] Gray J A. A whole and its parts: Behaviour, the brain, cognition and emotion. Bulletin of the British Psychological Society, 1985, 38: 99-112

[74] James W. What is an emotion? Mind, 1884, 9: 188-205

[75] McDougall W. An Introduction to Social Psychology. Boston: Luce, 1926

[76] Mowrer O H. Learning Theory and Behavior. New York: Wiley, 1960

[77] Oatley K, Johnson-Laird P N. Towards a cognitive theory of emotions. Cognition & Emotion, 1987, 1: 29-50

[78] Panksepp J. Toward a general psychobiological theory of emotions. The Behavioral and Brain Sciences, 1982, 5: 407-422

[79] Tomkins S S. Affect theory. Scherer K R, Ekman P. Approaches to Emotion. Hillsdale: Erlbaum, 1984: 163-196

[80] Watson J B. Behaviorism. Chicago: University of Chicago Press, 1930

[81] Weiner B, Graham S. An attributional approach to emotional development//Izard C E, Kagan J, Zajonc R B. Emotions, Cognition, and Behavior. New York: Cambridge University Press, 1984

[82] Ortony A, Clore G L, Collins A. The cognitive structure of emotions. Contemporary Sociology, 1988, 18(6): 2147-2153

[83] Elliott C D. The affective reasoner: A process model of emotions in a multi-agent system. Illinois: Northwestern University, 1992

[84]   Carbonell J G, Simmons R, Scott W, et al. Believable social and emotional agents. Pittsburgh: Carnegie Mellon University, 1996

[85]   Rabiner L R. A tutorial on hidden Markov models and selected applications in speech recognition. Readings in Speech Recognition, 1990, 77(2): 267-296

[86]   王玉洁, 王志良, 陈锋军, 等. 基于隐马尔可夫模型的情感建模. 北京农学院学报, 2005, 20(1): 61-64

[87]   谷学静. 基于人工心理的 HMM 情感建模方法及虚拟人技术研究. 北京: 北京科技大学硕士学位论文, 2003

[88]   Kesteren A J V, Akker H J A O D, Poel M, et al. Simulation of emotions of agents in virtual environments using neural networks. Enschede: University of Twente, 2000

[89]   杜坤坤, 刘欣, 王志良. 情感机器人. 北京: 机械工业出版社, 2012

[90]   Jokinen K, Wilcock G. Multimodal open-domain conversations with the NAO robot// Mariani J, Rosset S, Garnier-Rizet M. Natural Interaction with Robots, Knowbots and Smartphones. New York: Springer, 2013

[91]   Lafaye J, Gouaillier D, Wieber P B. Linear model predictive control of the locomotion of Pepper, a humanoid robot with omnidirectional wheels. International Conference on Humanoid Robots, Madrid, 2014: 336-341

[92]   Sebastian A. Meet Jibo—The world's first family robot-built. Boston: Marketwired, 2014. http://www.marketwired.com/press-release/Meet-Jibo-the-Worlds-First-Family-Robot-1930229.htm

[93]   Pinillos R, Marcos S, Feliz R, et al. Long-term assessment of a service robot in a hotel environment. Robotics & Autonomous Systems, 2016, 79: 40-57

第 2 章　多模态情感特征提取

在日常交流中，人类之所以能够通过聆听语音和观察表情及姿势动作等捕捉到对方情感状态的变化，是因为人脑具备感知和理解语音信号和视觉信号中能够反映人情感状态的信息（如特殊的语气词、语调的变化、面部表情的变化等）的能力。多模态情感识别是机器人对人类这种情感感知和理解过程的模拟，其任务就是从采集到的多模态信号中提取情感特征，经过筛选得到相应的情感特征集，并找出这些模态的情感特征与人类情感的映射关系。

情感机器人系统不同于人与人之间的交流，其情感信号的获取途径更为丰富，语音、面部表情、生理信号、手势等信息均能反映人们的情感状态。情感机器人系统中的情感信号可分为表情–视觉、语音–听觉、行为–触觉等多种模态。在情感机器人系统的人机情感交互中，多模态情感特征集构建是非常重要的环节，特征集表征情感信息的能力及整体性能直接影响情感识别的结果。本章根据情感机器人系统对情感交互信息的要求，结合语音、表情、生理信号等不同模态的特点，从各模态情感特征提取方法到相应的特征集维数约减方法，系统地阐述多模态情感特征集的构建方法。

2.1　语音情感特征提取

典型的语音情感识别主要步骤包括情感特征的提取、识别，其中情感特征提取的结果直接影响情感识别率。语音信号具有声学特性复杂多样化的特点，因此正确地从语音信号中找出可体现情感差异的特征参数且准确地将其提取出来，直接关系后续情感识别的效果。目前，针对语音情感特征提取的方法有很多，对于不同的特征，提取方法也有所不同。

2.1.1　语音信号预处理

在情感交互系统中，进行语音情感识别首先需要实现语音信号的采集，一般采用麦克风进行语音采集。在采用相关语音设备完成语音信号的实时采集后，需要对语音信号进行预处理。图 2.1 为情感语音信号的预处理流程。

图 2.1　语音预处理

在实际设计中，考虑到语音信号是连续性模拟信号，因此首先对其进行防混叠滤波，该过程需要滤除高于 1/2 采样频率的信号或噪声，普通声卡就能较好地自动完成这个过程；然后进行模拟信号数字化处理，即采样和量化，使其转变为时间和幅度上离散的数字信号后再进行预加重处理；最后进行语音信号的加窗截取。

1. 采样和量化

采样过程是以一定的时间间隔 T 对连续信号 $X_s(t)$ 取值，则连续信号 $X_s(t)$ 变为离散信号 $X(n) = X_s(nT)$ 的过程，其中 T 为采样周期，采样频率 $F_s = 1/T$。当采样频率大于所采集的数据信号最高频的两倍时，采样后数据信息被保留得较为完整，且可对原始信号进行重构 [1]。

若采样频率过高，就会包含冗余信号信息，而过低则产生不同程度的信号失真。根据国际电报电话咨询委员会（International Telegraph and Telephone Consultative Committee, CCITT）拟定的标准，电话语音采样频率为 8kHz，但由于电话语音与实际语音有所不同，现实中的语音信号在处理过程中采样的频率至少要达到 10kHz。为了降低系统的误识率、获得更多的语音信息，一般认为采样频率为较高的 16kHz 是较为合适的。

采样完成后的语音信号数据在幅度上并没有离散化，为了将信号幅值进行离散化，需要再进行量化处理 [2]。量化处理就是把幅值分为几个有限区间，将落入同一区间的样本点用该区间代表的幅值来统一表示。

用 g_x^2、g_e^2 分别表示输入语音、噪声数据序列的方差，B 为量化的比特数，于是量化信噪比 SNR（dB）为

$$\text{SNR} = 10 \lg \left(\frac{g_x^2}{g_e^2} \right) = 6.02B + 4.77 - 20 \lg \left(\frac{X_{\max}}{g_x} \right) \tag{2.1}$$

若语音信号的幅值满足拉普拉斯分布，则可取 $X_{\max} = 4g_x$，此时式 (2.1) 变为

$$\text{SNR} = 6.02B - 7.2 \tag{2.2}$$

从式 (2.2) 能够得到量化处理过程中的 1bit 字长给予信噪比的贡献约为 6dB。根据相关实验，语音波形的动态范围约为 0~55dB，因而量化字长要取到 10bit 以上，语音量化一般选用 16bit。

2. 预加重处理

语音信号经过采样和量化后，还需要进行预加重处理。这是由于声门激励等对语音信号的影响，其平均功率谱在 800Hz 以上的高频部分按照 6dB 倍频程衰减，需要加入预加重处理来补偿跌落的功率 [3]。一阶的预加重数字滤波器可表示为

$$H(z) = 1 - \mu z^{-1} \tag{2.3}$$

式中，μ 为预加重系数，取值范围为 $0.94 \sim 0.97$。

经过预加重处理的语音信号还需要再加上 -6dB 倍频程的频率特性来去除预加重以还原原来的信号特性。

3. 加窗处理

数字化处理后的语音信号是一个时变的信号。人在发音时，声道一直处于连续变化状态，则语音信号产生系统实际上可看作一个线性时变系统。语音信号变化速度比较平稳，没有声震变化剧烈，因此可以把语音信号看成是局部平稳或者短时平稳的 [4]。语音信号的短时处理可根据平稳过程的处理思路，即每段短时语音成为一帧，帧是连续的，用交叠分帧的方法来获取每段语音信号的所有帧，帧长一般取 $10 \sim 30\text{ms}$。

加窗处理其实是用一个窗截取语音信号，实质上是进行短时分析。目前，语音信号分析中常用的窗函数有矩形窗、海宁（Hanning）窗和汉明（Hamming）窗等。选取窗型的标准是不影响或少影响处理需要的语音特性，因此采用高频分量幅度较小的汉明窗是比较合适的。设 N 为帧长，则汉明窗表达式为

$$\omega(n) = \begin{cases} 0.54 - 0.46 \cos\left(2\pi \dfrac{n}{N-1}\right), & 0 \leqslant n \leqslant N-1 \\ 0, & \text{其他} \end{cases} \tag{2.4}$$

选择合适的窗口可以决定汉明窗函数的形状和长度，而其形状和长度又会很大程度上影响短时分析的参数，因此为了使短时参数能够更好地反映语音信号的特性变化，引入频谱分辨率 Δf：

$$\Delta f = \frac{1}{NT_\text{s}} \tag{2.5}$$

式中，采样周期为 $T_\text{s} = 1/f_\text{s}$；$N$ 为窗口长度。

可见，当 T_s 一定时，频谱分辨率 Δf 随着窗口长度 N 的减小而增大，频谱分辨率降低而时间分辨率提高，频谱分辨率与时间分辨率是此消彼长的关系。根据相关研究的实验结论，调整汉明窗的窗长为 23.22ms（共 256 个采样点）、窗移为 10ms 较为合适 [5]。

语音信号经过加窗后得到一帧一帧的短时信号，按照顺序依次提取每一帧短时信号数据进行分析处理得到相应的参数，再由每一帧所有的参数构成语音情感特征参数的时间序列。

4. 基于短时能量和过零率的双门限端点检测

一段语音信号既包含无声部分（如停顿）又包含有声部分，而有声部分又包含背景噪声等非语音信号，如何在一段语音信号中检测出用于分析处理的有声信号

部分，在语音情感特征提取的过程中至关重要[6]。在检测有声信号方面，端点检测算法的功效是显而易见的，它不仅可以减少语音信号的整体采集量以节约时间，还能去除无声部分和噪声部分可能对语音分析的影响，最终提高语音信号处理的性能。

在本节所设计的情感识别系统中，要求情感数据库具有丰富的情感数据分布和较为严谨的情感标注。语音库中的语音都是在低噪纯净的环境下录制的，具有高信噪比（信噪比表示为 SNR 或 S/N），于是不用考虑噪声对语音分析的影响，这里应用经典的基于短时能量和过零率的双门限端点检测法来区分语音信号的有声部分与无声部分。但是，在真实的自然语音环境中，语音背景噪声必须要考虑。

顾名思义，基于短时能量和过零率的双门限端点检测法就是短时能量分析与短时过零率两种方法的结合。下面简单介绍这两种方法。

1）短时能量分析

语音信号的能量会随着时间的变化而变化，于是首先对语音信号进行分帧处理，然后对每一帧信号分别求出能量。对于语音 $x(n)$，短时能量定义为

$$E_n = \sum_{m=-\infty}^{\infty} [x(m)\omega(n-m)]^2 = \sum_{m=n-N+1}^{\infty} x^2(m)h(n-m) = x^2(n)h(n) \quad (2.6)$$

式中，E_n 指一段语音信号第 n 个点位置上加窗所得到的短时能量；$x(m)$ 为离散语音信号的时间序列；$\omega(n)$ 为汉明窗函数；N 为窗长；$h(n) = \omega^2(n)$ 表示一个冲激响应为 $\omega^2(n)$ 的滤波器。由此短时能量可表示为一个 Mel 滤波器，如图 2.2 所示。

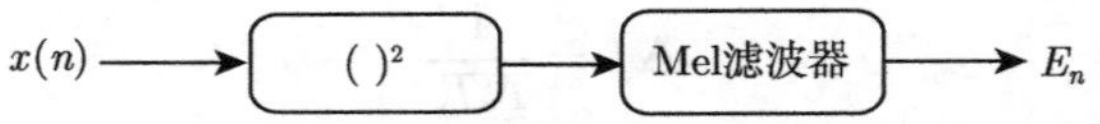

$$x(n) \longrightarrow \boxed{(\ )^2} \longrightarrow \boxed{\text{Mel滤波器}} \longrightarrow E_n$$

图 2.2　短时能量的方块图表示

由于浊音的能量要比清音的能量多很多，短时能量可用于区分浊音和清音，也可判别有声部分和无声部分，另外也可作为语音信号的一维能量特征来表征能量的大小。

2）短时过零率

短时过零率可理解为一帧语音信号的波形曲线穿过零电平的次数，也就是信号采样点的符号改变次数，用来表征清音部分。首先引入一个门限值，以减少静音段中随机噪声所带来较高过零率的现象，则语音信号的短时过零率可表示为

$$Z_n = \frac{1}{2} \sum_{m=-\infty}^{\infty} \left\{ \left| \begin{array}{c} \text{sgn}[x(n)-T] \\ -\text{sgn}[x(n-1)-T] \end{array} \right| + \left| \begin{array}{c} \text{sgn}[x(n)+T] \\ -\text{sgn}[x(n-1)+T] \end{array} \right| \right\} \omega(n-m)$$

$$(2.7)$$

式中，T 为计算得到的低门限值，一般取 0.02；$\text{sgn}[\cdot]$ 表示语音信号 $x(n)$ 的符号函数：

$$\text{sgn}[x(n)] = \begin{cases} 1, & x(n) \geqslant 0 \\ -1, & x(n) < 0 \end{cases} \tag{2.8}$$

由式 (2.8) 可以看出，若符号发生了一次变化则表明语音信号曲线产生了一次过零行为，对已进行一阶差分计算的结果取正输入到低通滤波器获得 Z_n。整个过程如图 2.3 所示。

图 2.3 短时过零率的计算过程

3）基于短时能量和过零率的双门限端点检测法

通过短时能量和短时过零率的结合，可以判断语音起止点的位置。在信噪比较大的情况下，短时能量测得的结果相对准确；反之，短时过零率结果相对准确。

在该方法中，先给短时能量和短时过零率各自设置一高一低两个门限阈值，较低的门限阈值对信号变化反应灵敏，而较高的则相反，直到语音信号达到一个较强的强度才可以。超过较高门限的信号基本确定为语音信号的语音部分，而超过较低门限的不一定是语音信号，有可能是噪声信号。

一般对端点检测的过程是：在静音段，若短时能量和过零率同时高于低门限，就标记此点为过渡段的起始点，过渡段在参数值偏小时难以确定，此时为有声的语音段，因此只要两者都降低到低门限以下，就认为返回到静音段，而如果在静音段两者至少一个高于高门限就认为语音信号进入语音段。

在语音段中也难免会有临时噪声使得短时能量或短时过零率的数值突然较高，但不会高于低门限，此时设置一个最短时间门限，由于噪声不能维持足够长时间，当两个参数数值降低到低门限以下时，总持续时间低于最短时间门限就表明遇到噪声部分，略过此段语音继续检测后面的语音信号直到结束位置。

以 CASIA 汉语情感数据库中 "wangzhe" 高兴的男性语音 "就是下雨也去" 为例，图 2.4 为通过 MATLAB 编程实现的双门限端点检测法检测出的语音波形图。

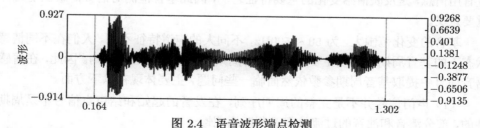

图 2.4 语音波形端点检测

2.1.2 声学情感特征提取

一般将语音情感特征分为语言学特征和非语言学特征[7]。基于语言学的语音情感特征一般包含在语义信息中，词汇、语法、语境和句法等语言信息的载体是语音情感特征在语义信息上的主要来源。非语言学特征也称为基于声学的情感特征。基于不同类型特征的语音情感识别流程如图 2.5 所示。

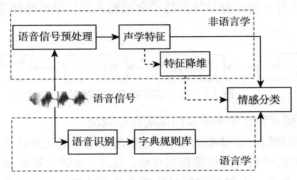

图 2.5 语音情感识别模型

基频相关、共振峰相关和频率相关的语音情感特征是目前学术界公认的对语音情感识别具有较大贡献的情感特征。此外，也有较多学者对非线性特征参数进行研究，并取得了优于线性特征的成果。下面将分别叙述基频、共振峰、Mel 频率倒数系数（Mel frequency cepstrum coefficient，MFCC）、非个性化特征、特征统计等语音情感特征提取方法。

1. 基频特征提取

基音（pitch）周期是声带振动频率的倒数，指人发出浊音时气流通过声道促使声带振动的周期。声带振动产生的准周期性的脉冲气流激励声道发出浊音。声带振动的周期就是基音周期。基音周期的估计称为基音检测（pitch detection）。基音周期描述了语音激励源的重要特征，是表征语音信号的本质特征的参数，它在语音分析与合成、说话人识别、语音压缩等方面应用广泛[8]。基频包含表征语音情感的大量有用信息，是反映情感变化的重要特征之一，因此基音检测对语音情感识别具有重要意义。

基音的变化范围大，为 50 ~ 500Hz，不同人的声道特征不同，人们在不同情感状态下的基音周期也会发生变化，且基音周期会受发音词汇的影响。因此，在情感语音信号中提取基音周期参数依然面临一些问题，主要体现在以下方面。

（1）声门信号并不是完整的周期序列，在发音的起始和结束点信号不是周期性的，部分清音和浊音的过渡帧很难判断周期性。

（2）基音变化范围大，为 50~500Hz。

（3）声道共振峰太强烈会改变声门的结构，从而影响激励信号的谐波结构，给基音检测造成困难。

由于基音检测的诸多困难，目前尚未有完整的适用于不同年龄、不同语种的基音频率检测方法。研究者提出了自相关函数（autocorrelation function，ACF）法、平均幅度差（average magnitude difference function，AMDF）法、小波法等基音频率检测方法。这三类方法是目前常用的基频提取方法，ACF 法和 AMDF 法属于时域检测算法，它们是根据基音短时周期性的特点进行提取的；小波法属于频域检测算法。ACF 法中的短时自相关函数为

$$R_i(k) = \sum_{m=1}^{N-k} S_i(m)S_i(m+k) \tag{2.9}$$

式中，$R_i(k)$ 表示第 i 帧自相关函数；$S_i(m)$ 表示一帧语音信号的第 m 个采样值；N 表示帧长；k 表示时间的延迟量。

自相关函数与原语音信号的周期一致，通过寻找自相关函数波峰的延迟即可找到原信号的周期。

AMDF 法中的平均幅度差函数为

$$D_i(k) = \sum_{m=1}^{N-k} |S_i(m+k) - S_i(m)| \tag{2.10}$$

式中，$D_i(k)$ 表示第 i 帧平均幅度差函数。

平均幅度差函数与原语音信号的周期性一致，它在周期的整数倍上取极小值，通过寻找波谷之间的延迟即可找到原信号的周期。

语音信号经过小波变换后，极值点对应原信号的不连续点。发声时，来自肺部周期性的气流冲击声门，使声门产生周期性的开启或闭合，这样语音信号就产生不连续点。通过寻找小波变换后极值点之间的距离，即可确定基音周期。

ACF 法通过计算语音信号的自相关函数，寻找周期函数的峰值来确定基音周期，当语音信号信噪比降低时，基音频率和第一共振峰频率比较接近，这时 ACF 法会带来半频和倍频检测误差。AMDF 法通过计算语音信号的平均幅度差函数，寻找周期函数的波谷值来确定基音周期，这种方法运算量小，但当语音信号变化幅度较快时，也容易出现半频和倍频检测误差。小波法利用小波变换对信号进行分析，语音信号变换成正弦信号，正弦信号的振荡周期即基因周期。小波法对一整段语音信号进行分析，能够提取基频周期的包络，基频包络能够精确地反映基频的变化，但是小波法的计算较为复杂，不能抑制噪声的干扰。

2. 共振峰特征提取

根据声学观点，声道可以看作非均匀截面的声管，当声音激励信号的频率与声道频率一致时，声道将发生共振，产生的波形称为共振峰。共振峰是语音信号处理最重要的参数之一，决定着元音中的音质。共振峰的参数包括共振峰频率和共振峰带宽。与基频一样，共振峰是反映声道系统的物理参数，在语音识别、声纹鉴定方面应用广泛 [9]。

共振峰对语音中的情感表达起着关键的作用 [1]。在不同的情感中，人们的说话方式会发生很大改变，而这一改变会直接导致声道的形状发生改变，从而改变说话人的固有频率，这样就会得到不同的共振峰。不同情感发音的共振峰位置不同，情感状态发生变化时前三个共振峰的峰值变化较大，且其峰值从低到高依次为第一共振峰、第二共振峰和第三共振峰。因此，研究人员一般选取第一共振峰、第二共振峰、第三共振峰的平均值、最大值、最小值、动态变化范围、平均变化率、均方差，共振峰频率的 1/4 分位点、1/3 分位点以及共振峰变化的 1/3 分位点、1/4 分位点等统计特征作为研究对象。

目前，要精确提取共振峰的参数仍较为困难，主要表现在以下方面。

（1）共振峰决定了频谱包络的最大值，有时虚假峰值的出现会影响共振峰的估计值。

（2）高音调语音的谐波间隔较大导致频谱包络的样本点太少，这会给提取频谱包络带来困难。

（3）相邻两个共振峰间隔很近时难以分辨。

共振峰信息包含在信号频谱包络中，频谱包络的估计是共振峰提取的关键，一般认为，频谱包络的最大值就是共振峰。目前，常用的共振峰提取方法包括倒谱法、线性预测分析（linear prediction coding, LPC）法和带通滤波组法等。直接对信号进行离散傅里叶变换（discrete Fourier transform, DFT），运用 DFT 频谱来提取共振峰，但是 DFT 频谱受基频谐波的影响，最大值会出现在谐波频率上，误差较大。倒谱法采用同态解卷技术，将基音信息和声道信息分离，从而可以直接求取共振峰参数，这种方法相对直接进行 DFT 运算求取共振峰更加精确，避免了由基音谐波频率产生的误差。LPC 法的基本思想是语音信号可由过去若干个语音采样点的线性组合来逼近，通过使预测的采样值与实际输出值的方差最小来求取一组线性预测系数，由此可得到声道的传递函数为

$$H(z) = \frac{G}{A(z)} = \frac{G}{1 - \sum_{k=1}^{p} a_k z^{-k}} \tag{2.11}$$

式中，G 为增益；a_k 为模型的系数；p 为模型的阶数。

式 (2.11) 是一个全极点模型。对 $H(z)$ 取模可以得到声道传递函数的功率谱，根据功率谱可以较为精准地检测出带宽和中心频率。LPC 法的主要特点是能够在由预测系数构成的多项式中精确地估计共振峰参数。线性预测提供了一组优良的语音信号模型参数，比较精确地表征了语音信号的幅度谱。但是 LPC 法求得的声道传递函数是一个全极点模型，对于某些含有零点的语音信号，$A(z)$ 的根反映了零极点的复合效应，无法区分这些根是否是声道的谐振点。

3. Mel 频率倒谱系数提取

Mel 频率倒谱系数（MFCC）是根据人的听觉机理发现的特征参数，它与频率呈非线性对应关系。人耳听觉机理的研究表明，人耳对不同频率声波的敏感程度是非线性的。在 1000Hz 以下，人耳对声音的感知能力与频率呈线性关系，而在 1000Hz 以上，人耳对声音的感知能力与频率呈非线性关系。MFCC 就是利用这种非线性关系得到频谱特征，它是基于人耳听觉特性、鲁棒性较好的频域语音特征参数，其频率的对应关系为 [10]

$$\text{Mel}(f) = 2595\lg10\left(1 + \frac{f}{700}\right) \tag{2.12}$$

语音的音高在客观上采用频率来表示，但人耳的听觉效应是非线性的，人们感受到的音高和频率不成比例。人耳主观上用 Mel 来度量音高的大小。规定 1000Hz、40dB 的语音信号音高为 1000Mel。在 Mel 刻度上，人耳对语音音高的主观感受是线性的。人耳基底膜相当于一个非均匀滤波器组，不同地方的细胞膜对频率的响应不同，每一部分对应一个滤波器群，每一个滤波器群对应一个中心频率和带宽，而每个滤波器的带宽大约为 100Mel。为了模拟人耳的特点，研究者根据人耳滤波器组的中心频率和带宽设计了一组 Mel 滤波器，其波形如图 2.6 所示。

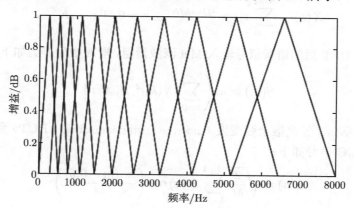

图 2.6 Mel 滤波器组

　　语音信号经过 Mel 滤波器处理后可以得到近似人耳的信号。在语音频谱范围内设置若干个带通滤波器 $H_m(k)$，$0 \leqslant m < M$，M 为滤波器的个数，通常为 $24 \sim 40$，每个滤波器为三角形滤波特性，中心频率为 $f(m)$，随着 m 的增加，滤波器的间隔逐渐增大。每个带通滤波器的传递函数为

$$H_m(k) = \begin{cases} 0, & k \leqslant f(m-1) \\ (k - f(m-1))/(f(m) - f(m-1)), & f(m-1) < k \leqslant f(m) \\ (f(m+1) - k)/(f(m+1) - f(m)), & f(m) < k \leqslant f(m+1) \\ 1, & k > f(m+1) \end{cases} \tag{2.13}$$

其中，

$$f(m) = \left(\frac{N}{f_s} \right) \mathrm{Mel}^{-1} \left(\mathrm{Mel}(f_l) + m \frac{\mathrm{Mel}(f_h) - \mathrm{Mel}(f_l)}{M+1} \right) \tag{2.14}$$

式中，N 为帧长；f_s 为采样频率；Mel^{-1} 为 Mel 函数的逆函数；f_l 为频率范围内的最低频率；f_h 为最高频率。

　　在语音倒谱分析中加入 Mel 滤波器，得到的结果就是 Mel 倒谱系数，具体过程如图 2.7 所示。

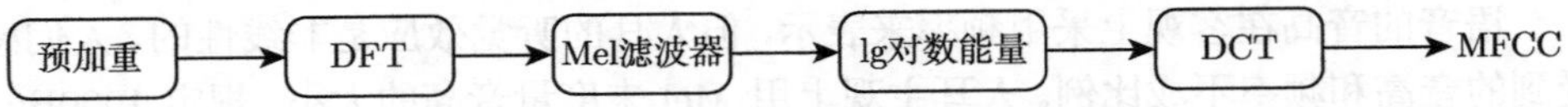

图 2.7　MFCC 提取过程

　　MFCC 的提取步骤如下。

　　(1) 语音信号经过预加重、分帧、加窗得到预处理后的语音信号 $x(n)$。

　　(2) 对预处理后的信号进行 DFT 得到离散谱 $X(k)$，提取中的变换公式为

$$X(k) = \sum_{n=0}^{N-1} x(n) \mathrm{e}^{-\mathrm{j}2\pi nk/N}, \quad k = 0, 1, \cdots, N-1 \tag{2.15}$$

　　(3) 将 DFT 后的语音信号输入 Mel 滤波器组，取对数后得到如下对数频谱：

$$S(m) = \ln \left(\sum_{k=0}^{N-1} |X(k)|^2 \, H_m(k) \right) \tag{2.16}$$

　　(4) 将 $S(m)$ 经离散余弦变换（discrete cosine transform，DCT）到倒频谱域，得到的 MFCC 信号如下：

$$c(n) = \sqrt{\frac{2}{M}} \sum_{k=0}^{M-1} S(m) \cos \left(\frac{\pi n(m+0.5)}{M} \right) \tag{2.17}$$

　　MFCC 较好地模拟了人耳听觉系统感知信号的能力，且具有鲁棒性强、识别率高等的特点，广泛应用于语音处理系统中。但是语音是动态变化的信号，MFCC

参数没有考虑语音信号分帧后帧与帧之间的关系以及同一帧语音信号 MFCC 之间的关系。为了反映语音信号的动态特性，提出一阶差分 MFCC，其计算方法为

$$\Delta c(n) = \frac{\sum\limits_{k=-K}^{K} k \cdot c(n+k)}{\sum\limits_{k=-K}^{K} k^2} \tag{2.18}$$

式中，$c(n)$ 表示 MFCC；K 为常数，通常取 2。

一阶差分 MFCC 是 MFCC 的一阶导数，其计算方法是使用最小二乘法对局部斜率进行估计，从而得到一阶导数的平滑估计。将一阶 MFCC 代入式 (2.18)，还可得到二阶 MFCC。

近年来，国内外很多学者研究 MFCC，并把它运用到语音情感识别中。传统的 Mel 系数提取方法是使用滤波器从低频到高频带内提取信号并做进一步的处理后作为语音信号特征。研究数据表明，基于频域的参数对于情感识别是非常有效的。Mel 频率尺度的值大体上对应于实际频率的对数分布关系，更符合人耳的听觉特性。

4. 非个性化特征提取

在实际中，人与人的说话具有很大的差异性，有的人说话语速快，有的人说话声音低沉，自然状况下语音的不同也可以表示不同的说话人。由于个体的差异性，语音情感特征参数会在情感空间分布中随着说话人的不同而产生不同的特性，目前的研究表明，大多数语音情感识别往往只能针对某个语音情感数据库特定的人进行训练，所以也就存在很多语音情感识别系统不具有较强的通用性的问题，即识别训练库之外说话人情感的准确率大大降低。如何消除人与人之间在语音上的个性化差异，将是提高语音情感识别与人无关的识别率以及加强语音情感识别应用的普适性的关键。

语音信号是由气流冲击声门产生的。由于声道的差异，不同人具有不同特点的情感特征。基频、共振峰是根据发声系统得出来的物理参数，它们反映了声道的结构特性，这类参数因人而异，且携带了大量的说话人的个性化的信息，在说话人身份识别中有很多应用 [11]。将它们应用于说话人的情感识别，对于特定人的识别往往是有效的，对于非特定人，效果不如特定人好。不同人有自己独特的语音特征，某个人的特征模型往往不适用于其他人。

语音情感特征根据是否依赖于说话，分为个性化语音情感特征和非个性化语音情感特征。对于同一区域的人，情感是相通的，他们的情感表达方式相同。因此，研究者试图寻找他们的共性特征，这一特征称为非个性化特征。非个性化特征具有不依赖于人、通用性较好的特点 [12]。常用的语音情感统计特征如表 2.1 所示。

表 2.1　常用的语音情感统计特征

特征类型	具体特征
时间构造	短时平均过零率、无声部分时间比率
振幅构造	短时平均能量、短时能量变化率、短时平均振幅、振幅平均变化率、短时最大振幅
基频构造	基频轨迹曲线的最大值、整个曲线的基频平均值、平均变化率、均方差、基音频率 1/3 分位点、1/4 分位点以及基音变化的 1/3 分位点、1/4 分位点
共振峰构造	第一共振峰频率、第二共振峰频率、第三共振峰频率的最大值、平均值、动态变化范围、平均变化率、均方差、1/3 分位点、1/4 分位点
MFCC	12 阶的 MFCC、一阶差分 MFCC、二阶差分 MFCC

一般地，直接反映数值大小的语音情感特征在说话人变化时数值波动较大，情感表征能力的稳定性较差，把这类特征归纳为个性化语音情感特征。个性化语音情感特征一般携带了大量的个人情感信息，反映了说话人的说话特点。个性化语音情感特征在语音情感识别中占多数，因为其可包含特定说话人的情感信息，利用这些个性化语音情感参数得到的特征向量对于特定说话人具有较高的识别率。目前，大多数语音情感识别研究均基于特定人的情感数据库。虽然可以运用改良的语音情感识别算法获得较高的识别率，但是在一定程度上影响了语音情感识别技术在真实自然语境下非特定人语音情感识别的应用。

个性化特征包含了特定人丰富的情感信息，为了消除个性化语音情感特征对于不同人所呈现出来的数值大小的差异，引入变化率来反映这类特征的变化情况。变化率的引入消除了个性化的影响，并且反映了一种趋势，而这种趋势是共同的，这也符合同一地区情感表达方式一致的特点。这类特征被定义为非个性化特征。非个性化特征也包含了一定的情感信息，这种信息不受说话人的影响。

5. 特征统计

在经过语音信号预处理、提取相应声学特征之后，一般会得到一个二维的特征矩阵 [12]。但是特征矩阵的维度会随着语音信号的长度发生变化，而大部分存在的分类器并不能直接处理长度不一的特征矩阵，因此需要使用特征统计方法将特征矩阵转换成特征向量，特征统计可以理解为一种特征的处理方法。

目前有很多的全局特征统计方法能够用于特征统计，全局统计的单位一般是听觉上独立的语句或者单词。基于这三类声学特征的不同语段长度的统计特征是目前使用最为普遍的特征参数之一，常用的全局统计方法函数有均值、标准差、最大值、最小值、峰度和偏态等，有部分研究者通过在特征统计阶段采用取导的方式减小说话人等无关因素的影响以提取非个性化特征。

Schuller 等提出了多个用于语音情感识别的基准特征集，这些特征集起源于国际语音情感挑战赛 INTERSPEECH 2009 EC，特征集的特征种类每年都在更新[13]。其中，INTERSPEECH 2010 基准特征集选择了在韵律特征和频谱特征中使用最为广泛的声学特征和统计函数，包括 34 个低层描述子和 21 个统计函数，构建了一个 1428 维的特征向量，特征集主要包含韵律特征和 MFCC 等谱特征[13]。

2.2　面部表情情感特征提取

面部表情是情感表达中最直观的一种方式，利用计算机对人脸的表情信息进行特征提取及分析，按照人的认识和思维方式加以归类和理解，结合人类所具有的情感信息方面的先验知识使计算机进行联想、思考及推理，进而从人脸信息中分析、理解人的情绪和情感。面部表情的识别在情感计算中有着广泛的应用，如情感机器人、电脑游戏、心理学研究、商务谈判、安全驾驶、手术医疗和远程教育等。人脸表情识别系统框架（图 2.8）将人脸表情识别分为三个过程，即人脸检测定位获取、人脸特征提取、人脸表情特征分类。其中，人脸表情特征提取和人脸表情分类是人脸表情识别的关键。

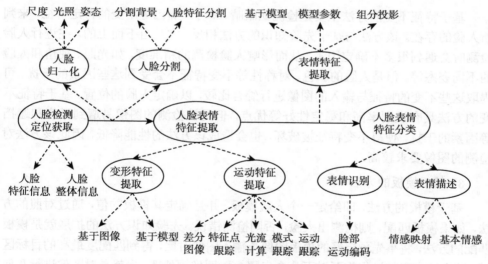

图 2.8　人脸表情识别系统框架

2.2.1　人脸检测与定位

人脸检测具有众多优点，如直接、隐蔽、方便、友好、安全和特征稳定等，因此获得广泛的关注，并在模式识别中的人脸识别、人脸追踪、姿态估计、表情识别、图像检索和数字视频以及游戏等领域得到了很好的应用。

人脸检测方法的不断提升使得人脸表情的研究进一步向前推进，为人脸表情的特征提取做好了铺垫。根据研究的需要，目前人脸检测方法有三种，即基于人脸几何特征的方法、基于人脸肤色模型的方法和基于人脸统计理论的方法。

1. 基于人脸几何特征的方法

人的面部器官具有几何运动变化的特点，会随着面部的运动而产生一定的几何改变，这种在物理几何上体现的轮廓变化即人脸的几何特征。目前有三种基于人脸几何特征的方法，即基于先验知识的方法、基于特征不变的方法和基于模板的方法。

1）基于先验知识的方法

基于先验知识的方法是利用人脸的灰度差异和对称性来制定相应准则的方法。例如，当给定的图像符合制定的准则时，便可以根据这个准则检测人脸是否存在。根据人脸的位置区域分块后不同的灰度值来制定匹配的校验准则，将制定好的标准与输入图片进行匹配。

2）基于特征不变的方法

基于特征不变的方法主要是检测如眼睛、鼻子、嘴巴等不变的特定特征，来判断人脸的存在。该方法与基于先验知识的方法相反，它是自下而上的。在进行人脸检测时会遇到很多不确定因素，从而影响人脸检测的精准度，如光照、视角和人脸的不同姿态等。但是人脸的肤色、对称性等不变特征不会受到这些因素的干扰。可提取这些不变的特征与输入的图像进行综合比较，以确定人脸的位置。基于特征不变的方法具有识别率高和稳定性好等优点，但是被检测的图像易遭到噪声和遮挡等因素的干扰，使得不变特征被破坏，也会造成该方法的性能降低，因此该方法对检测的图像要求较高。

3）基于模板的方法

基于模板的方法，即给定一个人脸模板，并且确定其模板的值，通过对照的方法，如果模板匹配，则检测出人脸，否则检测错误。先验知识方法的扩展就是模板匹配的方法，将事先预定好的模板图像与输入图像对比，得到匹配度最高的目标区域。该方法实现的过程需要以下几个步骤：① 图像预处理，也就是对图像进行几何归一化和灰度归一化，得到一个定义的标准人脸模板；② 把模板划分不同的区域，按照区域与区域之间的关系，求得输入图像与预定义的模板的相似性；③ 预设一个阈值，与上一步求得的相似度进行比较，若相似度大于阈值则检测图像中包含人脸信息。模板匹配的方法具有过程简单、实现容易等优点，但是检测的精度不高，检测效果不好，检测率低。目前，经典的模板匹配的方法主要有主观表观模型（active appearance model，AAM）匹配方法和主观形状模型（active shape model，ASM）匹配方法。

2. 基于人脸肤色模型的方法

人脸的肤色是区分人脸的一个很显著的特征,肤色不依赖于面部其他器官,相对来说具有较强的稳定性。无论何种肤色都不会受到诸如面部表情变化、图片拍摄角度这些常见的影响最终识别结果的因素的影响,并且大多数人的肤色在进行灰度处理等操作后色彩值能够与大多数背景中的物体和周围环境区分开来,因此基于这种方法进行人脸检测定位准确度比较高。

人脸肤色特征一般通过建立相应的模型来描述,检测时首先根据被测图像像素与肤色模型的相似程度,结合空间相关性将可能的人脸区域从背景中分割出来;然后对分割出的区域进行几何特征分析,确定其与人脸特征的相关值,从而排除非"人脸"的似肤色区域,这样就达到了人脸检测的目的。

3. 基于人脸统计理论的方法

基于人脸统计理论的方法不是针对人脸的某一特征,它是从整个人脸的角度出发,利用统计的原理,从成千上万张人脸图像中提取出人脸共有的一些规律,利用这些规律来进行人脸检测。由于人脸图像的复杂性,描述人脸特征具有一定的困难,所以基于统计的方法更加受到重视。此类方法将人脸区域看作一类模式,即模板特征,使用大量的人脸和非人脸样本,构成并训练分类器,通过判别图像中所有可能区域是否属于人脸模式的方法来实现人脸的检测。

基于人脸统计理论特征方法包括子空间、支持向量机、隐马尔可夫模型、神经网络和 Adaboost。此外,研究人员尝试结合上述方法对人脸进行检测,取得了良好的效果,例如,支持向量机与 Adaboost 相结合构成复合分类器的方法以及神经网络与 Adaboost 相结合构成复合分类器的方法等。

2.2.2　人脸表情特征提取

人脸表情特征提取是人脸表情识别的关键步骤,它的核心目标是提取人脸图像中可分性好的表情信息,同时达到数据降维的目的。目前,在表情识别的研究过程中,表情特征提取所提取的特征包括原始特征、形变特征和运动特征。

原始特征提取考虑的是整体性,无须对表情图像进行任何裁剪处理,而是把图像的全部作为需要的特征。为了保证特征提取的可靠性,首要任务是对图像进行预处理,如灰度化、归一化等,这样才能得到理想的特征值。但是提取原始特征的缺点是提取的特征维数很高,需要通过相关的数据特征降维算法对特征进行降维处理,从而减小数据的维度,提高处理数据的速度。利用人脸具有随着各种动作而变化的动态特性,根据此依据提取的动态特征称为运动特征,它会随着脸部运动产生相应表情的动态变化,主要从图像序列中提取,而静态特征提取的是一个模型。

目前,主要存在两类提取表情特征的方法:基于形变的表情特征提取和基于运动的表情特征提取。

1. 基于形变的表情特征提取方法

基于形变的表情特征提取方法主要包括基于子空间、几何特征、模型、Gabor 小波变换等方法。

1）基于子空间的方法

基于子空间的方法包括主成分分析（principal component analysis，PCA）、线性判别分析（linear discriminant analysis，LDA）。用一个正交维数空间来说明数据变化的主要方向是这些方法的主要特点，通过减少在表情识别中处理数据的时间，进而提高表情识别的速率甚至识别率。

PCA 最重要的是获取高维向量。高维向量是由每个人脸样本图像中每个像素点的灰度值构成的。其基本原理就是让人脸样本在原始人脸的空间中经过 K-L 变换（Karhunen-Loeve transform），使原来的高维向量转换成低维的向量子空间。人脸的原始样本用人脸的空间中提取的一组离散度最大的特征向量来表示，样本中特征值之和最大的向量对应的特征向量称为主成分量。

不同于 PCA，LDA 是在最佳投影的方向上利用确定分散度远近的方法对特征进行分类提取。这些方法在表情识别中能够降低数据维数，因此对降低表情识别的计算复杂度、减少数据处理的时间具有很好的效果。在此基础上，又出现了各种改进方法，如 2DPCA、2DLDA、KPCA 等。

2）基于几何特征的方法

人脸表情跟人脸的运动有较大的关联，表情会随着面部器官的位置、大小以及形状的运动变化而变化，而最直接的表情表达就是眼睛、眉毛、嘴巴等变化。这种方法的核心思想是先提取显著特征的几何特征，这些具有代表性的显著特征包括眼睛、眉毛、嘴巴的位置变化，然后对这些变化进行定位、测量，进一步确定这些位置变化的距离、大小、形状和相互比例等特征。另外，去除掉面部表情不相关的且有可能干扰表情识别结果的特征信息。

在一般的情况下很容易获得人脸的几何特征，但是在本身质量较差或复杂环境条件下，特征提取会受到一定影响，同时不能精确定位到表情信息区域也会对提取特征的结果产生不良的效果。

3）基于模型的方法

在一定条件下可以提取出人脸几何形变特征和纹理特征信息的方法就是基于模型的方法。但是这种方法需要人工干预，处理的信息量较大，计算复杂，因此解决这些问题也成为表情识别中的主要研究方向之一。

主动形状模型（active shape model，ASM）采用 ASM 算法对面部的眼睛、眉毛、鼻子和嘴巴标定特征点，利用特征点构建人脸几何特征。主观表现模型（active appearance model，AAM）则是一种能够去除形状和纹理间的相关性且能够非常准确地生成形状和纹理目标图像的模型。局部二元模式（local binary patterns，LBP）是一种描述算子，在应用中不仅可以改善光照不均匀和旋转角度等难题，还能够测量、提取纹理信息。LBP 具有良好的性能，因此它在很多领域得到了广泛的应用。

　　4）基于 Gabor 小波变换的方法

　　Gabor 小波滤波器在模式识别领域有着很广泛的应用，是一种非常经典的特征提取算法。它通过一组具有不同时频特性的滤波器，可多方向、多尺度地提取原始图像在每个通道下的局部特征，具有优良的空间位置及方向选择性。同时，2D-Gabor 小波对峰、谷、脊、轮廓、边缘等图像的底层特征较为敏感，因此能够放大眼睛、鼻子、嘴巴的灰度变化等局部特征，增强人脸中关键部位的局部特性，从而更容易区分出不同的人脸图像。此外，2D-Gabor 小波变换特征提取方法可接受一定程度的人脸姿态变化、图像旋转和形变，对光照变化不敏感，且由于其计算的数据量较少而具有实时性。鉴于上述优点，选取 2D-Gabor 小波变换对人脸表情图像进行不同尺度、方向的局部特征提取。2D-Gabor 小波滤波器的母小波是经过高斯函数调制后的复正弦函数，其定义为

$$\psi_{\mu,\nu}(z) = \frac{\|K_{\mu,\nu}\|^2}{\sigma^2} \mathrm{e}^{\left(\frac{-\|K_{\mu,\nu}\|^2 \|z\|^2}{2\sigma^2}\right)} \left(\mathrm{e}^{\mathrm{i}K_{\mu,\nu}z} - \mathrm{e}^{-\frac{\sigma^2}{2}}\right) \tag{2.19}$$

式中，$K_{\mu,\nu}$、σ 及其中涉及的 K_v、ϕ_μ 分别定义为

$$\begin{cases} K_{\mu,\nu} = K_\nu \mathrm{e}^{\mathrm{i}\phi_\mu} \\ K_\nu = K_{\max}/f^\nu \\ \phi_\mu = \pi\mu/8 \\ \sigma = \sqrt{2\ln 2 \left(\frac{2^\varphi + 1}{2^\varphi - 1}\right)} \end{cases} \tag{2.20}$$

z 表示图像中的像素位置；μ、ν 分别表示母小波 $\psi_{\mu,\nu}(z)$ 的方向和尺度；$K_{\mu,\nu}$ 表示小波矢量；σ 表示总的频率与方向数；$\frac{K_{\mu,\nu}}{\sigma}$ 的取值决定了高斯窗口的大小；K_ν、ϕ_μ 分别表示 2D-Gabor 小波滤波器在对图像采样时的频率和方向；$K_{\max}$ 表示最大采样频率；f 表示在频域中经过母小波尺度变换后不同小波之间的间隔因子；φ 为用倍频程表示的带宽。

　　若将上述的 2D-Gabor 母小波 $\psi_{\mu,\nu}(z)$ 通过一组 μ 与一组 ν 分别进行相应的方向变换和尺度变换，可得到一系列具有不同方向和尺度的自相似滤波器组。图 2.9 给出了由 5 个尺度、8 个方向组成的 2D-Gabor 小波滤波器组。

图 2.9　由 5 个尺度、8 个方向组成的 2D-Gabor 小波滤波器组

　　图像经过每个 2D-Gabor 小波滤波器时，仅允许与其频率对应的纹理特征顺利通过，其他纹理特征的能量则受到抑制，根据每个滤波器的输出结果，便可分析和提取人脸表情图像的纹理特征。利用 2D-Gabor 小波变换提取图像纹理特征的步骤如下。

　　Step 1：选取 2D-Gabor 小波核函数 $\psi_{\mu,\nu}(z)$，确定高斯窗口宽度 φ、滤波器最大采样频率 $K_{\max}$、滤波器间隔因子 f 等相关参数。

　　Step 2：构造 2D-Gabor 滤波器组，选取一组方向 μ 与一组尺度 ν，组成 $\mu \times \nu$ 个 Gabor 滤波器。

　　Step 3：通过对图像 $I(z)$ 与 Gabor 滤波器组 $\psi_{\mu,\nu}(z)$ 傅里叶变换的乘积进行傅里叶逆变换，输出图像的滤波器响应。

　　Step 4：根据得到的滤波器复数响应（如图 2.10 所示），进一步计算其均值、方差、幅值等特征，得到图像 $I(z)$ 的特征向量。

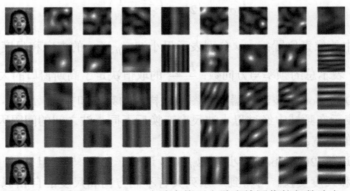

图 2.10　通过 2D-Gabor 小波变换后人脸表情图像的复数响应

图 2.11 给出了通过 2D-Gabor 小波变换后的眼睛 2D-Gabor 幅值图谱。

图 2.11 通过 2D-Gabor 小波变换后的眼睛 2D-Gabor 幅值图谱

2. 基于运动的表情特征提取方法

基于运动的表情特征提取方法是将表情看成一个运动场,通过面部运动的变化信息来分析、识别面部表情,主要核心是将运动变化作为识别特征。目前,运动特征提取方法主要有光流法、特征点跟踪法。

(1)光流是一种表达方式,主要通过点的速度在视觉传感器的成像来表现,其针对的是空间物体表面的某一点。人的表情是动态变化的,在视频序列中,表情的变化是人脸器官各个部分运动变化的合成,因此将器官的变化及变化趋势通过表情特征点的光流表示出来,以此来表示表情的变化。基于光流在表情识别中的种种优点,光流法在图像序列表情识别中具有很广的应用前景。

(2)特征点跟踪法是将人脸中各个部分的特征点随人脸变化而变化的位置改变作为一个要提取的特征向量。因此,在特征提取的区域选择上有一定的规则,即主要集中在表情变化幅度较大的区域,其他的部分可以忽略,如可以去除背景或光线等多余的信息,这样减小了计算量,解决了在表情识别过程中处理数据量大的问题。不足的是需要人工标定,因此可能忽略某些重要的表情信息,对识别结果有一定的不利影响。

2.3 生理信号情感特征提取

与语音、表情和肢体语言等模态信息相比,生理信号直接受自主神经系统和内分泌系统支配,很少受人的主观影响,因此应用生理信号进行情感识别所得的结果更加客观、真实且有说服力。近年来,随着生理信号采集和处理技术的发展与推广,基于生理信号的情感识别研究已经成为人工智能的热门课题[14]。随着非侵入式和便携式采集设备的发展,基于生理信号的情感识别方法已经快速发展并运用到人机交互、智能驾驶、教育、娱乐和生物医学临床等相关领域。

2.3.1 生理信号简介

1. 脑电信号

1857 年，英国青年生理科学工作者 Caton 在兔脑和猴脑上记录到了脑电活动，并发表了一篇名为《脑灰质电现象的研究》的论文，但当时并没有引起重视。15 年后，Beck 再一次发表脑电波的论文，这才掀起研究脑电现象的热潮。直至 1924 年德国精神病学家 Berger 看到电鳗发出电气，认为人类身上必然有相同的现象，才真正地记录到了人脑的脑电波，从此诞生了人的脑电图（electroencephalogram，EEG）。

脑电图记录大脑活动时的电波变化，是脑神经细胞的电生理活动在大脑皮层或头皮表面的总体反映。大脑在活动时，脑皮质细胞群之间形成电位差，从而在大脑皮质的细胞外产生电流。

脑电信号的神经电节律主要可以分为 5 种，具体的波段分别如下。

（1）δ 波：0.5~3Hz，主要出现在婴儿时期或者智力发育不成熟时，也在极度疲劳的状态下出现。

（2）θ 波：4~7Hz，主要出现在成年人在意愿受到挫折和抑郁时，同时精神病患者的这种波极为显著。

（3）α 波：8~13Hz，它是正常人脑电波的基本节律，如果没有外加的刺激，其频率是相当恒定的，在清醒、安静、闭目时较显著。与大脑局部皮层呈负相关。

（4）β 波：14~30Hz，当精神紧张和情绪激动或亢奋时出现此波，当人从噩梦中惊醒时，原来的慢波节律可立即被该节律所替代。该节律在额叶和颞叶区最为明显。

（5）γ 波：31~50Hz，该波段的意义至今还比较模糊，没有一致的结论。

在人心情愉悦或静思冥想时，一直兴奋的 β 波、δ 波或 θ 波减弱，α 波相对来说得到了强化。这种波形最接近右脑的脑电生物节律，因此人的灵感状态就出现了。

2. 呼吸信号

人体与外界环境进行气体交换的总过程，称为呼吸（respiration，RSP）。通过呼吸，人体不断地从外界环境摄取氧，以氧化体内营养物质，供应能量和维持体温；同时将氧化过程中产生的 CO_2 排出体外，以免 CO_2 过多扰乱人体机能，从而保证新陈代谢的正常进行。呼吸是人体重要的生理过程，对人体呼吸的监护检测也是现代医学监护技术的一个重要组成部分。当人体的情感产生变化时，人体的呼吸频率和强度都会产生变化。当人的情感比较强烈时，呼吸的频率和强度会变快、变强；当人的情感比较平静时，人的呼吸频率和强度则比较缓慢、平和。因此，呼吸信号是一种重要的反映情感的生理指标。

3. 心电信号

心脏在搏动之前,心肌首先发生兴奋,在这过程中产生微弱电流,该电流经人体组织向各部分传导。由于身体各部分的组织不同,各部分与心脏间的距离也不同,在人体体表各部位表现出不同的电位变化,这种人体心脏内电活动所产生的表面电位与时间的关系称为心电图(electrocardiogram,ECG)。

在人体的情绪发生变化时,心脏的各部分在电变化的方向、途径、次序和时间上都会产生一定规律的变化,从这些变化中提取相应的特征可以反映出相应的情感状态。

4. 肌电信号

肌电信号(electromyography,EMG)是众多肌纤维中运动单元动作电位在时间和空间上的叠加。表面肌电信号是浅层肌肉 EMG 和神经干上电活动在皮肤表面的综合效应,能在一定程度上反映神经肌肉的活动;相对于针电极 EMG,表面肌电图(surface electromyogram,SEMG)在测量上具有非侵入性、无创伤、操作简单等优点。研究表明,人处在积极的情感状态时,皱眉肌活动减少,颧肌和周围肌活动增加;而处于消极情感状态时,各处面部肌的活动恰好相反。换言之,积极情感比消极情感有更高的颧肌活动和更低的皱眉活动。

5. 皮肤电反应

皮肤电阻或电导随皮肤汗腺机能的变化而改变,称为皮电反应(galvanic skin response,GSR),也称皮肤电反应。人体由于交感神经兴奋,汗腺活动加强,分泌汗液较多。

汗内盐成分较多使皮肤导电能力增高,进而形成大的皮肤电反应。皮肤电反应既可作为交感神经系统功能的直接指标,也可以作为脑唤醒、警觉水平的间接指标,但无法辨明情绪反应的性质和内容。

除了上述生理信号之外,还有一些其他的生理信息可以用来分析人体的情感状态,但是这些生理信号在采集技术方面难度较大,这里就不再进行介绍。目前,肌电、心电等采集装置还不能做到便携式,并且价格昂贵。因此,人机交互系统不方便获取这些信号的实时数据。而脑电信号的采集可以做到便携和非侵入式,能够方便地获取实时数据,可以用于人机交互系统中实时估计人体的情感状态。本节将以脑电信号为例详细介绍其预处理、特征提取过程和方法。

2.3.2 脑电信号预处理

1. 滤波处理

在情感分析时只采取频率为 0.5 ~ 45Hz 的 5 个波段的脑电信号,因此在采集脑电信号后需要对信号进行滤波处理。由于 δ 波主要出现在婴儿时期或智力发育不成熟时期，所以情感研究过程中这一段波不予考虑，在一般研究过程中选择 4～45Hz 的波段进行分析。另外，可以根据不同的应用需要对 EEG 信号进行滤波以分离出不同的节律，图 2.12 为滤波后的 4 种 EEG 信号的节律。同时，在目标信号与伪迹信号在频率上不重叠的情况下通常可以使用线性滤波去除伪迹，例如，脑电信号中通常掺杂着眼电信号伪迹和肌电信号伪迹，肌电信号频率较高，利用低通滤波器可以去除肌电伪迹，眼电信号频率较低，利用高通滤波器可以去除大部分眼电伪迹等 [15]。

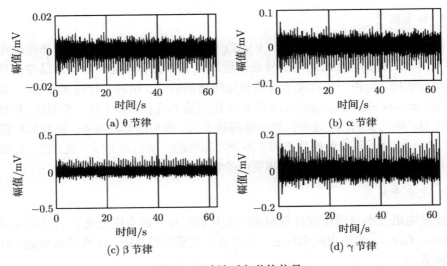

图 2.12　滤波后各节律信号

2. 伪迹处理

1）伪迹及其产生因素

在脑电信号采集过程中，往往会受到其他生理信号的干扰，如眼电信号、肌电信号、心电信号等。这些干扰信号会对脑电信号的分析产生较大的影响，因此把这些干扰称为伪迹。

眼电干扰主要是由信号采集过程中的眼球移动和眼皮眨动产生的，在大脑头皮比较明显，有较大的振幅。肌电干扰主要是由头部和脸部的肌肉活动产生的一种干扰，对脑电信号有较大的影响。心电干扰是在采集脑电过程中由心脏跳动产生的干扰，并通过脖子传递到人脑头皮表面从而被电极接收到。另外，还存在头部和身体运动产生的运动伪迹等其他干扰信号。这些伪迹的存在会给 EEG 信号的读取、分析、处理等带来较大的误差。

2）伪迹的去除方法

要去除伪迹，首先可以在源头上尽可能避免伪迹的产生。在 EEG 信号采集过程中，可以要求被试者尽量不转动眼球和眨动眼睛，同时使身体保持静止状态。这样虽然可以在一定程度减少伪迹的干扰，但是伪迹的产生仍然不可能避免，这就需要采用其他方法来消除伪迹。

在 EEG 信号处理中，常用的伪迹去除方法有独立成分分析（independent component analysis，ICA）法和主成分分析（PCA）法。这两种方法的核心思想是将 EEG 信号和伪迹分解到不同的信号成分中，再加以消除。但是一些学者在研究过程中发现 PCA 法不能将伪迹与 EEG 信号完全区分，故本节采用 ICA 法来对伪迹进行消除。

ICA 理论最初由 Comon 于 1994 年提出，它以随机变量的非高斯性和相互独立为分析目标，最终从多通道观测数据中分离出相互独立的信源。ICA 的原理如图 2.13 所示，设 $x_1, x_2, \cdots, x_N$ 为 N 个通道获得的观测信号，每个信号均为 $x_i(i = 1, 2, \cdots, N)$。设这 N 个独立信号源的线性混合表示为

$$X = AS \tag{2.21}$$

式中，$X = (x_1, x_2, \cdots, x_N)$。源信号对 ICA 系统是未知的，因此观测到的只是它们的 N 个不同的线性瞬时混合。A 表示一个 $N \times N$ 的未知的非奇异混合矩阵。为了从多通道观测信号 X 中分离出源信号 S，需要估计分离矩阵 W 以从多通道观察信号中分离出相互独立的信源及独立分量，可表示为

$$U = WX \tag{2.22}$$

ICA 的目的就是从观测信号中恢复独立源信号，即找到一个分离矩阵 W 使输出信号 U 能尽可能地逼近真实源信号 S。

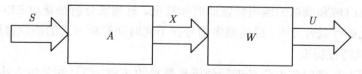

图 2.13 ICA 信号的原理图

ICA 法在去除伪迹过程也可以避免 EEG 信号的丢失现象，这是 ICA 法相比其他方法的一个优势。图 2.14 为由 MATLAB 中 EEGLAB 工具箱的 ICA 插件对某数据进行伪迹的去除结果，在 32 个成分中成分 17、成分 20、成分 23、成分 29 为伪迹成分。

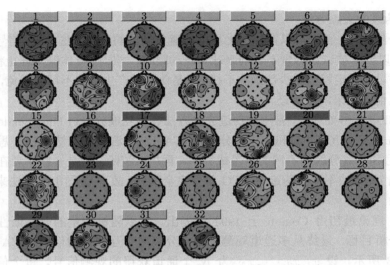

图 2.14　EEGLAB 工具箱的 ICA 插件去伪迹运行结果

2.3.3　脑电信号特征提取

1. 线性特征

线性分析法是脑电信号最基本的处理方法, 主要有时域、频域、时频域三种分析方法。其中, 时域特征是几类特征中最直观也是最容易得到的, 这种方法往往将去除伪迹后的脑电信号在时域上的信息或时域上的信号统计量作为特征。频域特征是指将原始脑电信号从时域转化到频域, 再从其中提取出相关频域特性作为脑电特征。

常见的频域特征有功率谱、功率谱密度、能量等。这些特征的提取方法通常都建立在功率谱估计的基础上。由于脑电信号的不稳定性和复杂性, 单纯考虑时域特征或频域特征都是不全面的。因此, 相关研究开始将时域和频域联系起来, 找出能够同时反映时域和频域的脑电特征即时频特征。时频域分析法是对 EEG 信号在时域和频域上进行联合分析, 描述脑电信号在不同时间和频率上的能量密度或强度。

1) 时域特征提取

在时域上直接对脑电信号进行分析是最早的 EEG 信号的分析方法 [16]。时域分析法主要是利用 EEG 波形的本身性质, 如幅值、均值和方差等, 对 EEG 信号进行观察和分析。虽然 EEG 信号的大部分信息都反映在频域上, 但是有些信息仍然可以在时域上直接观察出来, 从而对不同刺激条件下产生的脑电信号进行分析。

(1) 统计特征。统计特征通常描述了 EEG 信号的几何特征, 包括均值、均方根值、波形因子、脉冲因子、标准差、峭度、偏斜度和最大值。不同的情感刺激产生的脑电信号在这些指标上都有较明显的差别。对于时序信号 $x_i(i = 1, 2, \cdots, N)$,

其峰值为 X_{peak}，它的统计特征分别表示如下。

$$\text{均值：} \bar{x} = \frac{1}{N}\sum_{i=1}^{N} x_i$$

$$\text{均方根值：} X_{\text{rms}} = \sqrt{\frac{\sum_{i=1}^{N} x_i^2}{N}}$$

$$\text{标准差：} \sigma = \sqrt{\frac{\sum_{i=1}^{N} (x_i - \bar{x}_i)^2}{N}}$$

$$\text{峭度：} K = \frac{1}{N}\sum_{i=1}^{N} \left(\frac{x_i - \bar{x}_i}{\sigma}\right)^4$$

$$\text{偏斜度：} S = \frac{1}{N}\sum_{i=1}^{N} \left(\frac{x_i - \bar{x}_i}{\sigma}\right)^3$$

$$\text{波形因子：} C = \frac{X_{\text{rms}}}{|\bar{x}|}$$

$$\text{脉冲因子：} I = \frac{X_{\text{peak}}}{|\bar{x}|}$$

（2）Hjorth 特征。另外一种比较常见的时域特征是 Hjorth 特征[17]，主要是由活跃度、迁移率和复杂度这三个参数来表示时域信号的统计特性，它们分别表示如下。

$$\text{活跃度：} A_x = \frac{\sum_{i=1}^{N} (x_i - \bar{x}_i)^2}{N}$$

$$\text{迁移率：} M_x = \sqrt{\frac{\text{var}(x_i')}{\text{var}(x_i)}}$$

$$\text{复杂度：} C_x = \frac{M_x'}{M_x}$$

式中，$\text{var}(\cdot)$ 表示方差。

活跃度是指时间函数的方差，可以表示频域中功率谱的表面情况，也就是说，如果信号的高频分量存在很多/很少，则活跃度返回一个大/小的值。迁移率定义为信号的一阶导数与信号的一阶导数的方差比的平方根，该参数具有功率谱的标准偏差的比例。复杂度表示信号的形状如何类似于纯正弦波。如果信号的形状接近纯正弦波，那么复杂度的值收敛到 1。

2）频域特征提取

常见的频域特征主要包括功率谱密度、功率谱和能量等。这些特征的提取都建立在对 EEG 信号进行功率谱估计的基础上 [18]。功率谱估计主要分为经典功率谱估计法和现代功率谱估计法。

（1）经典功率谱估计法又称为非参数估计法，以傅里叶变换为基础，包括周期图法（直接法）、相关图法（间接法）以及改进的直接法，如 Welch 法、Bartlett 法等。周期图法是将功率谱看成幅频特性平方的总体均值与持续时间之间的比值来计算；相关图法是先计算相关函数，再进行傅里叶变换，从而得到所求的功率谱估计，故又称为相关图法。本节主要介绍周期图法和相关图法。

对于一个时间信号 $x(t)$，其傅里叶变换为

$$F(\omega) = \int_{-\infty}^{+\infty} x(t) \, \mathrm{e}^{-\mathrm{j}\omega t} \mathrm{d}t \tag{2.23}$$

对于一个离散时间序列 $x_i (i = 1, 2, \cdots, N)$，其傅里叶变换为

$$F(\omega) = \sum_{n=1}^{N} x(n) \, \mathrm{e}^{-\mathrm{j}\omega n} \tag{2.24}$$

如果一个随机信号 $x(n)$ 的自相关函数 $r(k)$ 已知，则该随机信号的功率谱密度函数可以定义为

$$P(\omega) = \sum_{k=-\infty}^{+\infty} r(k) \, \mathrm{e}^{-\mathrm{j}\omega k} \tag{2.25}$$

式中，$r(k) = E[x(n) \, x^*(n+k)]$；* 表示复共轭；$E$ 为数学期望。

当自相关函数满足条件

$$\lim_{N \to \infty} \frac{1}{N} \sum_{k=-\infty}^{+\infty} |k| \, |r(k)| = 0 \tag{2.26}$$

时功率谱密度也可以定义为

$$P(\omega) = \lim_{N \to \infty} E \left[\frac{1}{N} \left| \sum_{n=1}^{N} x(n) \, \mathrm{e}^{-\mathrm{j}\omega n} \right|^2 \right] \tag{2.27}$$

当信号序列的长度有限时，忽略式 (2.27) 中的求期望和取极限运算，就可以得到信号的周期图谱估计，表示为

$$\hat{P}(\omega) = \frac{1}{N} \left| \sum_{n=1}^{N} x(n) \, \mathrm{e}^{-\mathrm{j}\omega n} \right|^2 \tag{2.28}$$

　　然而，周期图法只是在信号长度有限时效果较好，当信号长度足够长时，周期图法的分辨率较高，估计性能较差，方差不会随着数据的增长而减小。

　　相关图法是由序列 $x(n)$ 估计出自相关函数 $\hat{r}(k)$，对该自相关函数进行傅里叶变换从而得到该信号的功率谱为

$$\hat{P}(\omega) = \sum_{k=-(N-1)}^{N-1} \hat{r}(k)\,\mathrm{e}^{-\mathrm{j}\omega k} \tag{2.29}$$

式中，自相关函数可表示为

$$\hat{r}(k) = \frac{1}{N-k} \sum_{n=k+1}^{N} x(n)\,x(n+k), \quad 0 \leqslant k \leqslant N-1 \tag{2.30}$$

或

$$\hat{r}(k) = \frac{1}{N} \sum_{n=k+1}^{N} x(n)\,x(n+k), \quad 0 \leqslant k \leqslant N-1 \tag{2.31}$$

图 2.15 为采用周期图法对脑电信号进行功率谱估计的功率谱图。

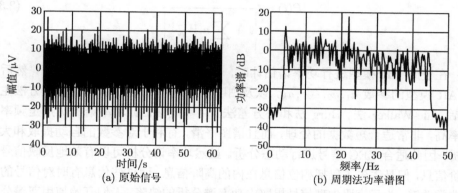

(a) 原始信号　　　　　　　　　　　　(b) 周期法功率谱图

图 2.15　脑电信号原始信号及其功率谱图

　　（2）现代功率谱估计方法中较常见的是参数模型法。该方法不是直接进行功率谱计算，而是假设信号服从一个模型。通过有限的数据记录，对信号模型的参数进行估计，通过模型参数得到 EEG 信号的功率谱，因此又称为参数估计法。AR 模型（auto regressive model）、MA 模型（moving average model）和 ARMA 模型（auto regressive moving average model）都是常见的现代功率谱估计的参数模型。估计 AR 模型只需要解一组线性方程，计算比较方便，因而在分析和处理 EEG 信号时使用得比较广泛 [19]。

　　AR 模型的基本思想是将信号看成零均值的白噪声激励一个线性系统的输出。这样对于输入的白噪声信号，总能找到一个阶数足够高的常系数微分方程，使其输

出的信号与待建模的信号一致，所得到的方差系数就可以完全描述信号的特征。这种方法对信号的线性、平稳性和噪声比的要求较高，因此 AR 模型不适合用来处理较长的数据 [20]。AR 模型又称为自回归模型，该模型是一个全极点模型，可以表示为

$$x_n = -\sum_{i=1}^{k} a_k(i)x(n-i) + \varepsilon(n) \tag{2.32}$$

式中，$\varepsilon(n)$ 是均值为 0、方差为 σ^2 的白噪声序列；k 为 AR 模型的阶数；$a_k(i)(i = 1, 2, \cdots, k)$ 为 k 阶 AR 模型的参数。

序列 x_n 可以看成白噪声 $\varepsilon(n)$ 通过 AR 模型系统的输出。这里 AR 系统的传递函数为

$$H(z) = \cfrac{1}{1 + \sum\limits_{i=1}^{k} a_i z^{-i}} \tag{2.33}$$

因此，AR 模型的功率谱估计表达式为

$$P(t) = \cfrac{\sigma^2}{\left| 1 + \sum\limits_{i=1}^{k} a_i W_N^{-ti} \right|} \tag{2.34}$$

在使用 AR 模型进行功率谱估计时，首先要找到最佳的模型阶数 k，然后求得 AR 模型的参数 $a_1, a_2, \cdots, a_k$，以及白噪声方差 σ^2。这些参数的提取方法主要包括 Yule-Walker 法、Burg 法和协方差法。用参数法估计功率谱的优点是频率分辨率高，非常适合短数据的处理，而且谱图平滑，有利于对参数的自动提取和大量分析，因此适合 EEG 信号进行动态分析。虽然功率谱分析可以有效地反映信号的二阶信息，但是丢失了包括相位信息在内的高阶信息，而这些信息有时对信号的分析非常关键。为了克服生理信号提取中功率谱分析的缺陷，人们开始使用双谱分析法对脑电信号进行分析。

双谱函数只包含了信号的相位信息，但没有给出相位信息。对于高斯随机分布，双谱作为随机信号偏离高斯分布的一个测量指标，经过对不同情感状态下的 EEG 信号检验表明，不同情感状态下的 EEG 信号对高斯分布偏离有较大的差异。有些情感状态下 EEG 信号的功率谱很相似，但是双谱分析时差异较大。下面对脑电信号进行双谱分析的过程进行介绍。

设脑电信号 $x(k)$ 在观测时间内满足平稳性且均值为零，则可以定义该脑电序列的三阶自相关函数或三阶累积量为

$$R_y(m, n) = E[x(k)x(k-m)x(k-n)] \tag{2.35}$$

式中，$E[\cdot]$ 表示平级运算。

另外，定义三阶累积量的二维傅里叶变换为脑电序列的双谱：

$$S_y(\omega_1, \omega_2) = \frac{1}{(2\pi)^2} \sum_{m=-\infty}^{\infty} \sum_{n=-\infty}^{\infty} R_y(m, n) \mathrm{e}^{-\mathrm{j}(\omega_1 m + \omega_2 n)} \tag{2.36}$$

三阶自相关函数表示序列在三个不同时刻之间的互相依赖程度，如果式 (2.35) 中 $x(k-m)$ 为另一序列 $y(k-m)$，就可以得到 $x(k)$ 与 $y(k)$ 的互双谱。由于脑电信号是有限的，用式 (2.36) 进行双谱分析，只能得到估计结果。因此，对脑电信号进行双谱分析还有较长的路要走。

3）时频域分析

时频域分析法是对 EEG 信号在时域和频域上联合进行分析，描述脑电信号在不同时间和频率上的能量密度或强度。利用时频域分析法来分析信号，不仅可以在各个时刻分析瞬时频率和幅值，还可以进行时频域滤波和时变信号的研究。常见的时频域分析方法有短时傅里叶变换（short time Fourier transform，STFT）、小波变换（wavelet transform）、Wigner-Ville 分布、希尔伯特–黄变换（Hilbert-Huang transform，HHT）。

短时傅里叶变换是在传统傅里叶变换的基础上加入窗函数，通过窗函数的不断移动来决定时变信号局部弦波成分的频率和相位。但是脑电信号的时域与频域分辨率的不确定性原理，使得短时傅里叶方法存在一定的缺陷。

小波变换是一种非常典型而实用的时频分析方法，很多信号都具有低频部分变化较慢、高频部分变化较快的特点，如脑电信号等，因此小波变换非常适合处理脑电信号。对脑电信号进行小波变换尺度分析，可以更好地观察信号的低频信息和高频信息。

小波变换能够同时在频域和时域取得最佳分辨率，其基本思想是用一个函数去逼近模拟一个信号。小波变换的实质是将信号在一个时域和频域上均具有局部化性质的平移伸缩小波权函数进行卷积。对任意信号 $x(t)$，$\phi(\omega)$ 为其傅里叶变换，当 C_ϕ 满足

$$C_\phi(\omega) = \int_0^{+\infty} \frac{|\phi(\omega)|^2}{\omega} \mathrm{d}\omega < +\infty \tag{2.37}$$

时，称 $\phi(t)$ 为一个基本小波或母小波。将基本小波 $\phi(t)$ 进行伸缩和平移后得

$$\varphi_{a,b}(t) = \frac{1}{\sqrt{|a|}} \varphi\left(\frac{t-b}{a}\right) \tag{2.38}$$

式中，a 为伸缩因子或尺度因子且不为 0；b 为平移因子；$1/\sqrt{|a|}$ 为归一化因子。

对任意信号 $x(t)$ 的连续小波变换可定义为

$$\mathrm{WT}_x(a, b) = \frac{1}{\sqrt{a}} \int_{-\infty}^{\infty} x(t) \varphi\left(\frac{t-b}{a}\right) \mathrm{d}t = \sqrt{a} \int_{-\infty}^{\infty} x(at) \varphi\left(t - \frac{b}{a}\right) \mathrm{d}t \tag{2.39}$$

式中，$WT_x(a, b)$ 为小波系数，等于信号 $x(t)$ 与小波基函数 $\varphi_{a,b}(t)$ 的内积。

连续小波的重构公式为

$$x(t) = \frac{1}{C_\phi} \int_{-\infty}^{\infty} \int_{-\infty}^{\infty} \frac{1}{a^2} WT_x(a, b) \phi\left(\frac{t - b}{a}\right) da db \tag{2.40}$$

离散小波变换是指对尺度因子 a 和平移因子 b 进行离散化，而不是时间的离散化。离散小波变换的定义为

$$WT_x(j, k) = \int x(t) \phi_{j,k}(t) dt = \langle (x(t), \phi_{j,k}(t)) \rangle \tag{2.41}$$

其中，

$$\phi_{j,k} = 2^{\frac{-j}{2}} \phi(2^{-j} t - k) \tag{2.42}$$

离散小波的逆变换为

$$x(t) = \sum_{j,k} \langle x, \phi_{j,k} \rangle \phi_{j,k}(t) \tag{2.43}$$

式中，j 在频域方面对信号进行调节，而 k 在时域方面对信号进行调节。当 j 较大时分析频率低，可以观察信号概貌；当 j 较小时分析频率高，可以观察信号细节。

基于小波变换的脑电信号特征提取主要有以下几个步骤。

Step 1：根据脑电信号频率确定小波分解层数。

Step 2：选择适合的小波基函数。

Step 3：对脑电信号进行离散小波分解，得到各尺度上的小波系数。

Step 4：根据小波系数求得不同节律波的小波能量，小波能量等于对应小波系数的平方和。

小波包两层分解示意图如图 2.16 所示。其中，P_j^i 表示第 j 层上的第 i 个小波包系数。

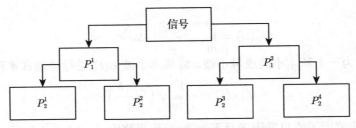

图 2.16　小波包两层分解示意图

小波包变换可以看成小波变换的推广，小波变换是小波包变换的特例。离散小波变换只对低频近似部分进行分解，而对高频细节部分不再分解。然而，在小波变

换中，高频细节部分也进行同样的分解。小波包分解具有任意多尺度特点，避免了小波变换固定时频分解的缺陷，为时频提供了极大的选择余地，更能体现信号的本质特征。EEG 信号涵盖了 5 个频段的不同节律，因此通常将 EEG 信号用小波方法分解为 5 层，分解后各频段的小波系数如图 2.17 所示。

2. 非线性特征

脑电信号具有复杂性和不规则性，很难对脑电信号进行分析。近年来，随着非线性动力学的发展，越来越多的证据表明，大脑是一个非线性动力学系统，EEG 信号可以看成大脑的输出。因此，很多学者逐渐关注非线性动力学的一些方法，如近似熵、相关维数、李雅普诺夫指数等。

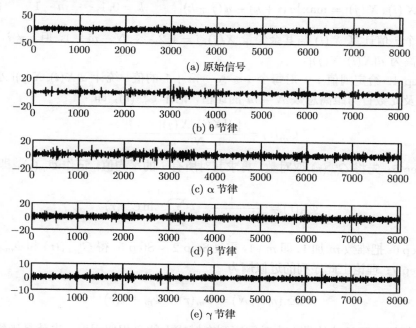

图 2.17 小波分解后各节律的小波系数

1）近似熵

近似熵用来描述复杂系统的不规则性，越是不规则的时间序列，其对应的近似熵越大。近似熵定义为相似向量在由 m 维增加至 $m+l$ 维时继续保持其相似性的条件概率。近似熵具有以下特点。

（1）计算所需数据少。

（2）有较好的抗噪及抗干扰能力。

（3）对于确定性和随机信号都适用。可用于由随机信号和确定信号组成的混合信号。

计算近似熵的步骤如下。

Step 1：设原始数据为 $u(1), u(2), \cdots, u(N)$，共 N 个点。

Step 2：将序列 $u(i)$ 按顺序组成一个 m 维矢量 $X(i)$，即按序号连续顺序组成一组 m 维矢量，为

$$X(i) = u(i), u(i+1), \cdots, u(i+m-1), \quad i = 1, 2, \cdots, N-m+1 \qquad (2.44)$$

Step 3：定义矢量 $X(i)$ 和 $X(j)$ 间的距离 $d[X(i), X(j)]$ 为两者对应元素中差值最大的一个，即

$$d[X(i), X(j)] = \max|u(i+k) - u(j+k)|, \qquad k = 0, 1, \cdots, m-1 \qquad (2.45)$$

对每一个 i 值计算 $X(i)$ 与其余矢量 $X(j), j = 1, 2, \cdots, N-m+1$，但 $j \neq i$，矢量间的距离为 $d[X(i), X(j)]$。

Step 4：给定阈值 r，对每个 $i \leqslant N-m+1$ 的值，统计 $d[X(i), X(j)]$ 小于 r 的数目及此数目与距离总数 $N-m$ 的比值，记作 $C_m^i(r)$，即

$$C_m^i(r) = \frac{\{d[X(i), X(j)] \leqslant r\}}{N-m} \qquad (2.46)$$

Step 5：先将 $C_m^i(r)$ 取对数，再求其对所有 i 的平均值，记作 $\Phi_m(r)$，即

$$\Phi_m(r) = \frac{1}{N-m+1} \sum_{i=1}^{N-m+1} \ln C_m^i(r) \qquad (2.47)$$

Step 6：把维数 m 加 1，即 $m+1$，重复 Step 2 ~ Step 5，得 $C_{m+1}^i(r)$ 和 $\Phi_{m+1}(r)$。

Step 7：理论上此序列的近似熵为

$$\text{ApEn}(m, r, N) = \Phi_m(r) - \Phi_m + 1(r) \qquad (2.48)$$

近似熵实际反映的是一个时间序列在模式上的自相似程度，也就是当维数变化时序列中产生新模式可能性的大小。

2）相关维数

相关维数是传统意义上维数的推广，用于描述系统的自由度。其定义如下：

考察 n 维的一个子集，将这个子集所在空间用边长为 ε 的 n 维立方体进行划分，设 $M(\varepsilon)$ 为覆盖这个子集所需的 n 维立方体的最小数目，则这个子集的相关维数为

$$D_{\text{H}} = \lim_{\omega = 0} \frac{\ln[M(\varepsilon)]}{\ln\left(\dfrac{1}{\varepsilon}\right)} \qquad (2.49)$$

根据相关维数的定义有以下结论：$D_H = 1$ 表明系统呈周期振荡，在相空间中是有限环；$1 < D_H < 2$ 表明极限环中夹杂一些噪声；$D_H = 2$ 表示系统有两个频率周期振荡；$D_H > 2$ 表明系统是混沌系统。从脑系统输出的单一时序列中构造出状态子空间吸引子，计算吸引子的相关维数，可以得到不同情感状态下大脑相应部位脑电信号状态吸引子的维数值可能存在的某种变化趋势。

参 考 文 献

[1] Crumpton J, Bethel C L. A survey of using vocal prosody to convey emotion in robot speech. International Journal of Social Robotics, 2016, 8(2): 271-285

[2] Lefter I, Burghouts G J, Rothkrantz L J. Recognizing stress using semantics and modulation of speech and gestures. IEEE Transactions on Affective Computing, 2016, 7(2): 162-175

[3] Ayadi E M, Kamel M S, Karray F. Survey on speech emotion recognition: Features, classification schemes, and databases. Pattern Recognition, 2011, 44(3): 572-587

[4] Anagnostopoulos C N, Iliou T, Giannoukos I. Features and classifiers for emotion recognition from speech: A survey from 2000 to 2011. Artificial Intelligence Review, 2015, 43(2): 155-177

[5] Tahon M, Devillers L. Towards a small set of robust acoustic features for emotion recognition: Challenges. IEEE/ACM Transactions on Audio Speech & Language Processing, 2015, 24(1): 16-28

[6] Sinsinwar T, Dwivedi P K. A survey on feature extraction method and dimension reduction techniques in face recognition. International Journal of Applied Science and Engineering Research, 2014, 3(3): 734-740

[7] Song P, Zheng W, Liu J, et al. A novel speech emotion recognition method via transfer PCA and sparse coding. Chinese Conference on Biometric Recognition,Tianjin, 2015: 393-400

[8] Liu Z T, Li K, Li D Y. Emotional feature selection of speaker-independent speech based on correlation analysis and Fisher. The 34th Chinese Control Conference, Hangzhou, 2015: 3780-3784

[9] Cao W H, Xu J P, Liu Z T. Speaker-independent speech recognition based on random forest feature selection algorithm. The 36th Chinese Control Conference, Dalian, 2017: 10995-10998

[10] Chen L, Zheng S K. Speech emotion recognition: Features and classification models. Digital Signal Processing, 2012, 22(6): 1154-1160

[11] Rao K S, Koolagudi S G, Vempada R R. Emotion recognition from speech using global and local prosodic features. International Journal of Speech Technology, 2013, 16(2): 143-160

[12] Rybka J, Janicki A, Giannoukos I. Comparison of speaker dependent and speaker independent emotion recognition. International Journal of Applied Mathematics and Computer Science, 2013, 23(4): 797-808

[13] Schuller B, Steidl S, Batliner A. The interspeech 2009 emotion challenge. The Loth Annual Conference of the International Speech Communication Association, Brighton, 2009: 312-315

[14] Picard R W, Vyzas E, Healey J. Toward machine emotional intelligence: Analysis of affective physiological state. IEEE Transaction on Pattern Analysis and Machined Intelligence，2001, 23(10): 1175-1191

[15] He P, Wilson G, Russell C. Removal of ocular artifacts from electro-encephalogram by adaptive filtering. Medical & Biological Engineering & Computing, 2004, 42(3): 403-407

[16] Bo H. EEG analysis based on time domain properties. Electroencephalography and Clinical Neurophysiology, 1970, 29(3): 306-310

[17] Oh S H, Lee Y R, Kim H N. A novel EEG feature extraction method using hjorth parameter. International Journal of Electronics and Electrical Engineering, 2014, 2(2): 106-110

[18] 聂聃, 王晓韡, 段若男, 等. 基于脑电的情绪识别研究综述. 中国生物医学工程学报, 2012, 31(4): 595-606

[19] 贾花萍, 赵俊龙. 脑电信号分析方法与脑机接口技术. 北京: 科学出版社, 2015

[20] 李颖洁. 脑电信号分析方法及其应用. 北京: 科学出版社, 2009

第3章 情感特征集降维方法

在对各单模态情感特征进行提取后,由于得到的情感特征数据维度较高,不同特征之间相关性强,存在特征冗余的问题。当数据维度远大于样本数目时,易造成过度拟合问题,不利于情感模型的建立,从而影响分类器的精度。此外,过高维度的特征数据会增加训练时间,降低分类的实时性,增加计算机资源的消耗 [1]。因此,在完成各模态的情感特征提取后,还需要进行相应的筛选降维处理以得到最优的情感特征子集。

为了提高多模态情感识别的准确率,消除不相关特征的影响,以及加快分类速度,大部分情感识别方法都在特征提取之后使用特征降维算法降低特征提取结果的维度。特征降维算法又可以分成两种:特征抽取和特征选择。特征抽取后的新特征是原始特征集的一个映射,而特征选择后的特征则是原始特征集的一个子集,如图 3.1 所示。其中,x_i 表示待选择的特征,y_i 是选择后的特征,m 和 l_M 是两种方法各自选择后的特征数量。

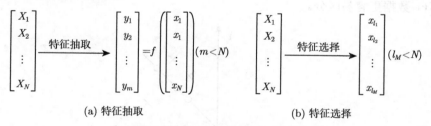

(a) 特征抽取   (b) 特征选择

图 3.1 特征抽取和特征选择示例

3.1 特 征 抽 取

特征抽取是一种特征映射。使用降维算法将数据从高维空间转化到低维空间之后,低维空间中的特征是高维空间一个或者多个特征压缩之后的结果,不再保持原始高维空间特征的形态。在本书的语音情感交互系统中,采用过的特征抽取方法有主成分分析(PCA)法 [2]、线性判别分析(LDA)法 [3]、多维尺度分析(multidimensional scaling,MDS)法 [4]、等距映射(isometric mapping,ISOMAP)法 [5] 和局部线性嵌入(locally linear embedding,LLE)法 [6] 等。

降维方法一般分为非线性降维和线性降维两类,非线性降维方法主要包括等距映射法和局部线性嵌入法等，非线性降维方法虽然可以准确反映高维非线性数据的本质，且有着不错的降维效果，但在识别过程中难以应对一直增加的语音数据集，而且其运算复杂，也没有训练过程中的语音情感特征信息 [7]。在线性降维方法中，PCA 法和 LDA 法是最常用的，然而，这两种方法有其各自固有的缺点，从而降低了语音识别的性能。也就是说，PCA 法作为无监督学习方法，不能从语音高维情感特征里提取到判别嵌入信息；与 PCA 法相比，LDA 法是一种监督学习方法，但是 LDA 法有一个重要的限制，就是由于类间离散矩阵的秩亏，最大的嵌入特征一定要小于情感的类别数 [8]。下面对具体方法分别进行介绍。

3.1.1　主成分分析法

　　PCA 法可将高维数据映射到低维空间中，它通过协方差矩阵进行特征分解，得出数据的主成分和权值，再根据数据的权值选择具有代表性的特征向量。它用数据投影后方差的大小衡量特征代表信息量的多少，方差越大，代表携带的信息越多，选取前 k 维方差较大的特征，投影后的数据满足方差最大化，即数据点的分布稀疏，便于分类。这种数据降维方法可最大限度地接近原始数据，但其并不着重探索数据的内部结构特征。图 3.2 是 5 个点的 PCA 降维示意图，图中直线是这 5 个点的投影方向，数据点在该投影线上投影后方差是最大的，这样数据点投影后分散得最开，数据更容易区分。

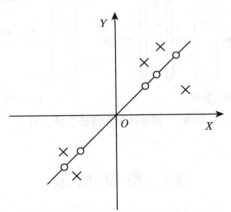

图 3.2　PCA 降维示意图

　　设样本点的数量为 m，维度为 n，数据降维后的维度为 k，投影直线的方向向量为 u。首先对样本求取平均值，然后用样本点减去平均值，处理后样本点的平均值为 0，那么样本点投影后的方差为

$$\delta = \frac{1}{m}\sum_{i=1}^{m} u^{\mathrm{T}} x_i x_i^{\mathrm{T}} u = u^{\mathrm{T}} \left(\frac{1}{m}\sum_{i=1}^{m} x_i x_i^{\mathrm{T}} \right) u \tag{3.1}$$

式中，δ 表示数据投影后的方差；x_i 为预处理后的样本数据；u 为投影直线的方向向量，可令 $u^{\mathrm{T}}u = 1$。$\frac{1}{m}\sum\limits_{i=1}^{m} x_i x_i{}^{\mathrm{T}}$ 为样本的协方差矩阵，用 A 来表示，则式 (3.1) 可以表示为

$$\delta = u^{\mathrm{T}}Au \tag{3.2}$$

式 (3.2) 中 δ 的最大值就是投影点对应的方差最大值。运用拉格朗日极值法，式 (3.2) 可变换为

$$Au = \delta u \tag{3.3}$$

式中，投影方差 δ 为样本点协方差矩阵 A 的特征值；投影直线的方向向量 u 为 A 的特征向量。

对 A 的特征值进行排序，取前 k 个较大的特征值并计算它们对应的特征向量，这些向量就是样本点投影直线对应的方向向量。这些特征向量构成了投影矩阵，样本数据与该投影矩阵相乘即可得到降维后的 k 维向量。

3.1.2 线性判别分析法

LDA 法又称作 Fisher 线性判别法，其基本原理是通过 Fisher 准则函数选择某一个最佳的投影方向，使得样本投影到该方向后具有最大的类间区分度和最小的类内离散度，以达到抽取分类信息和类别之间最佳的可分离性 [9]。该方法的输入数据带有标签，为有监督的降维方法。使用统计类方法进行模式识别时总会在很多问题里涉及数据维数，人们发现在低维空间能够奏效的方法运用到高维空间反而很难奏效。处理低维数据的方法一般计算量小、高效且便捷，因此对高维数据进行降维就变得十分重要。Fisher 准则的目标就是降低数据维数。

图 3.3 显示了二维平面中两类数据的 LDA 降维过程，图中两个阴影部分表示要降维的两个数据集，直线为投影方向。可以看出，数据投影到该方向后可以用投影直线上的一维数据点来表示这两类数据，且数据集类间的距离最大，数据集的类内距离最小。

设样本点的数量为 m，维度为 n。对于二类降维问题，投影直线为 $y = \omega^{\mathrm{T}}x$，样本投影后的中心点为

$$\tilde{\mu}_i = \frac{1}{N_i}\sum_{j\in\omega_i} \omega^{\mathrm{T}}x_j = \omega^{\mathrm{T}}\mu_i \tag{3.4}$$

式中，N_i 表示第 i 类数据的个数；ω_i 为第 i 类数据的数据集；μ_i 为原数据的中心点。

投影后样本的类内方差为

$$\tilde{s}_i^2 = \sum_{j\in\omega_i} (y - \tilde{\mu}_i)^2 = \sum_{j\in\omega_i} \omega^{\mathrm{T}}(x - \mu_i)(x - \mu_i)^{\mathrm{T}}\omega \tag{3.5}$$

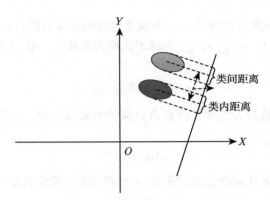

图 3.3　两类数据的 LDA 分析

LDA 要求样本投影后具有最小的类内距离和最大的类间距离, 综合两者考虑, 其评价函数为

$$J(\omega) = \frac{|\mu_1 - \mu_2|^2}{\tilde{s}_1^2 + \tilde{s}_2^2} \tag{3.6}$$

其中,

$$|\mu_1 - \mu_2|^2 = \omega^{\mathrm{T}}(\mu_1 - \mu_2)(\mu_1 - \mu_2)^{\mathrm{T}}\omega \tag{3.7}$$

记

$$S_B = (\mu_1 - \mu_2)(\mu_1 - \mu_2)^{\mathrm{T}} \tag{3.8}$$

$$S_i = \sum_{j \in \omega_i} (x - \mu_i)(x - \mu_i)^{\mathrm{T}} \tag{3.9}$$

式 (3.8) 的评价函数可表示为

$$J(\omega) = \frac{\omega^{\mathrm{T}} S_B \omega}{\omega^{\mathrm{T}} S_w \omega} \tag{3.10}$$

式中, S_B 表示类间散度矩阵; $\omega^{\mathrm{T}} S_B \omega$ 表示投影后的类间分散; $\omega^{\mathrm{T}} S_w \omega$ 表示投影后的类内分散。$J(\omega)$ 的最大值就代表了类间距离的最大值和类内距离的最小值。令 $|\omega^{\mathrm{T}} S_B \omega| = 1$, 构造 $J(\omega)$ 的拉格朗日函数

$$L(\omega) = \omega^{\mathrm{T}} S_B \omega - \lambda(\omega^{\mathrm{T}} S_w \omega - 1) \tag{3.11}$$

$L(\omega)$ 对 ω 求导得

$$S_w^{-1} S_B \omega = \lambda \omega \tag{3.12}$$

因此, 所求直线的方向向量就是矩阵 $S_w^{-1} S_B \omega$ 的特征向量。对于具有多个类别的降维问题, 类别数量为 C, 投影后的类内距离为 $\omega^{\mathrm{T}} \sum_{i=1}^{C} S_i \omega = \omega^{\mathrm{T}} S_w \omega$, 类间距

离为

$$\sum_{i=1}^{C} N_i(\tilde{\mu}_i - \tilde{\mu})(\tilde{\mu}_i - \tilde{\mu})^{\mathrm{T}} = \omega^{\mathrm{T}} S_B \omega \qquad (3.13)$$

式中，$\tilde{\mu}$ 为投影后所有数据的中心点，$\tilde{\mu} = \dfrac{1}{N} \displaystyle\sum_{i=1}^{N} \tilde{\mu}_i$；$N$ 为样本的总个数。

多分类问题的降维目标函数依然为式 (3.10)。因此，对矩阵 $S_w{}^{-1} S_B \omega$ 的特征值进行排序，取前 k 个特征值对应的特征向量即最佳的 k 条投影曲线。

按照 Fisher 准则的思想，根据特征集的特殊性设计具体实现过程。一般 Fisher 准则的通用实现步骤如下。

Step 1：将训练后的特征集 S 输入 Fisher 准则算法。

Step 2：根据 Fisher 准则算法计算特征集 S 的每一维特征的 Fisher 比，得到 Fisher 比集 $\lambda_{\mathrm{Fisher}}$。

Step 3：求 Fisher 比集 $\lambda_{\mathrm{Fisher}}$ 的和，即 $\sum \lambda_{\mathrm{Fisher}}$，得到 SUM。

Step 4：按照 Fisher 比对特征集 S 中的特征从大到小进行排序，将排好顺序的 S 中的特征顺序选入到 T 中，直到 $\lambda_{\mathrm{Fisher}} < \mathrm{SUM}/n$，其中 n 为 S 中元素的个数。

Step 5：得到选择后的特征集合 T。

LDA 法能够保证投影后模式样本在新的空间中有最小的类内距离和最大的类间距离，即模式在该空间中有最佳的可分离性。该方法属于监督学习的算法，但是对于不满足高斯分布的样本并不适用。

3.1.3 多维尺度分析法

MDS 法可以解决非线性数据的降维问题，它的原理是通过输入相似程度矩阵，在低维空间中找到相对位置坐标，利用欧氏距离来计算两点之间的距离，根据距离的长短来判断相似程度。它的基本思想是保留数据之间的相似性，可以分为经典多维标度分析（multidimensional scaling, MDS）、度量性 MDS 和非度量性 MDS[10]。下面主要介绍经典 MDS 算法。

设有 m 个 d 维样本，它们之间的欧氏距离定义为

$$\Delta = \begin{bmatrix} \sigma_{11} & \sigma_{12} & \cdots & \sigma_{1m} \\ \sigma_{21} & \sigma_{22} & \cdots & \sigma_{2m} \\ \vdots & \vdots & & \vdots \\ \sigma_{m1} & \sigma_{m2} & \cdots & \sigma_{mm} \end{bmatrix} \qquad (3.14)$$

式中，$\sigma_{ij} = \displaystyle\sum_{p=1}^{d} \sqrt{(r_{ip} - r_{jp})^2}$ 为第 i 个样本和第 j 个样本之间的距离。

MDS 的思想是给定样本的距离矩阵 Δ，寻找低维特征向量 $x_1, x_2, \cdots, x_m$，使得

$$|x_i - x_j| \approx \sigma_{ij} \tag{3.15}$$

这些向量与原数据距离尽可能接近，故其评价函数为

$$\min \sum_{i<j} (|x_i - x_j| - \sigma_{ij})^2 \tag{3.16}$$

降维后的矩阵 X 的求解是对矩阵 Δ 的双重中心化矩阵进行奇异值分解，矩阵 Δ 的双重中心化矩阵为

$$\widehat{\Delta} = -\frac{1}{2} J \Delta^{(2)} J = X X^{\mathrm{T}} \tag{3.17}$$

式中，$J = E - \dfrac{1}{m}$；$\Delta_{ij}{}^{(2)} = \sigma_{ij}{}^2$；$\widehat{\Delta}$ 的元素为

$$\widehat{\Delta}_{ij} = -\frac{1}{2} \left(\sigma_{ij}{}^2 - \frac{1}{m} \sum_{k=1}^{m} \sigma_{ik}{}^2 - \frac{1}{m} \sum_{l=1}^{m} \sigma_{jl}{}^2 + \frac{1}{m^2} \sum_{l=1}^{m} \sum_{k=1}^{m} \sigma_{lk}{}^2 \right)$$
$$= x_i \cdot x_j \tag{3.18}$$

矩阵 $\widehat{\Delta}$ 是对称且半正定的，对矩阵 $\widehat{\Delta}$ 进行奇异值分解：

$$\widehat{\Delta} = U \Lambda U^{\mathrm{T}} = U \Lambda^{\frac{1}{2}} \Lambda^{\frac{1}{2}} U^{\mathrm{T}} \tag{3.19}$$

式中，Λ 为由 $\widehat{\Delta}$ 的特征值组成的对角矩阵；U 为 $\widehat{\Delta}$ 的特征向量。

对矩阵 $\widehat{\Delta}$ 的特征值进行由大到小排序，选取前 k 个较大的特征值和它们对应的特征向量，令 $X = U \Lambda^{\frac{1}{2}}$，即求出降维后的样本 X。

MDS 法是一种将多维空间的研究对象（样本或变量）简化到低维空间进行定位、分析和归类，同时又保留对象间原始关系的数据分析方法。它不仅适用于探索变量之间的潜在规律性联系，也能处理名称变量和顺序变量数据，且不要求数据满足多元正态分布假设。

3.1.4   等距映射法

基于增强型核函数的 ISOMAP 法 [11]，可从原始高维语音特征数据中提取出低维度的、强鉴别能力的嵌入式数据特征，显著地提高了语音情感的识别精度 [12]。

ISOMAP 法是对 MDS 算法的一种改进，MDS 算法适用于欧氏空间，它用欧氏距离来衡量两点之间的距离大小，而对于流形，欧氏距离不再适用，故 ISOMAP 法采用测地线来计算流形中的距离。对于 m 个 d 维样本集合 $\{x_1, x_2, \cdots, x_m\}$，降维后得到维度为 k 的集合 $\{y_1, y_2, \cdots, y_m\}$，ISOMAP 法的计算步骤如下。

1）构造邻接图

计算两两样本点之间的欧氏距离 d_{ij}。当 x_j 是 x_i 的前 p 个距离最近的点或者 x_i 与 x_j 之间的欧氏距离 d_{ij} 小于某个特定的常数 ε 时，称 x_j 是 x_i 的近邻点。根据点与点之间的近邻关系构造领域连接图，当 x_j 与 x_i 互为近邻关系时，用一条直线连接两点，认为这两点之间的边长为 d_{ij}；否则，两点之间没有边，边长为 ∞。

2）计算两点之间的测地距离

两点之间的测地距离计算公式为

$$d_{\mathrm{G}}(x_i, x_j) = \begin{cases} d_{ij}, & x_i 和 x_j 是近邻点 \\ \min\{d_{\mathrm{G}}(x_i, x_j), d_{\mathrm{G}}(x_i, x_l) + d_{\mathrm{G}}(x_l, x_j)\}, & 其他 \end{cases} \quad (3.20)$$

如果 x_i 与 x_j 之间有边连接，那么测地距离 $d_{\mathrm{G}}(x_i, x_j)$ 就是两点之间的欧氏距离；否则令 $d_{\mathrm{G}}(x_i, x_j) = \infty$，通过 Dijkstra 算法计算测地距离为

$$d_{\mathrm{G}}(x_i, x_j) = \min\{d_{\mathrm{G}}(x_i, x_j), d_{\mathrm{G}}(x_i, x_l) + d_{\mathrm{G}}(x_l, x_j)\}, \quad l = 1, 2, \cdots, m \quad (3.21)$$

式 (3.21) 是通过两点之间的最短路径来逼近测地距离。两点之间的测地距离可组成矩阵 D_{G}。

3）计算 k 维矩阵

将 MDS 算法应用于计算测地距离后的样本中。把两点之间的测地距离看成两点之间的欧氏距离，将测地距离矩阵 D_{G} 代入 MDS 算法，替换欧氏距离矩阵 Δ，可计算得到 k 维降维后的样本。

ISOMAP 算法对非线性的高维数据具有较好的处理能力，将相距较近的点之间的测地距离用欧氏距离表示，相距很远的点间的测地距离采用最短路径逼近，并最大限度地保留降维后的数据样本间的全局测地距离信息。该方法在保证误差最小的同时，可实现情感语音特征数据的降维，因此该方法常应用于特征数据的非线性降维处理 [12]。

3.1.5 局部线性嵌入法

LLE 法是从局部的角度构建数据间的关系，能够突破 PCA 降维对非线性数据的局限性，较好地表达情感语音特征数据内部的流形结构，保留本质特征，且参数的优化也较为简单。

LLE 法的基本思想是每个数据点和与它邻近的 k 个点落在一个局部线性化的区域内，用这 k 个点逼近该点会得到 k 个权重系数，用这组系数刻画图形局部的几何性质，接着可以建立一个权重矩阵。对于 m 个 d 维样本 $\{x_1, x_2, \cdots, x_m\}$，其实施步骤如下。

1）选取 k 个领域样本点

计算两两样本点之间的欧氏距离 d_{ij}，选取前 k 个与 x_i 距离相近的点 x_{ij}，$j = 1, 2, \cdots, k$。

2）计算权值矩阵

对于样本 x_i，用其 k 个邻近点线性近似，定义误差评价函数为

$$\min \varepsilon(W) = \sum_{i=1}^{m} \left| x_i - \sum_{j=1}^{k} \omega_{ij} x_{ij} \right|^2 \tag{3.22}$$

式中，ω_{ij} 为 x_i 与 x_{ij} 之间的权重。

令 $\sum_{j=1}^{k} \omega_{ij} = 1$，式 (3.22) 可变换为

$$\begin{aligned}
\min \varepsilon(W) &= \sum_{i=1}^{m} \left| \sum_{j=1}^{k} \omega_{ij}(x_i - x_{ij}) \right|^2 \\
&= \sum_{i=1}^{m} |\omega_i(x_i - x_{ij})|^2 \\
&= \sum_{i=1}^{m} \omega_i^{Z_i \omega_i}
\end{aligned} \tag{3.23}$$

式中，$Z_i = (x_i - x_{ij})^{\mathrm{T}}(x_i - x_{ij})$ 是第 i 个样本点的局部协方差矩阵；$\omega_i = [\omega_{i1}, \omega_{i2}, \cdots, \omega_{ik}]^{\mathrm{T}}$ 是第 i 个样本点的权重向量。

构造该评价函数的拉格朗日函数为

$$L(W) = \sum_{i=1}^{m} \omega_i^{\mathrm{T}} Z_i \omega_i + \lambda \left(\sum_{j=1}^{k} \omega_{ij} - 1 \right) \tag{3.24}$$

对式 (3.24) 中的 ω_{ij} 求偏导，得

$$2Z_i \omega_i + \lambda = 0 \tag{3.25}$$

令 $Z_i \omega_i = 1$ 并结合 $\sum_{j=1}^{k} \omega_{ij} = 1$，可计算出 ω_i。

3）求取低维特征 Y

降维后的向量为 $[y_1, y_2, \cdots, y_m]$，维度为 p。降维后的特征与降维前的样本的局部特征一致，降维后的特征评价函数为

$$\min \varepsilon(Y) = \sum_{i=1}^{m} \left| y_i - \sum_{j=1}^{n} \omega_{ij} y_{ij} \right|^2 \tag{3.26}$$

式中, y_i 是 x_i 降维后的向量; $y_{ij}(j = 1, 2, \cdots, k)$ 是 y_i 的 k 个近邻点, y_i 满足

$$
\begin{cases}
\sum\limits_{i=1}^{m} y_i = 0 \\
\dfrac{1}{m} \sum\limits_{i=1}^{m} y_i y_i^{\mathrm{T}} = I
\end{cases}
\tag{3.27}
$$

权重 ω_{ij} 可以存储在 $m \times m$ 的稀疏矩阵 W 中, 当 x_j 是 x_i 的近邻点时, $W_{ij} = \omega_{ij}$; 否则, $W_{ij} = 0$。记 $Y = [y_1, y_2, \cdots, y_m]$, 式 (3.26) 可改写为

$$
\begin{aligned}
\varepsilon(Y) &= \sum_{i=1}^{m} |Y(I_i - W_i)|^2 \\
&= \sum_{i=1}^{m} Y M Y^{\mathrm{T}}
\end{aligned}
\tag{3.28}
$$

式中, $M = (I - W)(I - W)^{\mathrm{T}}$。

构造拉格朗日函数

$$
L(Y) = Y M Y^{\mathrm{T}} + \lambda(Y Y^{\mathrm{T}} - mI)
\tag{3.29}
$$

对 Y 求导得

$$
M Y^{\mathrm{T}} = \lambda Y^{\mathrm{T}}
\tag{3.30}
$$

计算矩阵 M 的特征值和特征向量, 将其特征值从小到大排序, 取前 p 个非零特征值对应的特征向量即得到了降维后的样本。LLE 法将全局非线性转化为局部线性, 相互重叠的局部领域能够提供全局结构的信息。

虽然 LLE 法是最具代表性的流形数据降维方法之一, 但在语音情感识别等模态的效果相对于经典的 PCA 法效果欠佳, 因此在原始 LLE 法的基础上提出了一种监督式的局部线性嵌入方法 SLLE 法, 通过修改 LLE 法第一步的欧氏距离, 使得属于不同类别的两个点间的距离远远大于属于同一类别两点间的距离 [13]。结果证明, SLLE 法仅需要 11 个嵌入式特征, 便能获取高于 80% 的语音情感识别准确率, 而 LLE 法需要 19 个情感语音特征, 识别准确率远低于 SLLE 法, PCA 法和 ISOMAP 法均降维得到 12 维情感语音特征, 识别准确率略高于 LLE 法。

各种降维算法的原理和结构的差异带来了算法之间运算复杂度的差异, 而运算复杂度的差异决定了算法的运算效率, 通常用时间复杂度来衡量算法的运算效率。时间复杂度与样本点的个数 n、原始数据维度 D 以及算法所选临近点的个数 k 有关。表 3.1 给出了各种算法的时间复杂度比较 [14]。ISOMAP 法、MDS 法、LLE 法的时间复杂度较高, PCA 法和 LDA 法的时间复杂度较低。

为了验证各类算法的时间复杂度, 以语音模态为例, 选取了语音情感数据库进行实验, 该数据库录制了 4 位实验者 (2 男 2 女) 的 6 种情感语音 (高兴、悲哀、生

气、惊吓、难过、中性），选取其中 300 句情感语音，采用 openSMILE 提取了基频、共振峰、短时能量等以及它们的衍生参数共 384 维特征。当 PCA 算法的降维后维度选择指标达到 85% 时，降维后的维度为 62 维，以此为基准，将所有降维算法降维后的维度设置为 62 维，得到各算法所消耗的时间如表 3.1 所示。表中结果与理论分析基本一致，ISOMAP 和 LLE 这类非线性降维算法远比 PCA 和 LDA 这类线性降维算法消耗的时间多。MDS 算法虽然是非线性降维算法，但由于样本数量不大，所花费的时间与 PCA 算法相当。表 3.2 给出了这 5 种降维算法的优缺点。

表 3.1   5 种降维算法的时间复杂度比较

降维算法	时间复杂度	时间/s
PCA	$O(nD) + O(D^3)$	0.017
LDA	$O(nD) + O(D^3)$	0.015
MDS	$O(n^3)$	0.016
ISOMAP	$O(Dn \log n) + O(nk + n \log n) + O(n^3)$	0.164
LLE	$O(Dn \log n) + O(nk^3) + O(pn^2)$	2.213

表 3.2   5 种降维算法的优缺点

降维算法	优点	缺点
PCA	概念简单、计算方便	降维后维度的选择没有明确的规则
LDA	有监督降维方法	对于不满足高斯分布的样本不适用
MDS	较好地保留了数据的内部结构	计算量较大
ISOMAP	较好地保留了流行数据的几何结构	具有拓扑不稳定性，受短环路的影响
LLE	参数少，具有平移、旋转不变性	k 和 d 选择会影响降维结果，且对噪声敏感

　　线性降维方法的时间复杂度较低，且理论完善，概念简单，计算方便，但是也存在缺陷，如 PCA 法对于主成分个数的选择没有明确的准则等。LDA 法降维后特征的最大维度为 $C - 1$，C 为样本的类别数，当样本不满足高斯分布时，LDA 法投影后不能把数据区分开来。MDS 法较好地保留了数据的结构特性，但其计算量较大。非线性降维方法的时间复杂度较高，其特殊的处理方法适用于非线性数据，ISOMAP 法以流形上测地距离代替欧氏距离，可以更好地保留数据的几何结构，但它有结构不确定性[15]，短环路也会严重影响其效果[16]。LLE 法对数据平移和旋转能够保持结构不变性，对于短环路的情况比 ISOMAP 法改善了很多，但其要求样本采样率较高，所学习的流形是不闭合的且局部线性的。

　　对于情感特征数据的选择与降维方法的选取问题，不同降维方法有不同的特点，也会获得不同的识别效果，因而对数据和分类方法进行全面的分析与实验尤为重要。

3.2 特 征 选 择

特征选择和特征抽取有着些许的相似点，这两者达到的效果是一样的，就是试图减少特征数据集中属性（或者称为特征）的数目。但是两者采用的方式方法不同：特征抽取的方法主要是通过属性间的关系，如组合不同的属性得到新的属性，这样就改变了原来的特征空间；而特征选择的方法是从原始特征数据集中选择子集，是一种包含的关系，没有更改原始的特征空间[17, 18]。

特征选择是一个从原始特征集合中选择一个最优子集的过程[19]。在该过程中，一个给定的特征子集是否优良是通过一个特定的评价准则来进行评价的[20]。低维空间中的特征是高维空间中特征的子集，各个特征依然保持原始特征的物理性质[21]。同样，目前也有较多的特征选择算法，大部分是基于贪心算法的有监督特征选择，明显优势在于可以很快地排除很大数量的非关键性的噪声特征，缩小优化特征子集搜索的规模，计算效率高，通用性好[22, 23]。

本节主要具体介绍相关性分析（relation analysis，RA）特征选择方法、遗传算法（genetic algorithm，GA）特征选择方法、随机森林（random forest，RF）特征选择方法、Relief 特征选择算法。

3.2.1 相关性分析特征选择方法

以语音情感特征提取为例，首先将语音情感特征分为个性化特征和非个性化特征两类[24]。由于类内提取到的众多语音情感特征之间的相互关系未知，所以分别进行相关性分析中的欧氏距离分析，对每一类情感提取的每一个特征进行与其他特征的距离分析。

按照欧氏距离分析结果将特征划分为几个群集，记为群 1，群 2，$\cdots$，群 N。在每一个特征群中，首先分别对每个特征与情感类进行偏相关性分析，得到群内每个特征对情感类的反映结果。然后，针对相近的特征，分别将它们与情感类进行 Spearman 秩相关分析。最后，根据相关性分析结果得到代表性语音情感特征[25]。

整个相关性分析特征选择的流程如图 3.4 所示。

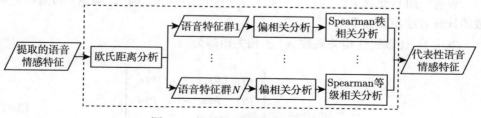

图 3.4 相关性分析特征选择流程

1）距离分析

当一类情感可以被表征的语音情感特征较多，且研究某一个特征对一类情感的表征贡献度时，由于受太多其他关联的情感特征的影响，且无法控制这些特征变量，很难研究该特征与情感的相关性。于是，首先要将所有的变量按照一定的标准进行分析，这个分析过程称为距离分析，即按照距离进行分类，分析哪些变量是比较接近的，然后将它们分到一类再进行分析。

距离分析分为不相似性测度分析与相似性测度分析。前者是相同差距数据所进行的不相似性（距离）测度，一般采用的统计量包括欧氏距离、切贝谢夫距离或者自定义统计量；针对计数数据，则使用卡方或斐方距离。后者针对等差距数据，一般采用的统计量包括 Pearson 或者余弦测量。考虑到语音情感特征的等间距（分帧）以及不相似特性，本节采用欧氏距离进行距离分析。

欧氏距离表示在 n 维空间中两点之间的真实距离：

$$Q = \sqrt{(x_1 - y_1)^2 + (x_2 - y_2)^2 + \cdots + (x_n - y_n)^2} = \sqrt{\sum_{i=1}^{n} (x_i - y_i)^2} \tag{3.31}$$

式中，x_n、y_n 分别是 n 维空间里的点。

运用欧氏距离的思想，对于 m 个特征影响的单特征，先将所有 m 个特征与所研究特征进行二维欧氏距离分析，共获得 m 个距离参数，然后进行排序，获得接近距离最小的特征作为相近特征再进行相关性分析。

2）偏相关分析

有时能够表现一类情感状态的语音情感特征会有很多，我们不能简单地研究一类情感状态下两个特征之间的相关性来判别该因素在问题中的影响力，因为其他语音情感特征与该特征之间可能会有相互制约或者相互增进的关系。因此，必须剔除或者控制其他特征对特征提取的影响，做出该特征与其他情感特征之间的相关性分析。在此条件下再分析两变量间的线性相关性的过程，用偏相关系数来表示线性相关性的程度。

设有一组自变量 $\{X_1, X_2, \cdots, X_n\}$，$i, j = 1, 2, \cdots, n$，则 X_i 与 X_j 的偏相关系数的计算方法步骤如下。

Step 1：计算线性相关系数 ρ_{ij} 的相关矩阵为

$$R = (\rho_{ij})_{n*n} = \begin{bmatrix} \rho_{11} & \rho_{12} & \cdots & \rho_{1n} \\ \rho_{21} & \rho_{22} & \cdots & \rho_{2n} \\ \vdots & \vdots & & \vdots \\ \rho_{n1} & \rho_{n2} & \cdots & \rho_{nn} \end{bmatrix} \tag{3.32}$$

Step 2：求出 R 的逆矩阵为

$$R^{-1} = (\lambda_{ij})_{n*n} = \begin{bmatrix} \lambda_{11} & \lambda_{12} & \ldots & \lambda_{1n} \\ \lambda_{21} & \lambda_{22} & \ldots & \lambda_{2n} \\ \vdots & \vdots & & \vdots \\ \lambda_{n1} & \lambda_{n2} & \ldots & \lambda_{nn} \end{bmatrix} \tag{3.33}$$

Step 3：求得 X_i 与 X_j 的偏相关系数为

$$\gamma_{ij} = \frac{-\lambda_{ij}}{\sqrt{\lambda_{ii}\lambda_{jj}}} \tag{3.34}$$

式 (3.34) 表示已知其他元素已存在于模型中时两变量之间的关联程度。

3）Spearman 秩相关分析

非参数性质的、与分布无关的 Spearman 秩相关系数一般用来度量两个变量之间联系的强弱 [26]。Spearman 秩相关系数可以描述 Pearson 线性相关系数不能描述的变量关系，也可以作为变量之间单调联系强弱的度量。在无相同数据时，若一个变量与另一个变量存在严格的单调性（可能是单调曲线），或者两个变量之间的 Spearman 秩相关系数为 +1 或 −1，则称两个变量是完全的 Spearman 相关。

Spearman 秩相关系数的 ρ_s 的求解可通过以下简便方式计算得到：假设有从大到小已经顺序排列的原始数据 x_i、y_i，其中记 x_j、y_j 为原 x_i、y_i 排列后数据的位置，称变量 X_j、Y_j 为 x_i、y_i 的秩次。

若秩次不同，则 ρ_s 计算为

$$\rho_s = 1 - \frac{6\sum d_{ij}^2}{n(n^2-1)} \tag{3.35}$$

若其中的秩次有一样的，则计算秩次之间的 Pearson 的线性相关系数为

$$\rho_s = \frac{\sum\limits_{i=1}^{n}\left(X_i - \overline{X}\right)\left(Y_i - Y\right)}{\sqrt{\sum\limits_{i=1}^{n}\left(X_i - \overline{X}\right)^2}\sqrt{\sum\limits_{i=1}^{n}\left(Y_i - \overline{Y}\right)^2}} \tag{3.36}$$

数据中对应相同值会存在相同的秩次，因此运算中采用的秩次就是从大到小排列的数值位的平均值。

Spearman 秩相关系数比 Pearson 线性相关系数可以应用于更广泛的相关性分析，这主要归因于 Spearman 秩相关系数的非参数特性，主要表现在以下方面。

（1）特征数据样本 X 和 Y 只要具有单调（可以为单调曲线）性函数关系，就可以完全 Spearman 相关，而 Pearson 线性相关性的两个变量间必须为单调线性关系才为完全相关。

（2）Spearman 秩相关系数的非参数性着重表现为能够在没有掌握 X 和 Y 的联合概率密度函数时得到样本之间的精确分布。

3.2.2　随机森林特征选择方法

随机森林作为一种有效的机器学习方法，可以应用于分类问题、回归问题以及特征选择问题。随机森林是一种组合形式的分类算法，它由多个决策树 $\{h(x, \theta_i), i = 1, 2, \cdots, k\}$ 构成，其中 θ_i 表示独立同分布的随机变量，x 表示输入变量。每棵决策树之间是独立同分布的，两种随机性原则保证了这种独立同分布特性。

（1）bagging 思想，采用 bootstrap 采样原理有放回地从原始数据中抽取样本子集，再采用同样的原理生成决策树。

（2）特征子空间思想，决策树中的每个节点进行分裂时，从全部属性中随机抽取一部分子集，再从这些属性中选择一个最优属性来分裂节点 [27]。

随机森林分为两个过程：决策树建立过程和决策过程。

1）决策树建立过程

（1）采用 bootstrap 原理从总量为 N 的原始数据中有放回地抽样，生成 n_{tree} 个训练子集，由这些子集训练生成决策树，未被抽到的数据形成了 n_{tree} 个袋外数据（out of bag，OOB）。

（2）设输入特征的个数为 M，在决策树的每个节点处选取 m_{tree}（$m_{\text{tree}} \ll M$）个特征，在这些特征中选择最佳的特征用来分裂该节点。在整个过程中，策略保持不变，重复上述过程，直到整棵树构造完成。

（3）在构造决策树的过程中，不对树进行剪枝处理，保证每棵树最大限度地生长，以使决策树之间均有较高的差异性，确保任意两棵树的独立同分布特性。

2）决策过程

随机森林的输出根据每颗决策树的结果来确定，依据投票多少，决定预测样本的最终归属类。其决策过程如下：

$$H(x) = \arg \max_Y \sum_{i=1}^{n_{\text{tree}}} I(h_i(x) = Y) \tag{3.37}$$

式中，$H(x)$ 表示组合分类器的输出；$I(\cdot)$ 为示性函数；$h_i(x)$ 表示单个决策树分类模型；Y 为目标变量。

节点在分裂的过程中根据不纯度大小选择最优特征，这需要对特征进行重要度排序。特征的好坏取决于特征与标签之间的相关度，相关性越强，代表特征的分类能力越强。gini 指数常用来衡量特征的重要程度。设集合 C 中有 N 个类别的样本，那么它的 gini 指数定义为

$$\text{gini}(C) = 1 - \sum_{i=1}^{N} p_i^2 \tag{3.38}$$

式中，p_i 是第 i 类样本出现的概率。

若节点分裂时将样本分为 m 个部分，则相应的 gini 指数为

$$\text{gini}_{\text{split}}(C) = \frac{N_1}{N}\text{gini}(C_1) + \cdots + \frac{N_m}{N}\text{gini}(C_m) \tag{3.39}$$

gini 指数反映了节点的分散程度，gini 指数越小，节点的不纯度越低。当节点全部来自同一类别时，其 gini 指数为 0。依据 gini 指数可以对特征重要程度进行排序，完整的随机森林语音特征选择方法步骤如下。

Step 1：对于给定的数据训练集，采用 bootstrap 原理，重复放回地抽样得到一个训练子集。

Step 2：对于每一个训练子集，采用式 (3.38) 中的 gini 指数作为节点调整选取的依据，构建决策树。

Step 3：对特征的 gini 指数进行由大到小的排序。

Step 4：设定阈值，选取贡献度较大的特征作为代表性的语音情感特征。

3.2.3 遗传算法特征选择方法

遗传算法（GA）是一类借鉴生物界的进化规律（适者生存、优胜劣汰遗传机制）演化而来的随机化搜索方法。它是由美国 J. Holland 教授于 1975 年首先提出的，其主要特点是直接对结构对象进行操作，不存在求导和函数连续性的限定；具有内在的隐并行性和更好的全局寻优能力；采用概率化的寻优方法，能自动获取和指导优化的搜索空间，自适应地调整搜索方向，不需要确定的规则。遗传算法的这些性质，已被人们广泛地应用于组合优化、机器学习、信号处理、自适应控制和人工生命等领域 [28]，是现代有关智能计算中的关键技术。

1. 编码表示

遗传算法利用了生物进化和遗传的思想，它不同于枚举法、启发式算法和搜索算法等传统的优化方法，具有如下特点。

（1）自组织、自适应和智能性。遗传算法削除了算法设计中的一个最大障碍，即需要事先描述问题的全部特点，并说明针对问题的不同特点算法应采取的措施。因此，它可用来解决复杂的非结构化问题，具有很强的鲁棒性。

（2）直接处理的对象是参数编码集，而不是问题参数本身。

（3）易于并行化。

在许多问题求解中，编码是遗传算法中首要解决的问题，对算法的性能有很重要的影响。

二进制编码是遗传算法中最常用的一种编码方法，它采用最小字符编码原则，编/解码操作简单易行，利于交叉、变异操作的实现，也可以采用模式定理对算法进行理论分析。但二进制编码用于多维、高精度数值问题优化时，不能很好地克服连续函数离散化时的映射误差；不能直接反映问题的固有结构，精度不高，并且个体长度大、占用内存多。针对二进制编码存在的不足，人们提出了多种改进方法，比较典型的有以下几种。

（1）格雷码编码。为了克服二进制编码在连续函数离散化时存在的不足，人们提出了用格雷码进行编码的方法，它是二进制编码的变形。

（2）实数编码。该方法利用十进制编码控制参数，缓解了"组合爆炸"和遗传算法的早熟收敛问题。

（3）非数值编码。染色体编码串中的基因值取一个仅有代码含义而无数值含义的符号集，这些符号可以是数字也可以是字符。非数值编码的优点是在遗传算法中可以利用所求问题的专门知识及相关算法。对于非数值编码，问题的解和染色体的编码要注意染色体的可行性、染色体的合法性和映射的唯一性。

2. 选择算子

在遗传算法中通过一系列算子来决定后代，算子对当前群体中选定的成员进行重组和变异。选择操作通过适应度选择优质个体而抛弃劣质个体，体现了"适者生存"的原理。常见的选择操作主要有以下几种。

（1）轮盘赌选择。选择某假设的概率是通过这个假设的适应度与当前群体中其他成员的适应度的比值而得到的。该方法是基于概率选择的，存在统计误差，因此可以结合最优保存策略以保证当前适应度最优的个体能够进化到下一代而不被遗传操作的随机性破坏，保证算法的收敛性。

（2）排序选择。对个体适应值取正值或负值以及个体适应度之间的数值差异程度无特殊要求，对群体中的所有个体按其适应度大小进行排序，根据排序来分配各个体被选中的概率。

（3）最优个体保存。父代群体中的最优个体直接进入子代群体。该方法可保证在遗传过程中所得到的个体不会被交叉和变异操作破坏，它是遗传算法收敛性的一个重要保证条件；它也容易使得局部最优个体不易被淘汰，从而使算法的全局搜索能力变强。

（4）随机联赛选择。每次选取 N 个个体中适应度最高的个体遗传到下一代群体中。具体操作如下：从群体中随机选取 N 个个体进行适应度大小比较，将其中适应度最高的个体遗传到下一代群体中；将上述过程重复执行 M（群体大小）次，则可得到下一代群体。

3. 交叉算子

交叉是指对两个相互交叉的染色体按某种方式相互交换其部分基因，从而形成两个新的个体。它是产生新个体的主要方法，决定了遗传算法的全局搜索能力，在遗传算法中起关键作用。下面介绍几种常用的适用于二进制编码或实数编码方式的交叉算子。

（1）单点交叉。在个体编码串中随机设置交叉点后在该点互换两个配对个体的部分基因。

（2）两点交叉。在相互配对的两个个体编码串中随机设置两个交叉点，并交换两个交叉点之间的部分基因。

（3）均匀交叉。两个相互配对个体的每一位基因都以相同的概率进行交换，从而形成两个新个体。

（4）算术交叉。由两个个体的线性组合而产生出新的个体。

4. 变异算子

变异是指将个体染色体编码串中的某些基因座上的基因值，用该基因座的其他等位基因来替换，从而形成一个新的个体。它是产生新个体的辅助方法，决定了遗传算法的局部搜索能力。变异算子与交叉算子相互配合，可以共同完成对搜索空间的全局搜索和局部搜索，从而使遗传算法以良好的搜索性能完成最优化问题的寻优过程。在遗传算法中使用变异算子主要有两个目的：改善遗传算法的局部搜索能力；维持群体的多样性，防止出现早熟现象。下面介绍几种常用的变异操作。

（1）基本位变异。对个体编码串以变异概率随机指定某一位或某几位基因进行变异操作。

（2）均匀变异（一致变异）。分别用符合某一范围内均匀分布的随机数，以某一较小的概率来替换个体编码串中各个基因座上的原有基因值。均匀变异操作特别适合应用于遗传算法的初期运行阶段，它使得搜索点可以在整个搜索空间内自由地移动，从而增加群体的多样性，使算法能够处理更多的模式。

（3）二元变异。需要两条染色体参与，通过二元变异操作后生成两条新个体，其中的各个基因分别取原染色体对应基因值的同或/异或。它改变了传统的变异方式，有效地克服了早熟收敛，提高了遗传算法的优化速度。

（4）高斯变异。在进行变异时用一个均值为 μ、方差为 σ^2 的正态分布的随机数来替换原有基因值。其操作过程与均匀变异类似。

5. 遗传算法特征选择

特征选取是为了得到经过降维处理的特征向量集合，在选取和降维的处理过程中，需要借鉴遗传学的基本知识即特征向量集合与种群的编制方法。通常采用二进制编码的方法，而二进制编码位与原特征向量的特征项的选取情况相对应。对原特征向量 V 和染色体 R 来说，为了建立两者的对应关系，有以下规则：假如特征向量 V 是 n 维的，则 R 就转变为 n 位的二进制数，染色体基因对应于 R 中的每一位。在染色体与特征向量的对应关系中，如果染色体中某个基因为 1 则意味着与其相对应的特征项被命中，如果为 0 则表明与其相对应的特征项没有被命中。

在遗传算法中，初始种群的建立不得不通过原特征向量来随机产生的一个重要原因就是没有先验知识。可以采用随机选取的方法来进行个体中基因位的选择。首先设一个数，这个数比基因位相对应的特征向量的维数要小，然后在与之相对应的染色体选这个数值的基因位并将它们都取 1。

为保证算法的全局最优，产生的初始种群必须满足这样一个条件：初始种群对应的特征项都要进行计算，这样就实现了染色体的基因位与特征向量中的特征项的全面对应关系。计算个体适应度，即先对个体进行解码，再用训练和测试样本计算分类器的正确分类率。采用轮盘赌选择法，随机从种群中挑选一定的数目个体，再将适应度最好的个体作为父体，这个过程重复进行直到达到最大迭代次数，输出最优的分类精度和其对应的染色体，染色体中为 1 的位置就是所要选择的特征。

3.2.4　Relief 特征选择算法

最早提出的 Relief 算法主要针对二分类问题，该方法设计了一个相关统计量来度量特征的重要性，该统计量是一个向量，向量的每个分量是对其中一个初始特征的评价值，而特征子集的重要性就是子集中每个特征所对应的相关统计量之和。因此，这个相关统计量也可以视为每个特征的权值。首先指定一个阈值 τ 和想要选择的特征个数 k，选择比 τ 大的相关统计量对应的特征值，然后选择相关统计量分量最大的 k 个特征，即完成了特征选择 [29]。

Relief 算法借用假设间隔（hypothesis margin）的思想来度量每个特征子集的重要性程度。在分类问题中，常常会采用决策面的思想来进行分类，假设间隔就是在保持样本分类不变的情况下决策面能够移动的最大距离，可以表示为

$$\theta = \frac{1}{2}(\|x - M(x)\| - \|x - H(x)\|) \tag{3.40}$$

式中，$M(x)$、$H(x)$ 是与 x 同类的和与 x 非同类的最近邻点。

当一个属性对于分类有利时，该同类样本在该属性上的距离较近，而异类样本在该属性上的距离较远。因此，若将假设间隔推广到对属性的评价中，对应于式 (3.40) 圆括号中的第一项越小，第二项越大，则该属性对分类越有利。假设间隔能

对各维度上的特征的分类能力进行评价，就可以近似地估计出对分类最有用的特征子集，Relief 算法正是利用了这个特性。

假设训练集 D 为 $(x_1, y_1), (x_2, y_2), \cdots, (x_m, y_m)$，对每个样本 x_i，先计算与 x_i 同类别的最近邻 x_{inh}，称为猜中近邻（near-heat），然后计算与 x_i 非同类别的最近邻 x_{inm}，称为猜错近邻（near-miss），则属性 j 对应的相关统计量为

$$\sigma^j = \sum_i \text{diff}(x_i^j, x_{\text{inm}}^j)^2 - \text{diff}(x_i^j, x_{\text{inh}}^j)^2 \tag{3.41}$$

式中，x_i^j 代表样本 x_i 在属性 j 上的取值；$\text{diff}(x_i^j, x_{\text{inh}}^j)$ 的计算取决于属性 j 的类型。

对离散型属性，有

$$\text{diff}(x_i^j, x_{\text{inh}}^j) = \begin{cases} 0, & x_i^j = x_{\text{inh}}^j \\ 1, & \text{其他} \end{cases} \tag{3.42}$$

对连续型属性，有

$$\text{diff}(x_i^j, x_{\text{inh}}^j) = |x_i^j - x_{\text{inh}}^j| \tag{3.43}$$

从式 (3.41) 中可以看出，若 x_i 与其猜中近邻 x_{inh} 在属性 j 上的距离小于 x_i 与其非同类别的最近邻 x_{inm} 的距离，则属性 j 对区分同类与异类样本是有利的，反之则不利。因此，式 (3.41) 的值越大说明该属性的分类能力越强。式 (3.41) 得到的是单个样本对每个属性的评价值，将所有样本对同一个属性的评价值进行平均就得到了该属性的相关统计分量，分量值越大，分类能力就越强。

Relief 算法的具体实现过程如下。

（1）从训练样本集中随机选择一部分样本，对每一个样本，计算与该样本的猜中近邻和猜错近邻。将各个特征的权值初始化为 0。

（2）对于每一个属性，利用式 (3.41) 计算每一个属性的重要性程度。

（3）对所有属性的重要性进行排序，选出前 k 个重要性较大的特征。

Relief 算法只能处理两分类的特征选择，Kononenko 对 Relief 算法进行了改进，提出了 Relief-F 算法 [30]。该算法能够处理多分类问题，它将多分类视为一类对多类直接加以解决，同时也能对噪声数据和不完整数据进行处理。

参 考 文 献

[1] 刘振焘, 徐建平, 吴敏, 等. 语音情感特征提取及其降维方法综述. 计算机学报, 2017, 40(123): 1-23. http://kns.cnki.net/kcms/detail/11.1826.TP.20170813.1200.006.html

[2] Busso C, Deng Z, Yildirim S, et al. Analysis of emotion recognition using facial expressions, speech and multimodal information. The 6th International Conference on Multimodal Interfaces, Pennsylvania, 2004: 205-211

[3] Schuller B, Batliner A, Steidl S, et al. Recognising realistic emotions and affect in speech: State of the art and lessons learnt from the first challenge. Speech Communication, 2011, 53(9): 1062-1087

[4] Song P, Zheng W, Liu J, et al. A novel speech emotion recognition method via transfer PCA and sparse coding. The 10th Chinese Conference on Biometric Recognition, Tianjing, 2015: 393-400

[5] Zhang L, Song M, Li N, et al. Feature selection for fast speech emotion recognition. The 17th ACM International Conference on Multimedia, Orlando, 2009: 753-756

[6] Huang R S. Information technology in an improved supervised locally linear embedding for recognizing speech emotion. Advanced Materials Research, 2014,1014 (1014): 375-378

[7] 张石清, 李乐民, 赵知劲. 基于一种改进的监督流形学习算法的语音情感识别. 电子与信息学报, 2010, 32(11): 2724-2729

[8] Zhang S Q, Zhao X M. Dimensionality reduction-based spoken emotion recognition. Multimedia Tools and Applications, 2013, 63(3): 615-646

[9] Roweis S T, Saul L K. Nonlinear dimensionality reduction by locally linear embedding. Science, 2000, 290(5500): 2323-2326

[10] Tenenbaum J B, Silva V D, Langford J C. A global geometric framework for nonlinear dimensionality reduction. Science, 2000, 290(5500): 2319-2323

[11] 王海鹤, 陆捷荣, 詹永照, 等. 基于增量流形学习的语音情感特征降维方法. 计算机工程, 2011, 37(12): 144-146

[12] Jolliffe I T. Principal Component Analysis. New York: Springer, 2002

[13] Zhang S, Li L, Zhao Z. Speech emotion recognition based on supervised locally linear embedding. International Conference on Communications, Circuits and Systems, Chengdu, 2010: 401-404

[14] 吴晓婷, 闫德勤. 数据降维方法分析与研究. 计算机应用研究, 2009, 26(8): 2832-2835

[15] Tenenbaum J B, Silva V D, Langford J C. The ISOMAP algorithm and topological stability-Response. Science, 2002, 295(5552): 7

[16] Lee J A, Verleysen M. Nonlinear dimensionality reduction of data manifolds with essential loops. Neurocomputing, 2005, 67(1): 29-53

[17] Go H, Kwak K, Lee D, et al. Emotion recognition from the facial image and speech signal. SICE 2003 Annual Conference, Fukui, 2003: 2890-2895

[18] 李杰, 周萍. 语音情感识别中特征参数的研究进展. 传感器与微系统, 2012, 31(2): 4-7

[19] Zhang S, Lei B, Chen A, et al. Spoken emotion recognition using local fisher discriminant analysis. IEEE 10th International Conference on Signal Processing, Beijing, 2010: 24-28

[20] Fisher R A. The use of multiple measurements in taxonomic problems. Annals of eugenics, 1936, 7(2): 179-188

[21] 陈立江, 毛峡, Mitsuru I. 基于 Fisher 准则与 SVM 的分层语音情感识别. 模式识别与人工智能, 2012, 25(4): 604-609

[22] Chen L J, Mao X, Xue Y L, et al. Speech emotion recognition: Features and classification models. Digital Signal Processing, 2012, 22(6): 1154-1160

[23] Zhang S, Zhao X, Lei B. Speech emotion recognition using an enhanced kernel ISOMAP for human-robot interaction. International Journal of Advanced Robotic Systems, 2013, 10(2): 323-330

[24] Mao Q R, Wang X J, Zhan Y Z. Speech emtion recognition method based on improved decision tree and layered feature selection. International Journal of Humanoid Robotics, 2010, 7(2): 245-261

[25] Liu Z T, Wu M, Cao W H, et al. Speech emotion recognition based on feature selection and extreme learning machine decision tree. Neurocomputing, 2018, 273: 271-280

[26] Zar J H. Significance testing of the Spearman rank correlation coefficient. Journal of the American Statistical Association, 1972, 67(339): 578-580

[27] Tao J H, Liu F Z, Jia H B. Design of speech corpus for mandarin text to speech. The Blizzard Challenge Workshop, Brisbane, 2008

[28] Lin C H, Chen H Y, Wu Y S. Study of image retrieval and classification based on adaptive features using genetic algorithm feature selection. Expert Systems with Applications, 2014, 41(15): 6611-6621

[29] Robnik, Ikonja M, Kononenko I. Theoretical and empirical analysis of ReliefF and (R)ReliefF. Machine Learning, 2003, 53(1/2): 23-69

[30] Kononenko I, Sikonja M R. Non-myopic feature quality evaluation with (R)ReliefF// Liu H, Motoda H. Computational Methods of Feature Selection. Abingdon: Taylor & Francis Group, 2008: 169-191

第 4 章　多模态情感识别与表达

单模态情感识别主要是利用提取单一模态特征信息来进行情感识别，在实际应用中可行性强、易实现，但单模态信息易受噪声的影响，且难以完整地反映情感状态。基于多个模态情感信息构建相应特征集进行多模态情感识别，能够有效地解决这些问题。在情感机器人系统中，找出这些多模态情感信息与人类情感的映射关系是多模态情感识别的首要任务。

在人机交互系统设计中，为实现自然和谐的人机交互，要求情感机器人不仅能够识别和理解用户的情感，还能做出相应的情感反馈，即通过语音、面部表情和手势等不同方式进行情感的合成与表达[1]。本章从情感识别方法、多模态情感信息融合及机器人情感表达技术三方面对情感机器人系统中的多模态情感识别与表达方法进行系统介绍。

4.1　情感识别方法

在情感识别研究中，绝大多数都是针对不同模态的情感数据库展开的，本书附录中总结了目前语音、面部表情及生理信号三个模态常用的情感数据库，其中大部分的情感数据库是基于将情感描述为形容词标签形式（如生气、开心、悲伤、恐惧、惊奇和中性等基本情感）的离散情感描述模型而设定的。因此，基于离散的情感描述模型及相应情感数据库，各模态情感识别一般被归属于标准的模式分类问题。当训练数据与测试数据来自不同的说话人或者不同的语音库时，除了要求情感特征集具有良好的情感表征能力，对于情感识别分类器的设计也有较高要求。针对现阶段的情感识别研究情况，本节主要介绍离散型情感识别的主要方法[2]。

4.1.1　反向传输神经网络

反向传输（back propagation, BP）神经网络的特点主要体现出两方面，一是信号前向传递，二是误差反向传播。这两个特点也使得 BP 神经网络的计算过程分为两大步骤来实现。在信号前向传递过程中，信号由输入层进入隐含层，在隐含层得到处理，在输出层输出结果，前一层的处理结果会直接影响后一层的处理效果，层与层之间密切相关。如果输出层达不到所期望的结果，将会转入反向传播，根据预测误差来调整网络权值和阈值，往返循环直至输出结果接近期望的输出结果。

BP 神经网络的隐含层数的多少会直接影响最终的网络运算效率，当隐含层数较少时，其难以通过迭代反馈逼近指定的非线性函数，并在这个逼近过程耗费太多的时间；而若隐含层数过多，则误差传递的环节就会增加，使得神经网络的泛化能力降低。因此，选择恰当数目的隐含层将会决定神经网络模型的优劣。目前，根据神经网络的相关理论和研究实践，BP 神经网络结构常为三层，其模型如图 4.1 所示。

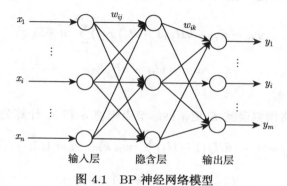

图 4.1　BP 神经网络模型

在图 4.1 中，$x_1, x_2, \cdots, x_n$ 表示 n 个输入信号值，$y_1, y_2, \cdots, y_m$ 表示 m 个预测输出结果，w_{ij} 与 w_{jk} 表示 BP 神经网络的网络权重。可以看出 BP 神经网络是一个非线性函数，网络的输入信号值为函数的自变量，预测输出结果为函数的因变量，该函数表示从 n 个自变量非线性映射到 m 个因变量的关系。BP 神经网络算法可以通过以下计算得到。

假设系统的输入输出序列为 (x, y)，则确定了网络的 n 个输入层节点、l 个隐含层节点、m 个输出层节点以及输入层与隐含层之间的权重 w_{ij} 和隐含层与输出层之间的权重 w_{jk}，初始化隐含层阈值 a 与输出层阈值 b，再给出学习速率和激励函数。

（1）根据输入信号值 $x_1, x_2, \cdots, x_n$、权重 w_{ij} 以及隐含层阈值 a，计算出隐含层输出 H。计算公式为

$$H_j = f\left(\sum_{i=1}^{n} w_{ij} x_i - a_j\right) \tag{4.1}$$

式中，n 为隐含层节点数。该函数有很多表达形式，可以选用下面的函数形式：

$$f(x) = \frac{1}{1 + \mathrm{e}^{-x}} \tag{4.2}$$

（2）根据隐含层输出 H、连接权重 w_{jk} 和阈值 b，计算 BP 神经网络预测输出 O。计算公式为

$$O_k = \sum_{j=1}^{l} H_j w_{jk} - b_k, \quad k = 1, 2, \cdots, m \tag{4.3}$$

（3）根据预测输出 O 和期望输出 y，计算网络预测误差 E。计算公式为

$$E_k = y_k - O_k \tag{4.4}$$

相应的权重更新是根据网络预测误差 E 来更新网络连接权重 w_{ij} 与 w_{jk}。计算公式如下：

$$w_{ij} = w_{ij} + \theta H_j (1 - H_j) x(i) \sum_{k=1}^{m} w_{jk} E_k \tag{4.5}$$

$$w_{jk} = w_{jk} + \theta H_j E_k \tag{4.6}$$

式中，θ 为学习速率。

（4）根据网络预测误差 E 更新网络节点阈值 a 和 b。计算公式如下：

$$a_j = a_j + \theta H_j (1 - H_j) \sum_{k=1}^{m} w_{jk} E_k, \quad j = 1, 2, \cdots, l \tag{4.7}$$

$$b_k = b_k + E_k, \quad k = 1, 2, \cdots, m \tag{4.8}$$

按照上述流程反复进行，直至满足迭代条件，迭代结束。

4.1.2   支持向量机

本节介绍一种学习型网络机制的支持向量机（support vector machine，SVM）。区别于普通的神经网络，它主要使用了数学方法和优化技术，在处理小样本以及非线性等问题上优势突出，同时又能解决神经网络方法所固有的欠学习和过学习的问题，具有很好的线性分类能力。作为一种判别模型，SVM 将重点放在两类数据边界的描述上，而没有对某类数据内部分布情况进行描述，因此 SVM 具有不错的区分能力。

SVM 的本质是寻找最优的线性分类超平面，包含两个基本点，即根据样本情况分为线性可分与非线性可分两种情况进行分析。SVM 是根据结构风险最小化的原理进行设计的，即用少量样本信息来寻找介于模型的复杂性和学习能力之间最优平衡的处理过程，从而达到整体机器学习规模和整体期望风险的最小化。图 4.2 中以线性可分的二维情况说明 SVM，圆圈和三角形分别代表两类样本，为了分开两类样本可以有很多种分类线进行划分，SVM 理论就是寻找这些分类线中的最优者。由图 4.2 可知，H 即寻找到的最优分类线。H 分类线可以正确分开（训练错误为 0）两类不同样本且保证两者的分类间距足够大，以减小经验风险和推广性的界中的置信范围，最终实现真实风险的最小化 [3]。在高维空间里，最优分类线会演变为最优分类超平面。

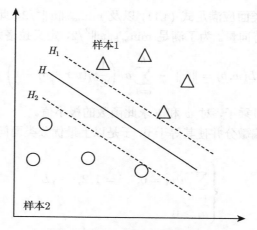

图 4.2 SVM 二维分类示意图

情感特征参数在输入空间内并非完全是线性可分的,因此采用非线性可分的情况进行情感识别。在实际的应用中,一般会经由非线性变换把原来低维空间里的样本特征数据对应转换到高维空间,使得样本特征数据在高维空间通过线性判别函数可以被区分,但这往往增加了计算量。SVM 利用核函数解决了高维特征空间样本运算量大的问题,同时也可解决高维特征空间里的线性判别。非线性 SVM 情感识别的实现过程是先将求解的最优超平面看成求解凸规划的问题,定义这个最优的线性超平面后,再根据 Mercer 核展开定理,通过非线性映射 θ 把样本空间映射到高维乃至无穷维特征空间(Hilbert 空间),从而可在情感特征空间中应用线性学习的方法实现最优分类 [4]。

对于线性可分与非线性可分两种情况,一般设有训练样本集 (x_i, y_i),有 $i = 1, 2, \cdots, L$,且 $x \in \mathbb{R}^N$,+1、−1 分别为正负类别标号,x_i 为输入,y_i 为输出,在 N 维空间寻求一个最优超平面

$$w \cdot x + b = 0 \tag{4.9}$$

使得两类样本数据点距离平面尽量远,其中 b 为分类阈值。

式 (4.9) 要满足

$$\begin{aligned} \omega \cdot x_i + b > 0, \quad y_i = 1 \\ \omega \cdot x_i + b < 0, \quad y_i = -1 \end{aligned} \tag{4.10}$$

通过适当调整 ω 和 b,可将式 (4.9) 归一化表示为

$$y_i(\omega \cdot x + b) - 1 \geqslant 0, \quad i = 1, 2, \cdots, L \tag{4.11}$$

SVM 的学习目的是使分类间隔最大,故先要解决最大分类间隔问题。可以推导出此时分类间隔为 $2/\|w\|$,为了让分类间隔最大,要使 $\|w\|$ 或者 $\|w\|^2/2$ 最小。

于是求得的最优分类面应满足式 (4.11) 以及 $\min_{w,b}\|w\|^2/2$，此时 H_1 与 H_2 上的训练样本点称为支持向量。为了满足 $\min_{w,b}\|w\|^2/2$，定义拉格朗日函数

$$L(w,b) = \|w\|^2 - \sum_{i=1}^{L} a_i\left(\frac{1}{2}y_i(wx+b)-1\right) \tag{4.12}$$

式中，a_i 为拉格朗日乘子，对 w 和 b 求此函数的极小值。

对式 (4.12) 解偏微分并使其等于 0，于是以上最优分类面问题转化为其对偶问题，即有约束条件

$$\begin{cases} \sum_{i=1}^{L} a_i y_i = 0, & i = 1,2,\cdots,L \\ a_i \geqslant 0 \end{cases} \tag{4.13}$$

在满足以上约束条件后，对 a_i 求解下列函数的最小值：

$$Q(a) = \frac{1}{2}\sum_{i=1}^{L}\sum_{j=1}^{L} a_i a_j y_i y_j x_i \cdot x_j - \sum_{i=1}^{L} a_i \tag{4.14}$$

按照二次规划方法求解，得到最优分类规则为

$$g(x) = \operatorname{sgn}\left\{\sum_{i=1}^{L} a_i y_i (x_i \cdot x) + b\right\} \tag{4.15}$$

针对非线性可分问题，引入松弛变量 $\xi(\xi \geqslant 0)$ 和惩罚系数 P^*，其中惩罚系数 P^* 也称为成本参数，它提供了一个训练误差和输出的规范之间的权衡权重。于是，非线性可分的 SVM 优化问题转化为求解

$$\min_{w,b,\xi} \|w\|^2/2 + P^*\sum_{i=1}^{L} \xi_i \tag{4.16}$$
$$\text{s.t.} \quad y_i(w\dot{x}+b) - 1 + \xi_i \geqslant 0, \quad \xi_i \geqslant 0; i = 1,2,\cdots,L$$

其对偶问题可转化为对 a_i 求解下列函数的最小值：

$$Q(a) = \frac{1}{2}\sum_{i=1}^{L}\sum_{j=1}^{L} a_i a_j y_i y_j K(x_i,x_j) - \sum_{i=1}^{L} a_i$$
$$\text{s.t.} \begin{cases} \sum_{i=1}^{L} a_i y_i = 0, & i = 1,2,\cdots,L \\ 0 \leqslant a_i \leqslant P^* \end{cases} \tag{4.17}$$

式 (4.17) 的优化解为

$$\varphi = \sum_{i=1}^{n} a_i y_i x_i a_i > 0 \tag{4.18}$$

每一个样本向量对应一个 a_i, 其中 n 个 $a_i > 0$ 的训练样本为支持向量, b 可由任一个支持向量通过公式 $y_i(w\dot{x} + b) + \xi_i = 1$ 得到。最优分类函数为

$$g(x) = \text{sgn}\left\{\sum_{i=1}^{L} a_i y_i K(x_i \cdot x) + b\right\} \tag{4.19}$$

式中, $K(x_i \cdot x)$ 为核函数, 满足 Mercer 条件, 它的作用是将低维特征数据非线性投影到高维特征空间。目前, 核函数中较为常用的有多项式核函数和径向核函数（代表性的为高斯核函数）等。

SVM 在现实应用中已经有了不错的效果, 主要表现在处理那些存在小样本、非线性和高维模式识别的技术领域, 另外它在模式识别、函数拟合和回归分析等领域也取得很好的发展, 如今广泛应用于语音情感识别、语音识别、文本识别、人脸识别、图像分类、医学研究和故障诊断等方面。

4.1.3 超限学习机

超限学习机（extreme learning machine, ELM）仅有单个隐节点层, 不同于传统学习理论需要调节前馈神经网络的所有参数, 它随机给定了神经元权值中的输入权值和阈值, 再通过正则化原则计算并输出权值, 使得神经网络依然能逼近任意连续系统 [5]。由于证明了单隐含层神经网络隐含层节点参数的随机获取并不会影响网络的收敛能力, 超限学习机的网络训练速度比传统的 BP 神经网络和 SVM 等的学习速度提高了很多。

给定 N 个显著不同的训练样本 (x_i, t_i), 其中 $x_i = [x_{i1}, x_{i2}, \cdots, x_{in}]^{\mathrm{T}} \in \mathbb{R}^n$ 为样本输入, $t_i = [t_{i1}, t_{i2}, \cdots, t_{im}]^{\mathrm{T}} \in \mathbb{R}^m$ 为期望的输出值。ELM 算法模型如图 4.3 所示, 设有 N 个网络输入层节点、L 个隐含层神经元节点和 m 个输出层节点, $g(x)$ 为隐含层神经元的激励函数, b 为隐含层神经元的阈值, 可以得到超限学习机模型的数学表达式:

$$f_{\text{EML}}(x_i) = \sum_{j=1}^{L} \beta_j g_j(x_i) = \sum_{j=1}^{L} \beta_j G(x_i), \quad i = 1, 2, \cdots, N$$
$$G(a_j, b_j, x_i) = g(a_j \dot{x}_i + b_j), \quad i = 1, 2, \cdots, N; j = 1, 2, \cdots, L \tag{4.20}$$

式中, $a_j = [a_{1j}, a_{2j}, \cdots, a_{nj}]^{\mathrm{T}}$ 为所有输入层节点与第 j 个隐含层节点的连接权重向量; $\beta_j = [\beta_{j1}, \beta_{j2}, \cdots, \beta_{jm}]^{\mathrm{T}}$ 为第 j 个隐含层节点与第 m 个网络输出层节点之间的连接权重向量; b_j 为第 j 个隐含层神经元的阈值; $g(\cdot)$ 为隐含层激活函数; $a_j \cdot x_i$ 表示 a_j 和 x_i 的内积。

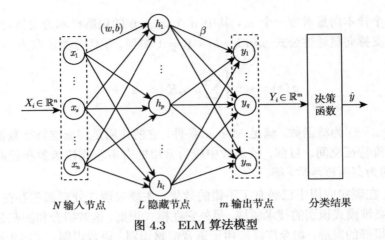

图 4.3　ELM 算法模型

通过分析, 这个线性系统的矩阵表达式为

$$H \cdot \beta = Y \tag{4.21}$$

式中, $\beta = [\beta_1, \beta_2, \cdots, \beta_L]_{L*m}^T$; $Y = [y_1, y_2, \cdots, y_N]_{N*m}^T$; H 为 ELM 的隐含层输出矩阵:

$$
\begin{aligned}
H &= H(a_1, a_2, \cdots, a_L; b_1, b_2, \cdots, b_L; x_1, x_2, \cdots, x_L) \\
&= \begin{bmatrix}
g(a_1 x_1 + b_1) & g(a_2 x_1 + b_2) & \cdots & g(a_L x_1 + b_L) \\
g(a_1 x_2 + b_1) & g(a_2 x_2 + b_2) & \cdots & g(a_L x_2 + b_L) \\
\vdots & \vdots & & \vdots \\
g(a_1 x_N + b_1) & g(a_2 x_N + b_2) & \cdots & g(a_L x_N + b_L)
\end{bmatrix}
\end{aligned} \tag{4.22}
$$

ELM 算法的目的是寻找最优输出的权重 β 使估计值与真实值 Y 之间的误差平方和与输出权重 β 的范数最小, 也即等同于求解式 (4.22) 中的最小二乘解 $\hat{\beta}$。整个求解过程可以用以下数学模型求解:

$$\left| H \cdot \hat{\beta} - Y \right| = \min_{\beta} |H \cdot \beta - Y| \tag{4.23}$$

于是得到 $\hat{\beta} = H^{\dagger}Y$。其中, $H^{\dagger}$ 称为隐含层输出矩阵 H 的 Moore-Penrose (MP) 广义逆, 只有唯一解的最小范数 β 的最小平方解可以在很大程度上减小训练误差。

假设有 N 个不同的样本数据集, 激励函数 $S = \{(x_i, t_i) | x_i \in \mathbb{R}^n, t_i \in \mathbb{R}^m, i = 1, 2, \cdots, N\}$ 以及隐含层神经元节点数 L, 于是上述整个 ELM 算法模型可通过以下步骤来实现。

Step 1: 随机生成输入的连接权重向量和隐含层阈值 (a_j, b_j), 其中 $j = 1, 2, \cdots, L$。

Step 2：计算隐含层输出矩阵 H。

Step 3：计算输出权重向量 $\hat{\beta} = H^{\dagger}Y$。

4.1.4 大脑情感学习

基于大脑情感学习（brain emotional learning，BEL）的模型是由 Moren 在 2002 年提出的 [6]，该模型是根据大脑中杏仁体 (amygdala) 和眶额皮质（orbitofrontal cortex）之间的信息作用产生情感反应的神经生物学原理建立的。一方面，BEL 模型在模仿生物智能行为上表现出了良好的自适应性能；另一方面，它模拟了情感刺激在大脑短反射通路中引起快速情感反应的机制，计算复杂度低，运算速度快。因此，BEL 模型可以克服传统神经网络训练时间长的缺点，其极快的训练速度在分类、预测与模式识别等方面表现出了一定的优势 [7]。

BEL 模型是受人脑边缘系统处理情感机制的启发而提出的。神经生物学的研究表明，人脑中对外界刺激有两条反射通路。

（1）长通路传输路径：刺激 → 丘脑 → 扣带回 → 大脑各区域相应皮质。

（2）短通路传输路径：刺激 → 丘脑 → 杏仁体。

在短反射通路中，信息传递路径短，处理速度更快，短反射通路中的杏仁体负责根据刺激产生情感并促进情感记忆，避免重复学习，眶额皮质主要对杏仁体的学习起辅助作用。BEL 模型模拟了刺激在大脑短反射通路中引起快速情感反应的机制，计算复杂度低。BEL 模型主要由丘脑、感官皮质、眶额皮质和杏仁体四大部分组成，基本结构如图 4.4 所示。

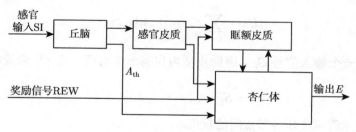

图 4.4　BEL 基本结构框图

由图 4.4 可知，杏仁体中的各个输入节点同时接收感官输入信号 SI（sensory input）、奖励信号 REW 及丘脑信号 A_{th}；眶额皮质接收感官输入信号 SI 和奖励信号 REW 进行调节输出。大脑情感学习的过程主要发生在杏仁体内，眶额皮质对杏仁体的学习起增强或抑制的作用，避免出现欠学习或过学习的现象。

图 4.5 是一个多输入单输出的改进 BEL 神经网络结构，通过扩展可以形成多输入多输出的网络用于解决多输入多输出的分类问题。杏仁体和眶额皮质是网络的主要组成部分。对于任意输入模式，可在两者的共同作用下形成输出模式。因此，

该网络可以用于数据分类、预测与模式识别等方面。

在图 4.5 所示的 BEL 网络中，设感官输入信号 SI= $[S_1, S_2, \cdots, S_m]$，感官输入信号的最大值通过丘脑传递给杏仁体，则

$$A_{\mathrm{th}} = \max[S_1, S_2, \cdots, S_m] \tag{4.24}$$

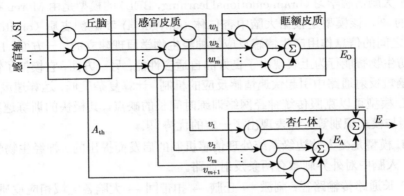

图 4.5　BEL 神经网络结构

对于每一个输入信号，杏仁体内均有一个对应节点 A_i 来接收，表示为

$$A_i = S_i \cdot v_i, \quad i = 1, 2, \cdots, m \tag{4.25}$$

式中，m 表示网络输入信号数目；v_i 表示杏仁体各节点间的权值。

杏仁体的总体输出表示为

$$E_{\mathrm{A}} = \sum_{i=1}^{m} S_i \cdot v_i + A_{\mathrm{th}} v_{m+1} \tag{4.26}$$

对于每一个输入信号 S_i，眶额皮质内也有一个对应节点 O_i 来接收，它的输出表示为

$$O_i = S_i \cdot w_i, \quad i = 1, 2, \cdots, m \tag{4.27}$$

式中，w_i 表示眶额皮质各节点间的权值。

眶额皮质总体输出 E_{O} 表示为

$$E_{\mathrm{O}} = \sum_{i=1}^{m} S_i \cdot w_i \tag{4.28}$$

在杏仁体和眶额皮质的共同作用下产生 BEL 网络输出，输出表达式为

$$E = E_{\mathrm{A}} - E_{\mathrm{O}} \tag{4.29}$$

由以上描述可知，大脑情感学习主要包括杏仁体和眶额皮质的学习。杏仁体的学习过程即权重的动态调节过程；眶额皮质的学习是通过动态调节所有节点权重

实现对杏仁体学习的修正，使杏仁体朝着期望值学习 [7]。一旦系统输出达到目标值，权重调整结束。

在分类问题中，该模型是有监督学习的分类方法。对于 n 类的分类问题，其可延伸为如图 4.6 所示的结构。

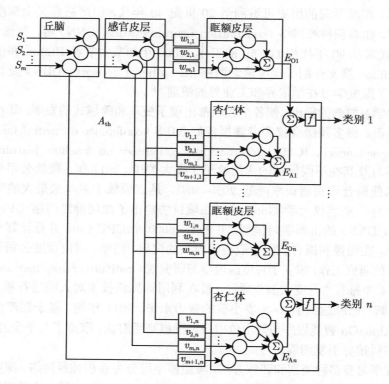

图 4.6　用于多分类的 BEL 神经网络

由图 4.6 可知，在解决分类问题时，结构中的杏仁体和眶额皮层单元的数量取决于待分类的类别。这个模型在学习过程中仍然是强化学习过程，即通过奖励信号对各部分的权重进行调整 [8]。其学习规则可以表示为

$$v_j^{k+1} = (1-\gamma)v_j^k + \alpha \max(T^k - E_a^k, 0)p_j^k, \quad j = 1, 2, \cdots, n+1$$
$$w_j^{k+1} = w_j^k + \beta(E^k - T^k)p_j^k, \quad j = 1, 2, \cdots, n+1$$

$$(4.30)$$

式中，w_j 和 v_j 分别代表杏仁体和眶额皮层的权重；T^k 表示输入模式的目标值，用来更新杏仁体和眶额皮层的权重，即奖励信号；E_a^k 表示杏仁体的输出，E^k 表示整个模型的输出；k 为学习的次数；α 和 β 为学习因子，其大小在 0~1 区间内变化；γ 是杏仁体部分的衰减因子。

4.1.5   深度神经网络

在研究过程中，人们发现情感识别需要在心理学、图像处理分析和模式识别等领域共同进行探索，有较多的限制性与难点。而深度学习（deep learning，DL）技术在传统提取特征与识别方式步入瓶颈期时开始疯狂地席卷了全球的人机交互研究领域。深度学习的历史可追溯至 20 世纪 40 年代，但严格意义上深度学习的早期模型，如卷积神经网络（convolution neural network，CNN）等，起源于 20 世纪 80 年代末及 90 年代初 LeCun 的工作。2006 年加拿大学者 Hinton 和他的学生 Salakhutdinov 撰文介绍了深度信念网络（deep belief network，DBN）及其训练方法，开启了深度学习在学术界和工业界的浪潮 [9]。

深度学习概念的提出，使各个领域都出现了变革和跨越式的发展，其在学术界也持续升温，很多顶级会议和专题报告如 NIPS（conference on neural information processing systems）、ICML（international conference on machine learning）等都对深度学习及其在不同领域的应用给予了很大关注。2011 年，微软公司采用深度学习技术使语音识别错误率降低 20%~30%，是该领域十多年来最大的突破性进展。2012 年，斯坦福大学 Google Brain项目搭建出了深层神经网络（deep neural networks，DNN）的机器学习模型，并采用 16000 个 CPU Core 并行计算平台对其进行训练，在图像和语音识别中取得了巨大的突破。同年，国内百度公司开始进行深度学习的研究工作，成立了百度深度学习研究院（institute of deep learning，IDL），并于 2014 年推行"百度大脑"项目，旨在利用计算机技术对人脑进行模拟，目前"百度大脑"已经达到了 2~3 岁小孩的智力水平。2017 年初，基于深度学习算法开发的 AlphaGo 智能程序与数十位中日韩围棋高手对决，取得了几乎全胜的战绩，在棋界和科技界引发剧震。

深度学习有多种类别和训练方法，按照模型可分为卷积神经网络、深度信念网络、受限玻尔兹曼机（restricted boltzmann machines，RBM）等，按照训练方法可分为半监督和无监督。Hinton 等使用 DBN 和深层自动编码机在相关数据集上进行简单的图像识别和降维任务，取得了良好的实验效果，证明了深层神经网络应用于图像识别的可行性 [9]。基于此，不少研究者开始将深度学习应用于人脸情感识别领域。例如，文献 [10] 提出一种 SVM 与 CNN 相融合的算法，采用局部敏感 SVM 在每个局部区域上构造局部模型，使用多个局部 CNN 联合学习局部面部特征，以提高算法的鲁棒性和速率；文献 [11] 提出一种混合卷积网络–受限玻尔兹曼机模型用于在野外条件下的面部验证，该模型在 LFW 数据集上实现了竞争性面部验证性能；文献 [12] 提出了一种基于自动编码器的多目标稀疏特征学习模型，通过同时优化两个目标，重建误差和隐藏单元的稀疏性来获得模型的参数，以自动找到它们之间的合理折中，所提出的多目标模型可以学习有用的稀疏特征；文献 [13] 将 CNN 与特定图像预处理步骤相结合，在 CK+（Cohn Kanade Dataset）表情数据库取得了很好的效果。

为提高人脸情感识别的识别率与鲁棒性，本书作者团队提出一种基于深度自编码网络的人脸表情特征识别算法 [14]，通过构建深度稀疏自编码网络使其学习人脸表情特征，之后使用 Softmax 分类器对表情进行情感识别。整体深度稀疏自编码网络结构如图 4.7 所示。

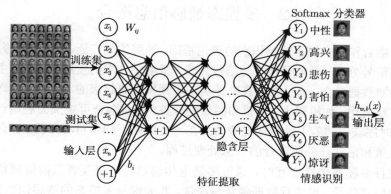

图 4.7 深度稀疏自编码网络结构图

深度稀疏自编码网络算法的步骤如下。

Step1：训练样本选取与预处理。首先采用日本 JAFFE 标准人脸表情图像数据库提取样本，该人脸表情数据库中各个对象的 10 类表情图像皆有三张，选取每个对象的一组表情作为训练样本，另一组表情为测试样本；然后对训练样本与测试样本进行眉毛、眼睛、嘴巴三个 ROI 区域裁剪、灰度均衡等预处理，并将图像灰度数据存入矩阵中进行尺寸调整。

Step2：深度稀疏网络自动编解码。首先采用逐层贪婪预训练得到网络的初始权重矩阵；然后设计含有一层隐含层的自动编码模型，并添加自动编码的稀疏性表示；最后展开模型产生"编码"网络和"解码"网络，并对稀疏性参数、隐含层节点数进行优化，确定最佳网络模型。

Step3：训练 Softmax 分类器。在网络顶层搭建 Softmax 分类器对隐含层学习到的表情特征进行情感分类，在训练过程中通过梯度下降法寻找最优模型参数。

Step4：整体网络权重微调。将包括 Softmax 分类器在内的整个网络视为一个模型，采用前馈传播算法计算各层神经元激活值，采用反向传播算法计算整体网络代价函数的偏导数。对整个深度自编码网络的权重执行重复迭代步骤进行权重微调以达到全局最优，使整个深度神经网络更具有鲁棒性，从而提高人脸情感识别的性能。

深度稀疏自编码网络算法采用分层处理的方式训练数据，每一层都能提取到数据的不同层次的特征，从而逐层建立从低层到高层信号的特征映射。与传统神经网络算法训练相比，深度学习算法的优势在于无需依赖有标签的样本数据进行训练，可自动完成无监督的特征学习。对整体网络的权重进行微调能够克服训练过程中容易出现的局部极值和梯度弥散等问题，从而提高整体网络的情感识别性能。

4.2　多模态情感信息融合

信息融合作为多模态情感识别的理论基础，涵盖领域广泛。早期的研究以传感器技术与信号处理、微电子技术与信号处理、微电子技术的发展为基础，主要内容为多传感器数据融合。信息融合首先是从军事领域发展起来的，目前已在许多非军事领域广泛应用，如机器人、遥感和图像处理等。信息融合可定义为利用计算机技术，对按时序获得的若干传感器观测信息在一定准则下加以自动分析、综合以完成所需的决策和估计任务而进行的信息处理过程。

当进行多模态情感交互时，通过多通道传感器获取交互者当前情感状态下不同模态的情感信号，再进行数据融合与决策。其关键是多模态的情感识别算法，即将各通道的情感特征数据融合，并按照一定的规则进行决策，从而判别出多模态信息所对应的情感类别属性。多模态情感信息的融合分为特征级融合与决策级融合两种方式，整体框架如图 4.8 所示。

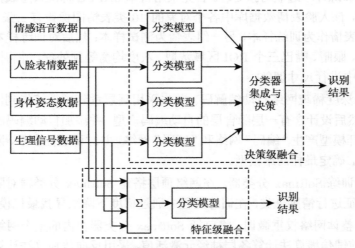

图 4.8　多模态情感信息融合整体框架

4.2.1　特征级融合

特征级融合包括两部分：首先对来自传感器的原始信息进行特征提取，然后对特征信息进行综合分析和处理。一般来说，提取的特征信息应是像素信息的充分表示量或充分统计量, 按特征信息对多传感器数据进行分类、汇集和综合。特征级目标状态数据融合主要用于多传感器目标跟踪领域。融合系统首先对数据进行预处理以完成数据校准, 然后实现参数相关和状态向量估计。

特征级融合的优点在于实现了可观的信息压缩, 有利于实时处理, 且所提取的特征直接与决策分析有关, 因此融合结果能最大限度地给出决策分析所需要的特征信息。这种方法对通信带宽的要求较低, 但数据的丢失使其准确性有所下降。

当多模态信息来自紧密耦合的传感器或是同步的模态信息, 特别是当这些信息针对同一内容而又不互相包含时, 特征级融合方法能最大限度地保留原始信息, 因此理论上可达到最佳识别效果[15]。但由于多特征直接拼接会造成新特征空间不完备、融合特征维数大幅度增高等缺陷, 相关研究很少。当前, 这一领域的潜力已引起各国学者的关注与思考, 研究的焦点逐步从其可行性分析转变为对其实用性的验证, 从应用技术转向基础理论问题的探讨。

在多模态信息融合中, 特征级融合策略是先将每个模态下的情感特征数据分别提取出来, 然后将全部模态的特征数据级联为一个特征向量用于情感识别, 对于全部模态的情感特征数据仅设计一个情感分类器, 该分类器的输出即待测试样本的情感类型预测结果。图 4.9 给出了多模态情感特征数据的特征级融合示意图。

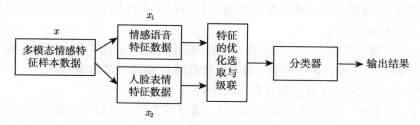

图 4.9　多模态情感特征数据的特征级融合

每个通道均有较大规模的情感特征数据, 因此对于特征级的融合算法, 在数据融合前应提高单模态下特征与情感的关联程度, 优化选择出能够表征此模态情感的最佳特征参数, 从而得到由各模态情感特征数据共同构成的最佳特征向量。特征级融合策略通过客观信息的优化压缩, 实现了多模态的情感特征数据的融合, 算法较为简单, 便于整个情感识别过程的实时性处理。然而, 这种数据的级联方式也有不足, 没有考虑不同模态情感特征之间的差异性[16]。

目前, 这一层次的主要方法有特征串联、特征并联和基于神经网络的方法等。

1. 特征串联

在串联融合方式中, 当前传感器接收前一级传感器传来的结果, 把接收到的信息和自身得到的环境信息综合起来，得出它对环境的解释并传送到下一级融合中心。这个过程将持续下去，直到得到的结果达到某个给定的可信度或者最后一级融合。其优点是融合效果较好，缺点是对线路的故障非常敏感，若中间的某一级融合发生了故障，整个融合都将终止。

2. 特征并联

在并联融合方式中，所有传感器都把各自的信息数据传输给融合中心，融合中心按一定准则综合各传感器的信息后才进行融合，做出最终的决策。其优点是对线路不敏感，缺点是速度较慢。

3. 神经网络

神经网络可根据当前系统所接收的样本的相似性，确定分类标准。这种确定方法主要表现在网络权重分布上。同时，也可采用神经网络特定的学习算法来获取知识，得到不确定性推理机制。

基于神经网络的数据融合可分为 3 个步骤。

Step 1：根据系统要求和多传感器数据融合的形式，选择神经网络相应的拓扑结构。

Step 2：将各传感器的输入信息综合为一个总输入函数，并将此函数映射定义为相关单元的映射函数，通过神经网络与环境的交互作用把环境的统计规律反映到网络本身的结构中。

Step 3：对传感器输出进行学习、理解，确定权重的分配，完成知识获取、数据融合，进而对输入模式做出解释，将输入数据转换成高层逻辑概念。

基于神经网络的多数据融合具有如下特点。

（1）具有统一的内部知识表示形式，通过学习算法可将网络获得的传感器信息进行融合，获得相应的网络参数，并且可将知识规则转换成数字形式，便于建立知识库。

（2）利用外部环境的信息，便于实现知识自动处理及并行推理。

（3）能将不确定环境的复杂关系，经过学习推理，融合为系统能够理解的准确信号。

（4）现阶段部分神经网络具有大规模并行处理信息的能力，可提高系统信息处理速度。

4.2.2　决策级融合

决策级融合是在融合之前，每个局部传感器相应的处理部件已独立完成了决策或分类任务，其实质是按一定的准则和每个传感器的可信度进行协调，做出全局最优决策。决策级融合是一个联合决策结果，在理论上比任何单传感器决策更精确、更明确。同时，它也是一种高层次融合，其结果可为最终的决策提供依据。因此，决策级融合必须从具体决策问题的需求出发，充分利用特征级融合所提取的测量对象的各类特征信息，采用适当的融合技术来实现。决策级融合是直接针对具体决策目标的，融合结果直接影响决策水平。

与特征级融合不同，决策级融合策略将不同模态的情感特征看成是相互独立的，并考虑不同模态情感特征数据对情感识别的重要性[17]。决策级融合策略首先为每个模态的情感特征数据设计相应的情感分类器，然后根据一定的判决规则对每个分类器的输出进行决策合成最终的情感识别结果。图 4.10 给出了多模态情感特征数据决策级融合的示意图。

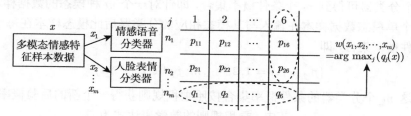

图 4.10　多模态情感特征数据的决策级融合

决策层融合所采用的方法有贝叶斯推理、Dempster-Shafer 证据理论等。

1. 贝叶斯推理

贝叶斯估计是融合静态环境中多传感器底层数据的一种常用方法，其信息描述为概率分布，适用于具有可加高斯噪声的不确定性。当传感器组的观测坐标一致时，可以直接对传感器测量数据进行融合。在大多数情况下，多传感器从不同的观测坐标框架下对环境中的同一物体进行描述，这时传感器测量数据要以间接的方式采用贝叶斯估计进行数据融合，即先求出使多个传感器读数一致的旋转矩阵和平移矢量。在传感器数据进行融合之前，必须确保测量数据代表同一实物，即要对传感器进行一致性检验，而 Mahalanobis 距离是一个非常有用的测度：

$$T = \frac{1}{2}(x_1 - x_2)^{\mathrm{T}} C^{-1}(x_1 - x_2) \tag{4.31}$$

式中，x_1 和 x_2 为两个传感器数据；C 为与两个传感器相关联的方差阵；T 的大小用来衡量两个测量传感器数据的一致性，当测量数据有较大差异时，相应的 Mahalanobis 距离将变大。

常采用概率距离 d_{ij} 和 d_{ji} 检验传感器 i 和 j 之间的一致性。其中，P_i 和 P_j 是与传感器 i 和 j 相关联的先验概率，$P_i(x/x_i)$ 和 $P_j(x/x_j)$ 是相应的条件概率，这种方法剔除了处于误差态的传感器信息，而保留一致的传感器信息计算融合值。计算公式如下：

$$d_{ij} = \left| \int_{x_i}^{x_j} P_i(x/x_i) P_i(x_i) \mathrm{d}x \right| \tag{4.32}$$

$$d_{ji} = \left| \int_{x_i}^{x_j} P_j(x/x_j) P_j(x_j) \mathrm{d}x \right| \tag{4.33}$$

针对一个 m 种模态的数据样本通过多个分类器后的输出结果判决融合问题，假设有 n 个类别，以及一个多模态下的某个单模态的样本 x_1，则输入该模态的分类器后可得到样本在每个类别下的条件概率集合 $\{p_{ij}(x), i = 1; j = 1, 2, \cdots, n\}$，与 x_1 的模态对应的另一个单模态样本的样本 x_2，输入该模态的分类器后也可得到样本在每种类别下的条件概率集合 $\{p_{ij}(x), i = 2; j = 1, 2, \cdots, n\}$，依次类推，$m$ 个模态，m 个分类器可得到 m 个条件概率集合，即针对一个 m 种模态的数据样本，可得到每个单模态数据样本在输入与其模态相应的分类器后此模态样本在每个类别下的条件概率集合，即

$$\{p_{ij}(x), i = 1, 2, \cdots, m; j = 1, 2, \cdots, n\} \tag{4.34}$$

对这 m 个分类器的条件概率集合按照乘积规则获得一个新的后验概率集合，即 $\{q_j(x), i = 1, 2, \cdots, n\}$，其中，乘积规则的数学表达式为

$$q_j(x) = \prod_{i=1}^{m} p_{ij}(x), \quad j = 1, 2, \cdots, n \tag{4.35}$$

式 (4.35) 可描述为首先将 m 个分类器在同一类别下产生的条件概率分别相乘，然后比较每一类得到的新后验概率，结果较大的概率对应的类别作为最后的判决结果。

将其归一化，挑选最大的后验概率对应的类别作为多模态样本的最终判决结果。这一过程的数学表达式为

$$q_j(x) = \frac{q_j{}'(x)}{\sum_{l=1}^{n} q_{l'}(x)}, \quad j = 1, 2, \cdots, n \tag{4.36}$$

则最终得到的类别为

$$w(x_1, x_2, \cdots, x_m) = \arg\max{}_j(q_j(x)), \quad j = 1, 2, \cdots, n \tag{4.37}$$

根据上述的决策级融合策略，采用朴素贝叶斯分类器作为每个模态的情感分类器，这样可方便地获取单个模态数据样本在经过该模态分类器后该模态样本在每个类别上的条件概率。

以融合语言情感识别和人脸表情识别结果为例，所采用的决策级融合算法具体步骤如下。

Step 1: 将多模态情感特征样本数据的各模态数据分别输入各自对应的朴素贝叶斯情感分类器计算条件概率，即将情感语音的特征样本数据输入基于朴素贝叶

斯的情感语音分类器, 得到该模态样本在不同类别下的条件概率; 将与情感语音对应的人脸表情特征样本数据输入基于朴素贝叶斯的人脸表情分类器, 得到该模态样本在不同类别下的条件概率, 此过程实际上是各种模态的情感特征样本数据对与其相应的朴素贝叶斯情感分类器进行训练的过程。

Step 2: 根据乘积规则, 将 Step 1 得到的情感语音特征样本数据在每一个类别得到的条件概率与对应的人脸表情特征样本数据在每一个类别得到的条件概率按照类别分别相乘, 得到与类别数目相同的新的条件概率。

Step 3: 将新的条件概率进行比较, 最大条件概率对应的类别标号就是一个多模态情感特征样本数据的类别标号。

2. Dempster-Shafer 理论

Dempster-Shafer 理论是基于证据理论的一种推理方法, 由 Dempster 首先提出, Shafer 加以扩充发展, 故称为 Dempster-Shafer 理论。该方法解决了概率论中的两个难题: 一是能够对 "未知" 给出显式的表示; 二是当证据对一个假设部分支持时, 该证据对假设中否定的支持也能用明确的值表示出来。Dempster-Shafer 理论利用信任函数 (belief function) 和似然函数 (plausibility function) 进行推理[18]。关于命题 A 的证据包括三部分: 支持命题 A 的, 称为支持证据: 反对命题 A 或不支持命题 A 的, 称为拒绝证据: 既不明显支持又不明显反对命题 A 的证据, 称为中性证据。

Bel(A) 是所有支持命题 A 的证据所获得的关于命题 A 的极大可信任度值, Pl (A) 是所有不反对命题 A 的证据 (支持证据和中性证据) 所能获得的关于 A 的极大可信任度值。由 Bel(A) 和 Pl(A) 的差值反映对命题 A 的 "未知" 信息, 该差值越小, 则 "未知" 成分越小, 证据对假设的支持越明确。Dempster-Shafer 证据理论可用于目标识别等方面。在基于 Dempster-Shafer 推理算法的目标识别应用中, 特征级和数据级的多传感器数据融合处理技术与知识库、专家系统等密切相关。

将 Dempster-Shafer 证据理论应用于多传感器数据融合时, 从传感器获得的相关数值就是该理论中的证据, 它可构成待识别目标模式的信度函数分配, 表示每一个目标模式假设的可信程度, 每一个传感器形成一个证据组。多传感器数据融合就是通过 Dempster-Shafer 联合规则联合几个证据组形成一个新的综合的证据组, 即用 Dempster-Shafer 联合规则联合每个传感器的信度函数分配形成融合的信度函数分配, 从而为目标模式的决策提供综合准确的信息。

3. 模糊推理

在多传感器系统中, 各信息源提供的环境信息都具有一定程度的不确定性, 对这些不确定信息的融合过程实质上是一个不确定性推理过程。模糊逻辑利用模糊

子集 A 的隶属度可为 $[0,1]$ 的任意值的特性，允许将多传感器数据融合过程中的不确定性直接表示在推理过程中。如果采用某种系统化的方法对融合中的不确定性进行建模，则可产生一致性模糊推理。综合利用多种传感器的信息来获得有关目标的知识，可以避免单一传感器的局限性，减小不确定性误差的影响。模糊推理在数据融合中常与其他方法一起使用，如模糊一致性推理、模糊神经网络等。

4.3　多模态情感表达

在人机交互的研究中，机器人不仅需要通过多模态情感信息识别人的情感状态，还需要通过语音、面部表情、手势等方式来表达机器人自身的情感，从而实现友好的人机交互。

4.3.1　情感语音合成

实现语音的情感表达，最主要的是语音合成。语音合成的目的是使机器人能够说话，主要着重于语音词汇的准确表达，因此听起来比较单调乏味，不自然。如果在语音合成的过程中结合语音信号中的情感因素，即情感语音合成，将富有表现力的情感加入传统的语音合成技术，就会使语音表达的质量和自然度提高很多。常用的方法包括基于波形拼接的合成方法 [19, 20]、基于韵律特征的合成方法[21] 和基于统计参数特征的合成方法 [22, 23]。

1. 基于波形拼接的合成方法

基于波形拼接的合成方法首先要建立一个包含不同情感状态的大型的情感语音语料库 [24]，然后对输入的文本进行文本分析和韵律分析，根据分析结果得到合成语音基本的单元信息，如半音节、音节、音素、字等，按一定的规则，在先前标注好的语料库中选择合适的语音单元，根据需求进行一定的修改和调整，将这些片段进行拼接处理得到想要的情感语音。在一个音节的过渡性信息中，把前半与后半部分定义为半音节。两个相邻因素的中心位置之间的片段部分称为双音子。把第一个音素的中间位置记为起始点，第三个音素的中间位置为终结点，从起始点到终结点的片段称为三音子。

发音的过渡信息都存在于以上所有的单元中，不同的是它们的长短不一致。波形拼接技术是通过衔接代价函数（相邻两个语音单元之间的距离）和匹配代价函数（语音库中的语音单元和目标语音单元之间的距离）把波形级联起来，这些波形来自已经构建好的语音数据库，并由此得到连续的语音。该合成方式的参数是用原始的语音波形来进行替代的，而原始的语音波形来自自然的语音词或句，因此用这种方式合成的语音的自然度要比以往的参数合成方式得到的语音高很多，且相对清晰，可描述性高。

　　虽然通过波形拼接技术可以把拼接单元的语音特征完美地保存下来，但是只能得到情感语料库中所包含的相应的情感说话人有限的情感语音，对于语料库之外的其他说话人、其他文本内容起不到任何作用，扩展性较差。另外，用这种方法得到的情感语音的自然度欠佳，主要是因为合成单元不能做任何改变，无法根据上下文调节其韵律特征。

　　针对这一问题，有学者提出了基于波形拼接的基音同步叠加（pitch synchronous overlap add，PSOLA）算法 [25]，先对待合成语音的韵律特征参数进行修改，并达到最优的效果，再通过波形拼接方法合成最终需要的语音。PSOLA 算法在对基音进行拼接时可以非常轻松自如地修改音长和音高等韵律特征参数，对原始发音的主要音段特征能够恰到好处地保持不变，较好地改善了波形拼接技术合成语音的自然度，促进了合成技术的发展。PSOLA 算法根据句子的语义，以基音周期的完整性为前提，对每个基音周期的波形进行适当的修改，使得频谱和波形能够平滑和连续。PSOLA 算法的核心是基音同步，把基音周期的完整性作为保证波形及频谱连续的前提。情感语音合成的具体步骤如下。

　　Step 1：根据声拼音信息确定所需的声母、韵母和调型函数。

　　Step 2：根据声调曲线上的基音标注，将原始韵母的周期调整到所需的周期值，并保持韵母的波形轮廓不变，再对这一段合成的语音进行幅度调整，即得到要合成的韵母。

　　Step 3：将合成的韵母叠接到声母段的后面，即得到所要合成的语音。如果将声韵母段不做任何处理直接拼接起来，两段之间缺少自然的过渡，边界处因数据的不连续而产生一些噪声。因此，拼接时要进行平滑处理，有效消除边界处的不连续，这对于改善合成语音的自然度有很重要的作用。

　　该合成方法也存在一些缺点，韵律参数的修改程度不是很大，基音周期的准确探测相对较难实现，若要达到很流利的状态，还需要有高效率的算法。

　　2. 基于韵律特征的合成方法

　　调查研究表明，在语音中全局的韵律学参数常常被认为是完全或者几乎完全能够表达情感的。因此，可以通过改变无情感倾向语句的韵律特征，赋予其情感色彩，使其能够表达特定的情感。

　　1）情感语音的韵律特征分析

　　语音韵律特征变化对情感表达的影响至关重要，其中基频、时长和能量这三个语音韵律相关特征在不同的情感表达中是不同的。

　　基频是反映情感的重要特征之一，完善的基频模型是提高语音合成系统自然度的关键因素。基频均值、基频曲线的变化情况不仅受到情感因素的影响，还与说话人及说话内容关系密切，在情感语音合成中很难把握。

时长表达的是语速的特征，当说话人处于不同情感状态时，语速会有相应的变化。通常处于激动状态时，语速比平常状态快。有研究表明，音节时长从短到长的顺序是生气 < 害怕 < 欢快 < 悲伤；元音时长从短到长的顺序依次是欢快 < 生气 < 害怕 < 悲伤；按照语速快慢得到的情感排序是嫌恶 > 害怕 > 生气 > 欢快 > 悲伤。

能量表现在语音信号振幅特征上。对于高兴、害怕、惊讶等情感，信号振幅的幅度值往往较高，而悲伤情感的幅度值较低。

2）基于基音同步叠加的语音韵律调节

基音同步叠加技术不但能够保持原始语音的主要音段特征，而且能够方便地调节语音的音高、时长和能量等特征。针对韵律修改的不同方面，基音同步叠加算法可分为时域基音同步叠加（TD-PSOLA）、频域基音同步叠加（FD-PSOLA）和线性预测基音同步叠加（LPC-PSOLA）等 [26]。采用 TD-PSOLA 技术和 FD-PSOLA 技术实现对平等语句韵律特征参数的修改，其过程分为基音同步叠加分析、语句韵律参数修改和语音能量调整三个步骤。

Step 1：基音同步叠加分析就是对平静语音设置基音同步标记。同步标记是与语音浊音端的基音保持同步的一系列位置点，这些位置点能够准确反映各基音周期的起始位置。该过程实际上就是将语音与一系列基音同步窗函数相乘，从而得到一系列有重叠的短时信号，窗长一般为基音周期的两倍，有 50% 的重叠。

Step 2：对韵律参数进行修改即调整步骤中所获得的同步标记。TD-PSOLA 技术只对信号进行时域上的处理，而不对信号进行频域上的调整。具体而言，TD-PSOLA 技术既通过对语音同步标记的加入、删除来改变语音单元的时长参数，也通过对合成单元标记间隔的增长、缩短来改变合成语音的基频。

Step 3：进行语音能量包络形状的调整，最终生成带有情感色彩的语音信号。

3. 基于统计参数特征的合成方法

随着对语音信号的参数化表征和统计建模方法的日益成熟，基于建模的参数语音合成方法被提了出来。其基本思想是基于一套自动化的流程，先对输入的语音数据进行参数化表征，然后进行声学参数的建模，并以训练得到的模型为基础构建相应的合成系统。基于统计参数特征的合成方法是通过提取基因频率、共振峰等语音特征，运用隐马尔可夫模型对特征进行训练得到模型参数。基于隐马尔可夫模型的统计参数语音合成方法主要分为两个阶段：模型训练和语音合成。

1）模型训练阶段

在模型训练阶段，首先需要对隐马尔可夫模型的参数进行设置，其中包括建模单元的尺度、隐马尔可夫模型的拓扑结构、状态数目等，这些参数对模型训练及合成效果有非常大的影响，一般都是根据经验设置。

在此之后需要进行数据准备，训练数据主要包括声学数据和标注数据，其中声学数据可以利用特征提取算法得到，在统计参数合成中一般采用 STRAIGHT 算法进行声学特征的提取；标注数据包括因素切分和韵律标注，其中切分信息一般采用自动切分的结果，而韵律标注可以采用自动标注或人工标注的结果，通常采用人工标注的结果可以提高合成语音的音质，但人工标注是一件耗时耗力的工作且需要专业培训以保证标注的一致性。

2) 语音合成阶段

在语音合成阶段，首先对输入的文本进行文本分析，得到所需的上下文属性。然后根据这些上下文属性及频谱、基频和时长的决策树得到相应的模型序列。接着利用参数生成算法生成相应的普参数和基频，利用合成器合成最终的情感语音。

对情感语句进行单句的特征统计分析实验，对基频、能量、时长求取基于整句的平均值和方差值，再对不同情感进行统计分析，得到整体上的情感韵律特征差异。不同情感与韵律参数的关系如表 4.1 所示。

表 4.1　情感与韵律参数（单句统计值）

语音特征	情感按特征排序
基频均值	生气 = 高兴 = 惊讶 > 嫌恶 = 害怕 = 平静 > 悲伤
速率平均	生气 >> 惊讶 > 高兴 > 嫌恶 = 害怕 = 平静 >> 悲伤
能量均值	生气 >> 高兴 > 惊讶 >> 害怕 > 嫌恶 = 平静 >> 悲伤
基频变化	害怕 >> 悲伤 > 嫌恶 > 生气 = 惊讶 > 高兴 > 平静
能量变化	生气 >> 高兴 > 惊讶 > 害怕 > 嫌恶 > 平静 >> 悲伤

为了更深入地掌握韵律特征变化对情感表达的影响，需要在语句整句研究的基础上，进行语句局部韵律特征的分析，从中总结出不同情感在语句表达时的韵律特征变化趋势，结果如表 4.2 所示。

表 4.2　不同情感在语句表达时的韵律特征变化趋势

情感类别	语音韵律特征变化趋势
生气	语句后部能量变化加快
高兴	语速呈现下降趋势；能量呈现明显上升趋势
悲伤	无局部变化特征
嫌恶	对应于语句中的文本信息，会在局部出现明显能量升高
惊讶	基频、能量呈现明显的上升趋势；基频从略小于平静直到高于平静
悲伤	能量呈现上升趋势

根据不同情感下语音特征的变化，就可以合成具有情感的语音，使机器人通过语音来表达相应的情感。图 4.11 展示了机器人在生气、害怕、高兴、中性、伤心、

惊讶情感状态下的合成语音的波形图。从图中可以看出，不同情感状态下语音的波形有较大的差别。

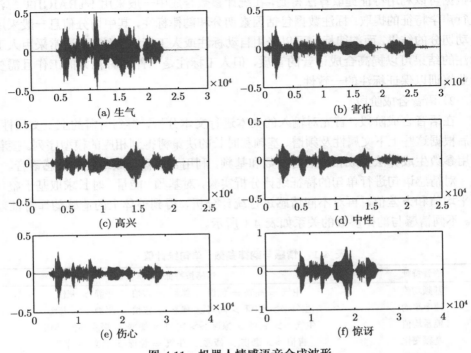

(a) 生气　　　　　　　　　　　　　　　　(b) 害怕

(c) 高兴　　　　　　　　　　　　　　　　(d) 中性

(e) 伤心　　　　　　　　　　　　　　　　(f) 惊讶

图 4.11　机器人情感语音合成波形

4.3.2　面部表情的合成与表达

　　面部表情作为人体语言的一部分，对于人机交互中交流信息的理解有着重要的意义。面部表情合成一般是利用计算机技术在屏幕上合成一张带有表情的人脸图像。常用的方法有基于伪肌肉模型的方法[27, 28]、基于运动向量分析的方法[29]和基于统计学分析的方法[30, 31]。

1. 基于伪肌肉模型的方法

　　基于伪肌肉模型的方法是采用样条曲线、张量、自由曲面变形等方法模拟肌肉弹性。人脸的肌肉可分为三个类型，分别为线性肌、括约肌和扁平肌，与之相对应，肌肉数学模型的建立也可分为以下三种。

1）线性肌模型

线性肌对应的是分布在人脸上肌肉较厚的区域，由一个骨头附着点和皮肤插入点来构成肌肉力量。骨头附着点是肌肉和头骨相连的点，它是固定不动的。皮肤插入点是附着在皮肤上且与括约肌相连的点,它是被括约肌带动而受力的。当皮肤附着点运动时,线性肌肉受到一个拉扯的力而开始运动,并带动肌肉周边的一些区域的运动。

2)括约肌模型

括约肌是一种由一个虚拟中心构成的椭球形肌肉,位于嘴唇和左右眼的周围,一共有三块括约肌。与线性肌不同,括约肌受力是靠意识控制的。括约肌可以用模型表示为一种椭球,也可以简化表述为二维椭圆。

3)扁平肌模型

扁平肌是指那些纤维很薄的肌肉,位于额头以及额头的稍微两侧。和线性肌类似,扁平肌主要靠眉毛来带动,属于外力驱动。扁平肌由一条附着线、一条插入线及其中点的连线组成,模型可以表示为一个矩形。

在伪肌肉表情合成时,真正受力且能够控制的是这三种肌肉模型,它们合在一起完成面部表情的表达。

2. 基于运动向量分析的方法

基于运动向量分析的方法是先对面部表情向量进行分析得到基向量,再对这些基向量进行线性组合得到合成的表情。

面部表情动作是由单个或多个肌肉运动组合而成的。面部表情主要是由眉毛、眼部、鼻子、下颌、嘴巴的运动来实现的。通过对面部各个部分的运动情况进行形式化的描述,可对面部表情进行量化处理,得到面部各运动点的示意图如图 4.12 所示。有了运动控制点的量化值,建立各部分的运动学模型,通过控制机构运动,就可以使机器人通过面部表情完成高兴、惊讶、愤怒、恐惧、悲伤、厌恶、中性等情感的表达。

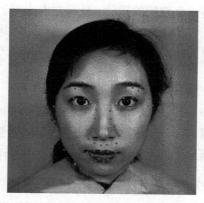

图 4.12 面部运动控制点示意图

1）眉毛

眉毛的运动主要包括眉梢、眉峰、眉头的运动。在表情变化的运动过程中，眉峰基本保持不动，主要是眉梢和眉头的位置发生变化，通过肌肉的伸缩将眉头和眉梢进行提拉。因此，可以通过控制眉头、眉梢与眉峰之间的垂直距离来控制眉毛的运动。

眉毛运动模型主要有眉梢、眉峰、眉头三个控制点。左右眉毛对称，且运动是相互独立的。眉峰基本保持不动，每条眉毛有眉梢和眉头两个控制点，其中眉梢处的运动可以近似看成上下竖直的运动，根据不同的仿人机器人模型，如以中性情感时眉毛的状态为原点，分别向上和向下设定眉梢的运动范围。眉头的运动有上下竖直和左右水平两个方向上的运动，根据不同的仿人机器人模型同样设置竖直和水平两个方向上的运动范围。通过控制眉梢上下运动的距离和眉头上下左右运动的距离来控制不同情感状态下的眉毛状态。

2）眼部

眼部主要包括眼球和眼睑两部分。眼睑分为上眼睑和下眼睑，由于下眼睑的运动幅度较小，在建立运动模型时，假设下眼睑是固定的，这样就只需分析上眼睑的运动。上眼睑的运动主要是竖直上下贴合着眼球的近似圆弧的运动，每边的眼睑可以设置一个自由度，根据需要设定眼睑开合的角度范围，通过控制眼睑的开合角度来控制眼睑的状态。

眼球的运动分为向上、向下、向内和向外的运动。在大多数情况下，人的两只眼睛是同步运动的，通过控制眼球在水平方向和竖直方向旋转的角度，可以控制眼球的位置。

3）嘴巴

嘴巴的运动主要包括上下嘴唇的运动和嘴角的运动。嘴唇可以看成上下竖直的运动，而嘴角的运动是一个空间的运动，分为左右水平、上下竖直和前后水平三个自由度的运动，通过三个方向上的运动合成完成嘴角的运动。设定每个方向上运动的范围，根据各类情感的特点，控制嘴唇和嘴角在相应方向上的运动，实现情感在面部表情上的表达。

4）下颌

下颌的运动主要是上下的运动，根据不同的模型，可以设定下颌上下的运动范围。下颌向上运动的范围很小，因此可以近似地认为运动都是向下的，表达不同的情感时，可通过控制下颌上下的运动来确定下颌部的状态。

3. 基于统计学分析的方法

基于统计学习方法合成人脸的基本思想是利用训练样本库中的人脸图像以线性组合或其他组合方式来表示新的人脸，这就需要先从照片或视频中提取人脸特征点,将不同角度提取的相同特征点进行对应计算得出特征点的空间坐标,然后用这些特征点坐标进行插值变形,从而重构出三维人脸模型。

人脸图像的一个主要属性是形状。人脸图像的形状属性主要是从真实人脸图片合成二维卡通的具体实现过程,需要根据人脸特征点坐标信息的变换对人脸进行有规则变形以达到夸张的效果,而一般复杂背景的人脸图片容易因变形而引起整张图片扭曲,使得合成的二维卡通效果很差,因此需要对人脸的图片进行处理。首先要去除人脸图片的背景,然后对人脸形状的特征进行提取。完成人脸形状的特征提取后,即可用坐标向量来描述任意人脸样本,但由于真实人脸样本和卡通人脸样本来于不同尺度的采集源,所以直接获得的数据不能直接应用于后续研究工作,需要对其进行归一化处理,根据提取的特征合成三维卡通模型。

人脸图像的另一个重要属性是纹理。纹理在很大程度上影响了合成的三维卡通人脸与图片中人脸的相似程度。由于尺度、表情、姿态等影响因素的存在,训练集中每一幅人脸图像所对应的形状轮廓区域内的像素数量是不同的,且不能得到不同图像的像素点之间的准确对应关系,所以不能直接使用原始人脸图像轮廓区域内的纹理来建立模型,需要一组具有相同维数且具有相同对应关系的纹理向量来进行建模。

使用基于样本的方法的优点是合成结果真实感强,具有照片一样的真实度。但是统计模型训练往往需要大量数据,以便包含所有的变化情况。当训练集样本数较少时,模型训练的结果也对训练集有一定依赖性。

表 4.3 给出了对人在不同情感下的面部运动分析得到的不同情感下相应部位的特点。图 4.13 显示了不同情感状态下面部表情的特征。由表 4.3 和图 4.13 可以看出,不同的情感下,面部各部位的状态是不同的。机器人在表达情感时,首先建立相应的模型,然后根据不同情感下面部各部位的特点,通过对模型的控制,使各部位达到需要的状态,从而实现面部表情的情感表达。

由于当前仿真机器人的面部表情都是通过控制各控制点的运动完成的,机器人所表现出来的表情比较生硬,后续在表情之间的连贯性以及微表情处理等方面还需要进一步提高。

表 4.3 不同表情下面部各部位的特点

表情	相应的动作
高兴	脸颊上提、嘴角斜向上拉、张嘴一定长度、上眼睑下降
惊讶	眉梢上抬、眉头上抬、上眼睑上抬、张嘴一定长度、下颌部下降
厌恶	皱眉、上唇上拉、下唇上推、上眼睑下降
愤怒	皱眉、上眼睑上抬、眼睑凑近、嘴角拉伸、张嘴一定长度、下颌部下降
恐惧	眉梢上抬、眉头上抬、皱眉、上眼睑上抬、眼睑凑近、嘴角拉伸、张嘴一定长度
悲伤	眉头上抬、皱眉、眼睑凑近、嘴角下拉、下唇上推、上眼睑下降

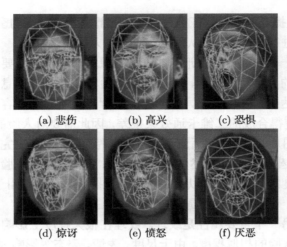

(a) 悲伤　　　　(b) 高兴　　　　(c) 恐惧

(d) 惊讶　　　　(e) 愤怒　　　　(f) 厌恶

图 4.13　面部表情的特征展示

4.3.3　肢体语言情感的合成与表达

　　情感不仅可以通过语音和面部表情来表达,也可以通过各种肢体语言来传递。有研究表明,人的交流有 85% 以上都是非语言形式进行的[32]。

　　肢体语言又称身体语言,是指用身体的各种动作代替语言达到表情达意的沟通目的。从广义上看,肢体语言包括前述的面部表情;从狭义上看,肢体语言只包括身体与四肢所表达的含义。谈到由肢体表达情绪,自然会想到很多常见动作。例如,鼓掌表示兴奋,顿足代表生气,搓手表示焦虑,垂头代表沮丧,摊手表示无奈,捶胸代表痛苦,我们可以通过这些肢体活动表达情绪。目前,对应各种情感状态下的肢体语言研究已经取得长足进步。奥地利的 Wallbott[33] 研究并总结了各种肢体语言的情感特征,如表 4.4 所示。

表 4.4　各种情感状态下常见的肢体语言

情感状态	肢体语言
生气	身体发抖、来回走动,头部笔直、胸部展开, 挥动拳头,肘关节呈直角或手臂紧贴身体侧面,肩膀呈方形
厌恶	手竖起且手掌向外,手臂紧压在身体侧面或双手摊开
恐惧	手交替地抓紧、张开并伴随着颤动性运动, 手臂在头上部大幅度运动,身体转身或退缩有要逃离的趋势
高兴	跳跃、跺脚、跳舞,大笑时肩部张开或身体前俯后仰
悲伤	手部下垂、肩部耷拉、头部耷拉下垂,腿部变化幅度小
激动	腿部变化幅度大,手部上扬
平静	头部笔直

近年来已经有了许多关于机器人肢体语言情感表达的研究 [34-36]，主要是通过对一些行为科学的定性描述来定量地对姿态进行描述。机器人的肢体语言情感表达的方法主要有基于运动约束的方法 [37]、基于关键姿态重排的方法 [38] 和基于运动融合的方法。

1. 基于运动约束的方法

这种方法主要是根据人体运动的物理特征，对人的骨骼和关节进行模仿。例如，当人体大范围运动（走路、跑步、跳舞）时，人体结构可以简化为 18 关节和 18 骨骼的表示方法。根据这种结构特点，可以将虚拟人体建模为一个树状的数据结构，如图 4.14 所示。将人体的每个部分建模为一个轴向包围盒，对每个包围盒计算其质量属性和惯量属性，用来代表相应的身体各个部分，这样可以对不同虚拟人体的身体形状引起的差异进行简化。根据连接身体各个部位的关节类型，定义相对应的约束类型。根据建立的模型，选择基于约束的方法进行人体结构建模，结合运动捕捉的方法得到想要的肢体动作。

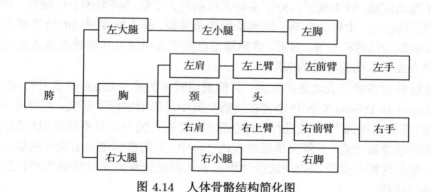

图 4.14 人体骨骼结构简化图

2. 基于关键姿态重排的方法

由用户手动输入关键姿态，系统在运动捕获数据中自动找到该姿态的一个匹配集并由此生成运动姿态的节点图，通过运动分割得到运动片段作为运动图的边，进而构建完整的运动图。在对运动数据进行观察的基础上，发现该运动图中节点姿态应当具有一些特性：它是运动图中运动片段之间的过渡姿态，即存在多个运动片段以该姿态为起始姿态或终止姿态，例如，单脚着地的姿态可以看成从"跑步"到"行走"的过渡姿态，也可以看成从"踢腿"到"后撤"的过渡姿态。关键姿态具有这些特性，因此在姿态空间中的概率密度较大。另外，虚拟角色运动到关键姿态时的瞬时速度往往较低，甚至会出现短暂停留的现象。若将这样的关键姿态提取出来作为运动图的节点，并将以关键姿态为起始姿态和终止姿态的运动片段作为运动图的边，就能得到具有高节点聚合度的运动图。利用这样的运动图合成运动序列，可以方便地在不同的运动之间进行跳转，大大提高虚拟人运动控制的灵活性和可控性。

该方法包括关键姿态的提取和运动序列的生成两个阶段。在关键姿态的提取阶段，采用多维尺度分析方法得到高维姿态空间的一个低维描述，通过非参数密度估计得到样本的概率密度分布并获得关键姿态。在运动序列的生成阶段，根据提取的关键姿态找到运动序列的分割点，获得更小的运动片段作为运动图的边，得到具有高结点聚合度的运动图，从而实现对虚拟角色的灵活控制。

3. 基于运动融合的方法

基于运动融合的方法首先是要对人的肢体运动进行分析，建立坐标，通过设定身体各部位的坐标来完成相应的动作。利用该方法完成机器人肢体语言情感表达主要分为三个步骤：情感模型的建立、运动学建模和肢体语言学习。

情感模型的提出使得计算机对情感的认知及表达更加清晰，为人机情感交互提供了理论依据。近年来国内外诸多研究组织致力于情感模型的分析探究，并提出了各类情感模型，主要分为基于情感论的情感模型、基于维度空间的情感模型和基于认知机制的情感模型等。目前，情感模型已经在人机交互和情感机器人尤其是情感表达方面有了比较广泛的应用。

在肢体语言情感表达建模方面，目前采用较多的是 Ekman 模型[39]。在 1969年，Ekman 和 Friesen 对肢体语言在情感交流中的影响进行了研究，并将这一分析定义为"非语言泄露"，即在进行情感伪装时，非语言的行为是不受意识控制的，使得真实情感暴露无遗。尽管在情感的表达过程中，人的肢体语言所表达的信息是不同的，但是这种不受意识控制的肢体语言表达的理论观点正是情感生理识别的理论基础和优势。

机器人首先要通过情感模型空间对肢体语言进行识别，然后通过情感认知系统进行肢体语言的输出，从而完成情感化模型的传递。

1) 运动模型的建立

人体模型的选取与建立是基于模型的人体运动分析需要解决的首要问题。在实际应用过程中，所选模型的类型限定了所能获得的运动数据的类型，同时对于算法的复杂度与精确度也有着较大的影响。在人机交互过程中，需要获得人在不同情感状态下各肢体的具体运动数据，因此需要分别对人体各个肢体部分进行建模。由此可见，人体运动模型是应用中所要获得数据的一种描述方式，不同情感状态下，只要获得了模型的参数就可以得到应用所需的数据信息。

目前，关于肢体语言情感建模的研究已经很多，大部分都是在虚拟环境下采用简化的人体模型建立人的肢体语言。肢体语言合成的技术是通过分析动作基元的特征，使用运动单元之间的运动特征构造一个单元库，根据复合动作的需要选择相应特征元素进行合成。由于人体关节自由度较高，运动控制比较困难，为了丰富虚拟机器人运动合成的细节，一些研究开始利用高层语义参数进行运动合成控制，运用各种控制技术实现合成运动的情感表达。

肢体语言情感表达的一个关键是要根据不同的情感状态和相应情感状态下人的常用肢体语言设计一个情感肢体语言库。Coulson 在 Ekman 的情感模型上创造6 种基本情感的相应身体语言模型，这个模型将各种姿态的定性描述转化成用数据定量分析各种肢体语言 [40]。其中，对于生气、厌恶、高兴和悲伤这四种情感，每种有 32 种姿态；对于恐惧和惊讶，每种情感有 24 种姿态。

这个模型由 13 个小分段组成，其中上半部分由头、脖子、胸部、腹部、肩膀和胳膊构成；下半部分由大小腿和脚组成。该研究假定所有姿势中的手臂具有对称性，将下身体关节（大腿、小腿和脚）与质心中心的一个运动变量相关联，并以前向、向后和中立的一个值来表示。这样，身体语言可以用这七个参数来表示：腹部扭曲度、胸部弯曲度、头部歪斜度、肩部外展、肩膀摆动角度、肘部弯曲度和权重变化。通过对这些参数的调整，整个身体姿态也会发生相应的变化，从而可以实现不同情感状态的表达。人体肢体语言运动模型的建立使得肢体语言的定性描述转化成数据分析的定量描述，从而更加方便对肢体语言的描述和情感状态的表达。

2）肢体语言的情感合成与表达

在确定情感空间中的情感状态和人体肢体语言的运动学模型后，为了使机器人能够通过肢体语言进行情感表达，需要确定机器人表达不同情感时各部位的具体位置，对机器人进行运动学分析，通过其身体各部位的系列坐标转换和相对应的矩阵，计算出机器人做不同动作时各关节旋转的角度，以此确定最终姿势。由于仿人机器人通常比人体的自由度和关节角度要小，人体构建的情感姿势的描述应该基于给予姿势的基本形状的主要关节。这里以 Coulson 肢体运动模型为例阐述各关节的角度。表 4.5 列出的是 Coulson 肢体运动模型中处于高兴情感状态时的 32种姿态的参数。

表 4.5 Coulson 运动模型中各种情感状态下姿态的各部位角度

情感状态	腹部扭曲度/(°)	胸部弯曲度/(°)	头部歪斜度/(°)	肩部外展/(°)	肩膀摆动角度/(°)	肘部弯曲度/(°)	权重变化	姿态数量/种
生气	0	20,40	−20,25	−60,−80	45,90	50,110	向前	32
厌恶	−25,50	−20,0	−20	−60,80	−25,45	0,50	向后	32
恐惧	0	20,40	25,50,−20	−60	45,90	50,110	向后	24
高兴	0,−20	0,−20	50	0,45	0,50	向前，居中	32
悲伤	0,−25	0,20	25,50	−60,80	0	0	向后，居中	32
惊讶	0,−25	0,20	25,50	50	−25,0,45	0,50	向后	24

　　在建立好人体运动模型之后，要想机器人能够像人一样通过各关节的活动来表达相应的情感，就要将已经建立的人体运动模型运用到机器人中，这一过程主要根据具体机器人关节的自由度和人体运动模型相应情感的身体姿态进行。下面以 NAO 机器人为例进行介绍。表 4.6 展示的是 NAO 机器人各部位关节运动及其角度变换范围[41]。

表 4.6　NAO 机器人各部位关节运动及其角度变换范围

部位	关节名称	动作	活动范围/(°)
头部	HeadYaw	头部关节扭转	−120~120
左臂	LShoulderPitch	左肩关节前、后动	−120~120
	LShoulderRoll	左肩关节左、右动	0~95
	LElbowRoll	左肩关节扭转	−90~0
	LElbowYaw	左肘关节	−120~120
	LWristYaw	左腕关节扭转	−105~105
左腿	LHipPitch	左髋关节左、右动	−104.5~28.5
	LHipRoll	左髋关节左、右动	−25~45
	LKneePitch	左膝关节	−5~125
	LAnklePitch	左踝关节前、后动	−70.5~54
	LAnkleRoll	左踝关节左、右动	−45~25
右腿	RHipPitch	右髋关节前、后动	−104.5~28.5
	RHipRoll	右髋关节左、右动	−45~25
	RKneePitch	右膝关节	−5~125
	RAnklePitch	右踝关节前、后动	−70.5~54
	RAnkleRoll	右踝关节左、右动	−25~45
右臂	RShoulderPitch	右肩关节前、后动	−120~120
	RShoulderRoll	右肩关节左、右动	−95~0
	RElbowRoll	右肩关节扭转	0~90
	RElbowYaw	右肘关节	−120~120
	RWristYaw	右腕关节扭转	−105~105

　　在确定人体运动学模型和机器人的各关节运动角度后，对机器人进行运动学分析，按照一定的关系将各种情感状态下人体运动模型的角度转化成相应情感状态下机器人各种姿态的角度，以此确定最终姿势，这样就可以实现机器人肢体语言的情感表达。Mustafa 根据 Coulson 肢体运动模型和 NAO 机器人的关节变化角度

设计了各种情感状态下关节角度的转换公式，使机器人可以进行六种基本情感的肢体语言表达。图 4.15 是机器人通过肢体语言表达部分情感的展示图。

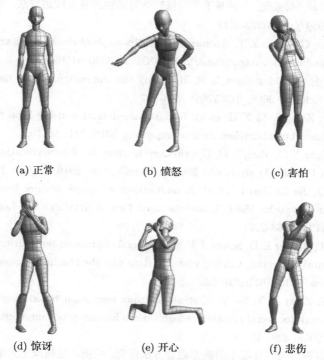

　(a) 正常　　　　　　　　(b) 愤怒　　　　　　　　(c) 害怕

　(d) 惊讶　　　　　　　　(e) 开心　　　　　　　　(f) 悲伤

图 4.15　机器人肢体语言的情感表达

参 考 文 献

[1]　Liu Z T, Wu M, Cao W H, et al. A facial expression emotion recognition based humans-robots interaction system. IEEE/CAA Journal of Automatica Sinica, 2017, 4(4): 668-676

[2]　Chen L, Zheng S K. Speech emotion recognition: Features and classification models. Digital Signal Processing, 2012, 22(6): 1154-1160

[3]　Liu Z T, Wu M, Cao W H, et al. Speech emotion recognition based on feature selection and extreme learning machine decision tree. Neurocomputing, 2018, 273: 271-280

[4]　Vapnik V, Cortes C. Support vector networks. Machine Learning, 1995, 20(3): 273-297

[5]　Huang G B, Zhu Q Y, Siew C K. Extreme learning machine: A new learning scheme of feed forward neural networks. Proceedings of IEEE International Joint Conference on Neural Networks, Budapest, 2004: 985-990

[6] Moren J. Emotion and learning—A computational model of the Amygdala. Lund University Cognitive Studies, 2002, 32: 611-636

[7] 梅英, 谭冠政, 刘振焘. 一种基于大脑情感学习的快速分类改进算法. 电子学报, 2017. DOI: 10.3969/j.issn.0372-2112

[8] Mei Y, Tan G Z, Liu Z T. An improved brain-inspired emotional learning algorithm for fast classification. Algorithms, 2017. DOI: 10.3390/a10020070

[9] Hinton G E, Salakhutdinov R R. Reducing the dimensionality of data with neural networks. Science, 2006, 313(5786): 504-507

[10] Tao Q Q , Zhan S, Li X H, et al. Robust face detection using local CNN and SVM based on kernel combination. Neurocomputing, 2016, 211: 98-105

[11] Sun Y, Wang X G, Tang X O. Hybrid deep learning for face verification. IEEE Transactions on Pattern Analysis and Machine Intelligence, 2016, 38(10): 1997-2009

[12] Maoguo G, Jia L, Hao L, et al. A multiobjective sparse feature learning model for deep neural networks. IEEE Transactions on Neural Networks and Learning Systems, 2015, 26 (12): 3263-3277

[13] Lopes A T, Aguiar E D, Souza A F, et al. Facial expression recognition with Convolutional Neural Networks: Coping with few data and the training sample order. Pattern Recognition, 2016, (61): 610-628

[14] Chen L F, Zhou M T, Su W J, et al. Softmax regression based deep sparse autoencoder network for facial emotion recognition in human-robot interaction. Information Sciences, 2018, 428: 49-61

[15] 张保梅. 数据级与特征级上的数据融合方法研究. 兰州: 兰州理工大学硕士学位论文, 2005

[16] 李强. 手部特征识别及特征级融合算法研究. 北京: 北京交通大学博士学位论文, 2006

[17] 潘芳芳. 基于情感计算的人机交互系统设计与实现. 长沙: 中南大学硕士学位论文, 2016

[18] 朱大奇, 于盛林. 基于 D-S 证据理论的数据融合算法及其在电路故障诊断中的应用. 电子学报, 2002, 30(2): 221-223

[19] 苏珊珊. 基于波形拼接的语音合成技术研究. 福建电脑, 2008, (10): 104-105

[20] 刘建银. 基于关联规则与波形拼接相结合的情感语音合成研究与实现. 武汉: 华中师范大学硕士学位论文, 2013

[21] 李颖. 基于时域基音同步叠加算法的语音合成技术研究. 天津: 南开大学硕士学位论文, 2015

[22] 蔡明琦. 融合发音机理的统计参数语音合成方法研究. 合肥: 中国科学技术大学博士学位论文, 2015

[23] Aroon A, Dhonde S B. Statistical parametric speech synthesis: A review. IEEE International Conference on Intelligent Systems and Control, Coimbatore, 2015: 1-5

[24] Iida A, Campbell N, Higuchi F, et al. A corpus-based speech synthesis system with emotion. Speech Communication, 2003, 40(1): 161-187

[25] Moulines E, Charpentier F. Pitch-synchronous waveform processing techniques for text-to-speech synthesis using diphones. Speech Communication, 1990, 9(5): 453-467

[26] 张后旗, 俞振利, 张礼和. 基于 TD-PSOLA 算法的汉语普通话韵律合成. 科技通报, 2002, 18(1): 6-9

[27] 张抗, 樊养余, 吕国云. 基于机构学和肌肉模型的单视频驱动人脸情感表达仿真. 中国图像图形学报, 2011, 16(3): 449-453

[28] Waters K. A muscle model for animating three-dimensional facial expression. Computer Graphics, 1987, 21(4): 17-23

[29] Wright J, Yang A Y, Ganesh A, et al. Robust face recognition via sparse representation. IEEE Transactions on Pattern Analysis and Machine Intelligence, 2009, 31(2): 210-227

[30] 杜杨洲. 基于统计学习的人脸图像合成方法研究. 北京: 清华大学博士学位论文, 2004

[31] Terzopoulos D, Waters K. Analysis and synthesis of facial image sequences using physical and anatomical models. IEEE Transactions on Pattern Analysis and Machine Intelligence, 1993, 15(6): 569-579

[32] Nomura T, Nakao A. Comparison on identification of affective body motions by robots between elder people and university students: A case study in Japan. International Journal of Social Robotics, 2010, 2(2): 147-157

[33] Wallbott H G. Bodily expression of emotion. European Journal of Social Psychology, 1998, 28(6): 879-896

[34] Zecca M, Endo N, Momoki S, et al. Design of the humanoid robot KOBIAN—Preliminary analysis of facial and whole body emotion expression capabilities. IEEE-Ras International Conference on Humanoid Robots, Daejeon, 2008: 487-492

[35] Zhang Y D, Li S T, Jiang J G. Research on emotion body language model of the humanoid robot. Applied Mechanics and Materials, 2014, 6(494): 1278-1281

[36] Beck A, Caamero L, Hiolle A, et al. Interpretation of emotional body language displayed by a humanoid robot: A case study with children. International Journal of Social Robotics, 2013, 5(3): 325-334

[37] 刘冰啸, 周荷琴, 王磊. 基于约束物理系统和运动捕捉的人体运动仿真. 计算机仿真, 2006, 23(3): 187-189

[38] 宗丹, 李淳芃, 夏时洪. 基于关键姿态分析的运动图自动构建. 计算机研究与发展, 2010, 47(8): 1321-1328

[39] Ekman P, Friesen W V. Emotion facial action coding system(EM-FACS). San Francisco: University of California, 1984

[40] Coulson M. Attributing emotion to static body postures: Recognition accuracy, confusions, and viewpoint dependence. Journal of Nonverbal Behavior, 2004, 28(2): 117-139

[41] Erden M S. Emotional postures for the humanoid-robot NAO. International Journal of Social Robotics, 2013, 5(4): 441-456

第5章 人机交互氛围场建模

氛围是人机交互过程中营造出来的一种心理状态和感受。当前情感识别/分析主要是针对个人进行的，在人机交互中，特别是多人和多机器人的交互过程中，只分析情感状态并不能满足人机交互的需求。如果机器人不仅能感知交流者的情感状态，还能感知实时的人机交流氛围，那么机器人便能够根据交流氛围适当地调整交流方式、方法，从而实现自然和谐的人机交流。因此，如何识别交流氛围已经成为智能机器人系统研究的另一个重要内容。

本章首先介绍了模糊氛围场的概念，然后分别对模糊氛围的定义、氛围场三维空间以及图形化表示方法进行介绍，最后介绍了氛围场模型在实际人机交互实验中的应用。

5.1 模糊氛围场建模

氛围是弥漫在空间中能够影响行为过程和结果的心理因素和心理感受，是由个人或多人对话过程中营造出来的气氛，包括紧张、兴奋、沮丧、恐惧、期待、高兴、热烈、冷漠、积极、消极、肯定、否定、怀疑、信任、尊敬、鄙视等。通过对交流氛围的实时分析，机器人可以了解交流者的情感状态，感知整体的交流氛围，进而做出适当反应和情感反馈（如安抚、鼓励、赞美等）以适应人类情感状态的不断变化。

认知科学在交流中扮演着重要的角色，如人与人的交流、人与机器人的交流等[1, 2]。近年来，关于认知科学的研究越来越多，其中态度、情绪以及个体的情感状态已被证明是反映和影响人机交互的重要因素。目前，针对人机交互的研究只涉及少数交流个体，如一对一交流或者几个人的交流。然而，在实际生活中，交流对象一般包括多人或多机器人，如一场 20 人的小型会议、一场 100 人的婚礼、一场家庭聚会等 [3, 4]。在这些多人的交流场合中，识别所有交流者的情感状态是很困难的。因此，如何识别多人的情感状态并实现情感融合，进而识别整体的交流氛围是促进和谐顺畅人机交互的一项重要课题。

在交流氛围的研究中，与氛围相关的因素一般视为交流氛围的属性。挪威 Akre 等用开放对话、支持和相互尊重来描述医生之间的交流氛围关系 [5]。Rutkowski 等建立了一个以环境、交流、情感状态为坐标轴的三维空间模型来描述两人面对面交流时的氛围状态 [6, 7]。尽管越来越多的人参与到交流氛围的研究中，但是很少有涉及多人交流氛围的研究，究其原因，主要有以下几点。

（1）在少数个体参与的交流中，人们并不关注交流氛围，因为个体的情感识别已经满足了解交流氛围的需求。因此，只需获取情感状态就可保证顺畅的人机交流。

（2）交流氛围是模糊和不确定的，容易被感知但是很难定义和评价。同时，在实时人机交互中，交流氛围是动态变化的。

由于交流氛围的不确定性和模糊性，我们提出了氛围场（atmosfield）的概念，并用它来表示交流氛围。氛围场是氛围（atmosphere）与场（field）两个词的组合 [8]。氛围场与传统的电场、磁场一样，占据着空间并拥有一定的能量，这种能量在一定程度上影响着交流个体的情感状态。氛围场存在于空间之中，但看不见、摸不着，只能由人的内心感知。因此，氛围场是一种心理场，可以产生心理感觉来影响人类行为的过程和结果。由于氛围场的心理特性，很难像经典物理场一样去建立一个确切的数学模型，同时考虑到氛围场的不确定性和模糊性，我们将氛围场进一步定义为模糊氛围场（fuzzy atmosfield, FA）。

5.1.1　交流氛围场三维空间模型

认知科学一般分为定性分析和定量分析，其中定性分析是一种抽象概括性的描述，例如，开心、兴奋和恐惧就是对心理感受的一种抽象描述。一般来说，情感状态是连续的，因此需要定量地研究其变化，而认知空间作为一种研究认知科学的工具，可以有效地对情感状态进行定量分析。

多维空间可用于建立认知模型，包括二维空间、三维空间以及其他的高维空间 [9-11]。其中，三维空间便于观察，同时可以包含所有的心理状态，因此模糊氛围场可以用一个三维的空间模型来描述。然而，如何确定描述氛围场的三个坐标轴是要解决的首要问题。为此，我们做了一个针对 20 个不同场景（如婚礼仪式、市场、毕业典礼、博物馆和采访室等）的问卷调查来确定模糊氛围场的三个坐标轴 [12, 13]。其中，14 组与氛围相关的描述词包括和谐–不和谐 (harmonious-discordant)、快乐–悲伤 (joyful-sad)、灿烂–寻常 (splendid-ordinary)、友好–敌对 (friendly-hostile)、主动–被动 (active-passive)、放松–紧张 (relaxed-tense)、浪漫–乏味 (romantic-prosaic)、活跃–平静 (lively-calm)、热情–冷淡 (fervent-apathetic)、幽默–无趣 (humorous-dull)、入迷–厌恶 (enchanted-disgusted)、畅快–麻烦 (carefree-troubled)、随意–正式 (casual-formal)、宽容–偏狭 (tolerant-intolerant)，作为模糊氛围场的坐标轴待选属性，同时分别定义这 14 组氛围描述词为变量 $x_1, x_2, \cdots, x_{14}$，其中，$x_i \in (-1, 1)$，实验者需要根据自己在不同场合的感受来评价这 14 组变量。

为了选出与交流氛围最相关的三个变量描述词，本节利用基于最近邻分析的层次聚类方法 [14] 将 14 组变量划分为三个类别。图 5.1 是 14 组氛围属性描述词的层次聚类树状图，x_3、x_5 和 x_8 聚类为第一组；x_1、x_2、x_4、x_9、x_{11}、x_{12} 和 x_{14}
聚类为第二组；x_6、x_7、x_{10} 和 x_{13} 聚类为第三组。

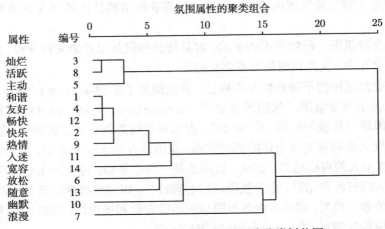

图 5.1   14 组氛围属性描述词的层次聚类树状图

这 14 组变量之间的皮尔逊相关系数 r_{ij} 如表 5.1 所示，i 和 j 是这 14 组变量
的编号。友好–敌对 (x_4) 代表交流者之间的人际关系；活跃–平静 (x_8) 代表交流者
的活跃程度；随意–正式 (x_{13}) 描述不同场合的目的，如随意的场合、正式的场合。
它们之间的相关系数，即 $r_{fr,li} = 0.162$、$r_{fr,ca} = 0.165$ 以及 $r_{li,ca} = 0.169$，表明这三
组变量之间的相关性很小。友好、活跃和随意等情感因素之间几乎完全独立，因此
将这三组变量定义为模糊氛围场的三个独立坐标轴。

表 5.1   14 组氛围变量间的皮尔逊相关系数

变量	x_1	x_2	x_3	x_4	x_5	x_6	x_7	x_8	x_9	x_{10}	x_{11}	x_{12}	x_{13}	x_{14}
x_1	1.0	0.92	0.26	0.97	0.27	0.51	0.47	0.16	0.93	0.34	0.86	0.96	0.19	0.73
x_2	0.92	1.00	0.33	0.91	0.35	0.53	0.49	0.22	0.88	0.47	0.85	0.96	0.24	0.82
x_3	0.26	0.33	1.00	0.26	0.93	0.26	-0.11	0.987	0.39	0.25	0.38	0.30	0.14	0.29
x_4	0.97	0.91	0.26	1.00	0.25	0.48	0.42	0.162	0.92	0.29	0.88	0.96	0.16	0.73
x_5	0.27	0.35	0.93	0.25	1.00	0.21	-0.08	0.901	0.36	0.21	0.35	0.29	0.09	0.36
x_6	0.51	0.53	0.26	0.48	0.21	1.00	0.63	0.241	0.60	0.80	0.51	0.58	0.86	0.44
x_7	0.47	0.49	-0.11	0.42	-0.08	0.63	1.00	-0.20	0.496	0.63	0.86	0.50	0.56	0.61
x_8	0.16	0.22	0.98	0.16	0.90	0.24	-0.20	1.00	0.292	0.21	0.86	0.20	0.16	0.17
x_9	0.93	0.88	0.39	0.92	0.36	0.60	0.49	0.29	1.000	0.43	0.86	0.94	0.25	0.71
x_{10}	0.34	0.47	0.25	0.29	0.21	0.80	0.63	0.21	0.433	1.00	0.86	0.45	0.79	0.49
x_{11}	0.86	0.85	0.38	0.88	0.35	0.51	0.50	0.28	0.821	0.36	1.00	0.87	0.28	0.82
x_{12}	0.96	0.96	0.30	0.96	0.29	0.58	0.50	0.20	0.946	0.45	0.81	1.00	0.26	0.78
x_{13}	0.19	0.24	0.14	0.16	0.09	0.86	0.56	0.16	0.258	0.79	0.28	0.26	1.00	0.24
x_{14}	0.73	0.82	0.29	0.73	0.36	0.44	0.61	0.17	0.711	0.49	0.82	0.78	0.24	1.00

就像任何颜色的光都由光的三原色混合而成一样，任何状态的交流氛围都可由模糊氛围场三组属性的线性组合表示，模糊氛围场的三维空间模型如图 5.2 所示。模糊氛围场三维空间的氛围场状态表示为

$$\mathrm{FA} = (a_{\mathrm{friendly}},\ a_{\mathrm{lively}},\ a_{\mathrm{casual}})\ \forall a_{\mathrm{friendly}},\ a_{\mathrm{lively}}, a_{\mathrm{casual}} \in [-1,\ 1] \tag{5.1}$$

式中，FA 是氛围场的实时状态；a_{friendly}、a_{lively} 和 a_{casual} 是三个坐标轴，即友好–敌对、活跃–平静和随意–正式的值。当三个坐标轴的值为 1 时，分别代表极度友好、极度活跃和极度随意；当三个坐标轴的值为 −1 时，分别代表极度敌意、极度平静和极度正式，模糊氛围场在坐标原点的值代表中性状态。

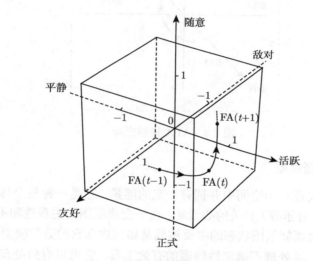

图 5.2 模糊氛围场的三维空间模型

5.1.2 情感状态的三维空间模型

在氛围场模型中，交流氛围是一个模糊且连续变化的变量，因而模糊逻辑可用于交流个体情感状态到模糊交流氛围的映射推理，从而实现对交流氛围场的识别。个体的情感状态由亲和–高兴–唤醒 (affinity-pleasure-arousal，APA)[15] 情感空间表示，它可以定性与定量地描述个体的情感状态。另外，它不仅可以表示情感状态，还能反映情感的连续变化。APA 情感空间如图 5.3 所示，三维情感空间与三维模糊氛围场空间存在一定的关联性，即三维坐标轴亲和和友好–敌对、愉悦–不愉悦和随意–正式以及唤醒–寂静和活跃–平静之间相互对应，例如，亲和表示交流者间的相互关系，愉悦–不愉悦表示喜爱程度，唤醒–寂静表示活跃程度。

为了实现 APA 情感空间到模糊氛围场三维空间的映射推理，需将 APA 情感空间坐标轴的取值范围归一化，即

$$E = (e_{\text{affinity}},\ e_{\text{pleasure}},\ e_{\text{arousal}}),\quad \forall e_{\text{affinity}},\ e_{\text{pleasure}}, e_{\text{arousal}} \in [-1,\ 1] \qquad (5.2)$$

式中，E 是情感状态；e_{affinity}、e_{pleasure} 和 e_{arousal} 分别是亲和、愉悦–不愉悦和唤醒–寂静坐标轴上的值。

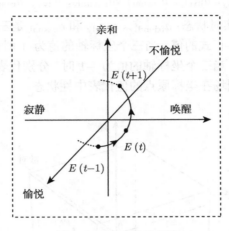

图 5.3　APA 情感空间

5.1.3　模糊氛围场模型

交流氛围不仅存在于空间中并拥有一定的能量，它是一种与个体情感状态和环境因素（如背景音乐等）有关的心理场。由于交流氛围的主观性和不确定性，个体情感状态转化为模糊氛围状态的主要挑战是如何建立它的数学模型。

模糊逻辑是一种处理不确定性问题的有效工具，它可以有效处理连续数据的模糊性问题 [16]。一般地，模糊逻辑可以用于以下几种情形：一个或多个变量是连续的；不存在具体的数学模型。模糊氛围的状态是一个连续的模糊变量，因此采用模糊推理并结合专家规则实现个体情感状态到模糊氛围场的映射推理，其过程如图 5.4 所示。首先，通过多模态情感识别和情感融合得到每个交流者的情感状态，并将其映射到 APA 情感空间；其次，采用专家规则和模糊推理方法建立 APA 情感空间和模糊氛围场之间的对应关系，实现所有交流个体情感状态的融合，进而完成从情感状态到模糊氛围场的识别。

在对交流氛围场建模之前，我们提出以下假设。

（1）模糊氛围场是由个体情感状态、多模态情感特征、环境因素（如背景音乐等）组成，其中个体情感状态、背景音乐情感状态可用 APA 情感空间描述。此外，假设个体之间的情感状态是相互独立的，即忽略情感状态之间相互耦合对氛围场的影响。

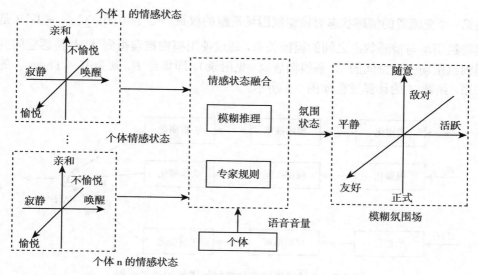

图 5.4　模糊氛围场模型

（2）模糊氛围场的变化是一个连续过程，它和情感状态类似是一个时间的函数。

（3）当没有新的影响氛围场状态变化的因素出现时，模糊氛围场的强度将会逐渐降低，但不会瞬间消失，而是随着时间的推移最终回到原点。

如上所述，模糊氛围场是一个连续且与时间相关的变量。在时刻 t，模糊氛围场的状态变化不仅与 $t-1$ 时刻的氛围场状态有关，还与交流者的当前情感状态有关。因此，模糊氛围场的计算公式定义为

$$\text{FA}(t) = \begin{cases} f(E_1(t), \cdots, E_n(t)), & t=1 \\ (1-\lambda)\text{FA}(t-1) \cdot \gamma + \lambda f(E_1(t), \cdots, E_n(t)), & t=2, 3, \cdots, m \end{cases} \tag{5.3}$$

式中，f 是所有个体情感状态 E_i 在时间 t 的函数；n 是交流个体的数量；γ 是单调递减函数，$0 \leqslant \gamma \leqslant 1$，如指数函数 $\exp(-kT)$，T 是采样周期；λ 是相关系数，$0 \leqslant \lambda \leqslant 1$。当 $t=0$ 时，FA 处于原点，即交流氛围初始状态。

1. 函数 f

考虑到不同个体的情感状态对模糊氛围场的贡献度不同，采用模糊逻辑和加权平均法构建函数 f：

$$f : \sum_{i=1}^{n} w_i \cdot \text{defuzzy}(E_i(t) \circ R), \quad i=1, 2, \cdots, n \tag{5.4}$$

式中，$E_i(t)$ 是 t 时刻第 i 个交流者情感状态的模糊集合；defuzzy是去模糊化；w_i

是第 i 个交流者的情感状态对模糊氛围场贡献的权重，$\forall w \in [0,1]$，$\sum\limits_{i=1}^{n} w_i = 1$；$R$ 是模糊氛围场与情感状态之间的模糊关系，通过使用模糊推理得到 APA 情感空间到模糊氛围场三维空间的 75 条模糊规则（见附录），即集合 R，其为 If $\cdots$ Then $\cdots$ 的关系。函数 f 的计算过程如图 5.5 所示。

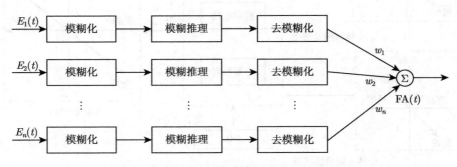

图 5.5　个体情感状态到模糊氛围场的计算流程

在 APA 情感空间中，亲和有 3 个标度，愉悦-不愉悦有 5 个标度，唤醒-寂静有 5 个标度。由图 5.6 可知，各标度采用均匀分布的隶属函数，其中每个属性

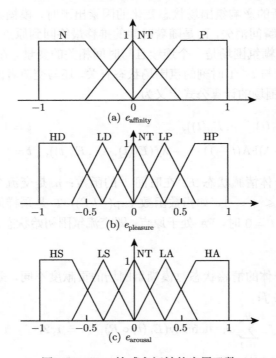

图 5.6　APA 情感空间轴的隶属函数

（即坐标轴）的范围为 -1~$+1$，采用 3 个语言值描述"亲和"，即 P(positive)、NT(neutral) 和 N(negative)；采用 5 个语言值描述"愉悦–不愉悦"，即 HP(high pleasure)、LP(low pleasure)、NT(neutral)、LD(low displeasure) 和 HD(high displeasure)；5 个语言值被用于描述"唤醒–寂静"，即 HA(high arousal)、LA(low arousal)、NT(neutral)、LS(low sleep) 和 HS(high sleep)。为了消除语言描述值中 -1 和 1 处输入值的模糊性，选用梯形隶属函数，而处于中间部分的语言描述值采用三角隶属函数。

模糊氛围场的 3 个属性（坐标轴）分为 7 个标度（如图 5.7 所示），且使用均匀分布的三角隶属函数，其中每个属性的范围为 -1~$+1$，采用 7 个语言值描述"友好–敌对"，即 EFR(extremely friendly)、VFR(very friendly)、FR(friendly)、NT(neutral)、H(hostile)、VH(very hostile) 和 EH(extremely hostile)；采用 7 个语言值描述"活跃–平静"，即 EL(extremely lively)、VL(very lively)、L(lively)、NT(neutral)、C(calm)、VC(very calm) 和 EC(extremely calm)；采用 7 个语言值描述"随意–正式"，即 ECA(extremely casual)、VCA(very casual)、CA(casual)、NT(neutral)、F(formal)、VF(very formal) 和 EF(extremely formal)。

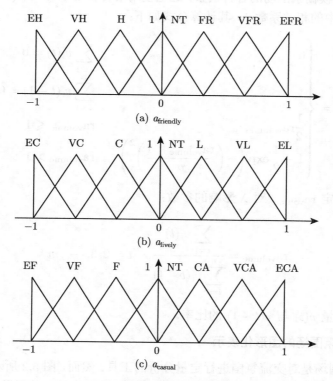

图 5.7　模糊氛围场坐标轴的隶属函数

含有 75 条模糊规则（见附录）的模糊推理系统可以实现 APA 情感空间亲和、愉悦–不愉悦和唤醒–寂静到模糊氛围场空间友好–敌对、活跃–平静和随意–正式的映射。

2. APA 情感空间在模糊氛围场中的权重计算

要确定个体情感状态对模糊氛围场贡献度的大小即权重，应考虑与情感和交流氛围相关的因素，如语音、面部表情、生理信号和手势等。其中，语音信息主要包括声音、词语和语言，声音可以在空间中传播，最容易被人所感知，是人们交流的主要方式 [17]，因此语音交流对模糊氛围场的影响非常重要。这里选择语音音量来计算情感状态对于模糊氛围场的权重。在时间 t，w_i 的计算公式为

$$w_i = \frac{v_i}{\sum\limits_{j=1}^{n} v_j}, \quad i = 1, 2, \cdots, n \tag{5.5}$$

式中，v 是个体的语音音量大小。如果 $\sum\limits_{j=1}^{n} v_j = 0$，那么 $w_i = 0, i = 1, 2, \cdots, n$。

考虑影响模糊氛围场的各种因素，这里使用语音音量 $v(t)$ 与 $v(t-1)$ 的比率来确定式 (5.3) 中的相关系数 λ，其计算公式如下：

$$\lambda = \begin{cases} 0, & \sum\limits_{i=1}^{n} v_i(t) = 0 \\ 1, & \sum\limits_{i=1}^{n} v_i(t-1) = 0 \\ \dfrac{1}{2}\mathrm{ra}_{\mathrm{volume}}, & \mathrm{ra}_{\mathrm{volume}} \leqslant 1 \\ 1 - \dfrac{1}{2}\exp\left(-\left(\dfrac{\mathrm{ra}_{\mathrm{volume}}-1}{\sigma}\right)^2\right), & \mathrm{ra}_{\mathrm{volume}} > 1 \end{cases} \tag{5.6}$$

式中，σ 是确定 $\mathrm{ra}_{\mathrm{volume}}$ 对 λ 影响的参数：

$$\mathrm{ra}_{\mathrm{volume}} = \frac{\sum\limits_{i=1}^{n} v_i(t)}{\sum\limits_{i=1}^{n} v_i(t-1)}, \quad t = 2, 3, \cdots, m \tag{5.7}$$

$\mathrm{ra}_{\mathrm{volume}}$ 是音量 $v(t)$ 与 $v(t-1)$ 的比率。

5.1.4　模糊氛围场的图形化表示

模糊氛围场是对交流氛围进行定量分析的工具。然而，图 5.2 所示的模糊氛围场空间不易于人们的观察和理解。与坐标轴相比，图形化是一种视觉呈现，更易于

被人理解和感知。在交流氛围场的图形化表示中，本节采用 3 种图形元素，即几何形状、颜色和长度，分别表示友好–敌对、活跃–平静和随意–正式坐标轴。

1. 几何形状表示友好–敌对轴

在日常生活中，几何形状随处可见。研究表明，几何形状与情感之间有一定的联系 [18]，例如，不稳定的几何形状会让人产生消极的情绪。此外，手势作为一种表达情感的非语言交流形式，已经成功应用于情感识别中 [19]，这表明手势与情感之间存在关联。

在常用的手势中有两种手势，即"双臂弯曲放在头上"和"双手挡在胸前"，用来表达"友好"和"敌意"的状态，如图 5.8 所示。将这两种手势进一步转化为几何形状，即圆形表示"友好"和十字形表示"敌意"。

(a) 表示友好的手势 (b) 表示敌对的手势

图 5.8　与友好和敌对相关的两种手势

因此，这里采用圆形、十字形以及由圆形变成十字形过程中的其他形状表示友好–敌对轴上的值，例如，圆形代表"非常友好"，即值为 1；四边形表示中性状态，即值为 0；十字形代表"非常敌对"，即值为 −1。当值由 1 减小到 0 时，圆形逐渐变为四边形，当值由 0 减小到 −1 时，四边形逐渐变为十字形，如图 5.9 所示。

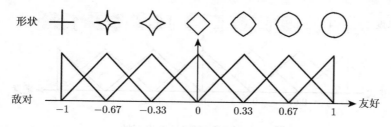

图 5.9　友好–敌对形状坐标轴

2. 颜色表示活跃–平静轴

颜色是人类生活中的一个重要组成部分，不仅使世界更具吸引力，对人类的情感也有很强的影响力[20]。在心理学领域，不同的颜色与不同的情感有关，如红色代表活泼或温暖、紫色代表平静和冷淡。此外，颜色情感被定义为由颜色引起的人的情感变化[21]。

基于颜色情感，这里使用各种颜色表示活跃–平静轴。例如，红色表示"极其活泼"，即值为 1；紫色表示"极其平静"，即值为 −1。在红色（1）和紫色（−1）之间，使用颜色棒来表示活跃–平静轴上的值。当数值由 1 变到 0 时，颜色逐渐从红色变为橙色（即"非常活跃"的状态）、黄色（即"活跃"的状态）和绿色（即"中性"的状态）。当数值由 0 变到 −1 时，颜色逐渐由绿色变为蓝色（即"平静"的状态）、靛蓝（即"非常平静"的状态）和紫色，如图 5.10 所示。

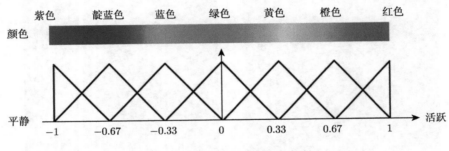

图 5.10　活跃–平静颜色坐标轴

3. 长度表示随意–正式轴

形状和颜色从两个维度描述氛围场，这里采用长度来表示随意–正式轴，从而实现模糊氛围场的三维图形显示，如图 5.11 所示。最大长度代表值为 1，即"极其随意"，中等长度代表值为 0，即"中性状态"，最小长度代表值为 −1，即"极其正式"。

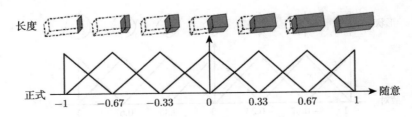

图 5.11　随意–正式长度坐标轴

5.2 基于模糊层次分析的氛围场模型

模糊氛围场模型是一种定量描述人机交互氛围的有效工具, 5.1 节在确定个体情感状态影响交流氛围场权重大小时只考虑了个体语音音量大小, 没有根据实时人机交流状态动态调整权重大小, 同时没有考虑如背景音乐等其他因素对交流氛围的影响。

5.2.1 人机交互氛围的模糊层次分析

为了确定交流个体影响交流氛围场的权重大小, 与情感相关的因素应该考虑到氛围场建模中, 如语音、面部表情和身体姿势等。

在人机交互中, 说话是交流沟通最重要的一种方式, 其附带的情感也是容易被人感知的。因此, 本节主要关注语言在氛围场中的呈现, 其中语音是其关键组成部分。在语音中, 四种语音特征, 即音量、语速、音高[22] 和持续时间, 与交流氛围有着密切的联系, 因此选取这四种语音特征作为权重计算的变量。为了说明这四种语音特征对于氛围场建模的重要性, 下面简单介绍它们与交流氛围之间的关系。

关于音量, 高的音量相对于低的音量让人感觉更愉快、精力充沛、紧张。关于语速, 快速语音相比慢速语音具有更大的能量, 但给人一种负面的感觉。关于音高, 音调高时往往伴随着更多的愉悦。关于持续时间, 长的语音比短的语音拥有更多的能量。一般来说, 语音速度快、音量大、音调高、持续时间长对氛围场的影响更明显。例如, 大声说话的人通常更加活泼, 对交流氛围的影响相对较大。

音量、语速、音高和持续时间对氛围场的影响是模糊和不确定的, 这使得难以通过确切的数学公式来确定权重 w_i。因此, 这里采用模糊层次分析 (fuzzy analytic hierarchy process, FAHP) 法[23, 24] 来分析语音对交流氛围的影响程度, 其权重计算分为以下三个步骤。

Step 1: 构建氛围场的层次模型, 采用九点尺度方法构建模糊判断矩阵。

Step 2: 进行模糊判断矩阵的一致性检查。计算每个影响因素以及交流个体相对氛围场的初始权重。

Step 3: 利用语音特征的实时值, 即音量、语速、音高和持续时间, 进行权重的动态计算。

1. 交流氛围层次模型

在多人与多机器人的人机交互中, 交流氛围的层次模型可以通过三层结构表示, 如图 5.12 所示, 包括目标层 (交流氛围层)、情感状态层和影响因素层。情感状态层包括人和机器人的情感状态。影响因素层包括音量、语速、音高和持续时间, 这些影响因素可以反映人和机器人的情感状态对整体交流氛围的影响。

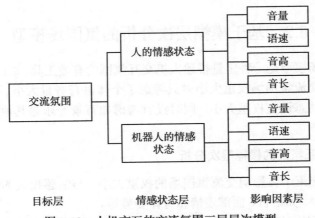

图 5.12   人机交互的交流氛围三层层次模型

2. 基于交流氛围层次模型的模糊判断矩阵

基于交流氛围层次模型的模糊判断矩阵定义为

$$R = \begin{bmatrix} r_{11} & r_{12} & \cdots & r_{1n} \\ r_{21} & r_{22} & \cdots & r_{2n} \\ \vdots & \vdots & & \vdots \\ r_{n1} & r_{n2} & \cdots & r_{nn} \end{bmatrix} \tag{5.8}$$

式中, r_{ij} 表示元素之间的相对重要程度, 即元素 a_i 比元素 a_j 更重要的程度, $r_{ij} \in [0, 1]$。九点尺度方法用于表示 r, 如表 5.2 所示。

表 5.2   九点尺度方法

度量	定义	描述
0.5	相同的	元素 a_i 和元素 a_j 一样重要
0.6	适当的	元素 a_i 比元素 a_j 更重要
0.7	强烈的	元素 a_i 比元素 a_j 强烈重要
0.8	非常强烈的	元素 a_i 比元素 a_j 非常强烈重要
0.9	极其的	元素 a_i 比元素 a_j 极其重要
0.1, 0.2, 0.3, 0.4	与 0.9、0.8、0.7、0.6 相反的	如果 $r_{ij} \in \{0.6, 0.7, 0.8, 0.9\}$, 那么 $r_{ji} = 1 - r_{ij}$

模糊判断矩阵的一致性检查非常重要, 因为它反映了人主观判断的一致性, 其中必须满足如下条件。

(1) $r_{ii} = 0.5, i = 1, 2, \cdots, n$。

(2) $r_{ij} = 1 - r_{ji}, i, j = 1, 2, \cdots, n$。

(3) $r_{ii} = r_{ik} - r_{jk} + 0.5, i, j, k = 1, 2, \cdots, n$。

如果验证了模糊判断矩阵的一致性，则

$$r_{ij} = a(w_i - w_j) + 0.5 \tag{5.9}$$

式中，a 是元素 a_i 和 a_j 之间的重要性差异的度量，$a \geqslant \dfrac{n-1}{2}$。如果 a 较小，则反映决策者更加重视元素之间的重要性差异[25]。

式（5.9）可以转化为

$$w_j = \frac{1}{a}(0.5 - r_{ij}) + w_i \tag{5.10}$$

同时 $\sum_{i=1}^{n} w_i = 1$，且

$$w_i = \frac{1}{n} - \frac{1}{2a} + \frac{1}{na}\sum_{j=1}^{n} r_{ij} \tag{5.11}$$

5.2.2 权重动态调整

人与机器人在交流氛围场中情感状态的初始权重以及情感状态影响因素的初始权重可以由式 (5.11) 计算得到。在实时人机交互中，个体的情感状态及其对交流氛围场的影响程度不断变化，因而交流氛围场是动态变化的。因此，有必要根据实时影响因素动态调整权重，使得模糊氛围场模型可以准确反映整体交流氛围。

人和机器人的动态权重计算取决于影响因素的实时值与其标准值之间的比例，个体的动态权重由式 (5.12) 计算得到，即

$$w_t^k = \sum_{i=1}^{4} w_{\text{IF}}^i \frac{x_t^i}{x^i} \tag{5.12}$$

式中，x^i 是第 i 个影响因子的标准值；x_t^i 表示时间 t 的第 i 个影响因子的实时值；w_{IF}^i 是通过式 (5.11) 计算得到的第 i 个影响因子对氛围场的初始权重；w_t^k 表示在时间 t 的模糊氛围场模型上的第 k 个人或机器人的权重。

在计算人与机器人情感状态的权重后，要进行权重标准化，即

$$\widetilde{w}_t^k = \frac{w_t^k}{\sum_{k=1}^{N_1} w_t^k + \sum_{k=1}^{N_2} w_t^k} \tag{5.13}$$

式中，N_1 和 N_2 分别是人和机器人的数量，且 $\sum_{k=1}^{N_1+N_2} \widetilde{w}_t^k = 1$。

只有当计算的权重累积到一定比例之后才进行权重更新，以避免噪声数据和其他干扰。定义 W_t 是所有人和机器人在时间 t 的权重集，C_a^m 是权重集的类别，其中 $a = 1, 2, \cdots, A, m = 1, 2, \cdots, M$。$a$ 表示类别，m 表示类别中包含的样本数。

假设在时间 t_1，计算的权重集合为 W_1，第一类别中的第一个样本是 C_1^1，$C_1^1 = W_1$。然后，基于时间 t_2 的实时数据，求出权重集 W_2。接下来，计算 C_1^1 和 W_2 之间的平均偏差和最大偏差为

$$\text{ave}\, E_w = \frac{\sum_{k=1}^{N_1+N_2} \left| \widetilde{w}_{t_2}^k - \widetilde{w}_{t_1}^k \right|}{N_1 + N_2} \tag{5.14}$$

$$\max E_w = \max \left| \widetilde{w}_{t_2}^k - \widetilde{w}_{t_1}^k \right| \tag{5.15}$$

如果 $\text{ave}\, E_w > \alpha$ 或者 $\max E_w > \beta$，表示 W_2 与 C_1^1 结果不一致，则设置 W_2 为新类别，即 C_2^1，且 $C_2^1 = W_2$；相反地，如果 W_2 与 C_1^1 一致，则将 W_2 作为新样本 C_1^2 添加到第一类别，且

$$C_1^2 = (C_1^1 + W_2)/2 = (W_1 + W_2)/2 \tag{5.16}$$

将实时计算的权重与之前权重反复比较，如图 5.13 所示。当类别中的样本数达到阈值 γ 时，将该类别的最后一个权重样本调整为最终权重。因此，通过控制 α、β、γ 的阈值可以实现权重的动态调整。

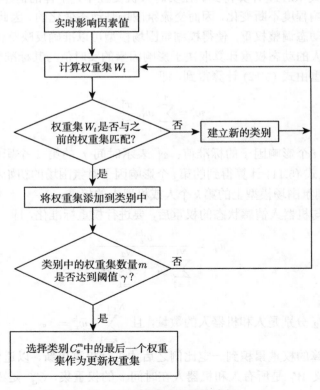

图 5.13　权重动态调整过程

5.2.3 人机交互氛围场权重计算实例

交流氛围场的三层层次模型可以简化交流氛围场与个体情感状态之间的关系。为了构建模糊一致判断矩阵，采用基于主观评价的九点尺度方法。在对模糊判断矩阵的一致性进行检验后，模糊一致判断矩阵构建为

$$
\text{CA:} \begin{bmatrix} 0.5 & 0.6 \\ 0.4 & 0.5 \end{bmatrix}, \quad
E_1: \begin{bmatrix} 0.5 & 0.7 & 0.8 & 0.6 \\ 0.3 & 0.5 & 0.6 & 0.4 \\ 0.2 & 0.4 & 0.5 & 0.3 \\ 0.4 & 0.6 & 0.7 & 0.5 \end{bmatrix}, \quad
E_2: \begin{bmatrix} 0.5 & 0.7 & 0.8 & 0.6 \\ 0.3 & 0.5 & 0.6 & 0.4 \\ 0.2 & 0.4 & 0.5 & 0.3 \\ 0.4 & 0.6 & 0.7 & 0.5 \end{bmatrix}
$$

$$
\text{CA:} [W_{E_1}, W_{E_2}] = [0.55, 0.45]
$$
$$
E_1: [W_1, W_2, W_3, W_4] = [0.35, 0.217, 0.15, 0.283]
$$
$$
E_2: [W_1, W_2, W_3, W_4] = [0.35, 0.217, 0.15, 0.283]
$$

情感状态的权重以及影响因素的权重由式 (5.12) 计算得到，其中 a 对于 CA（交流氛围）设置为 1，对于 E_1（人的情感状态）和 E_2（机器人的情感状态）设置为 1.5。

基于上述结果，获得人和机器人在交流氛围场中的初始权重，并计算得到各影响因素的初始权重，如表 5.3 所示。

表 5.3 模糊氛围场模型中的影响因素权重

情绪状态	影响因素	权重
	音量	0.21
人 (0.6)	语速	0.0868
	音高	0.0868
	音长	0.68
	音量	0.21
机器人 (0.4)	语速	0.0868
	音高	0.0868
	音长	0.68

5.2.4 人机交互氛围场实验

1. 实验环境和情景设计

Mascot 机器人系统（Mascot robot system，MRS）[3] 不仅是一个典型的多人与多机器人交互系统，也是一个人机交互实时信息显示终端。为了验证交流氛围场模型的有效性，本节设计了一个在家庭聚会场合下基于 MRS 的人机交互实验。由图 5.14 可知，该实验场景包括 4 名实验者（1 名女性和 3 名男性，年龄为 25~30 周岁），5 台眼球机器人（1 台是移动眼球机器人，另外 4 台眼球机器人分别放置在电

视、飞镖游戏盘、信息终端和迷你酒吧上）。每个眼球机器人都配备有眼睛的机械结构和笔记本电脑，可以实现语音、面部表情和手势的情感识别、多模态情感融合以及眼球机器人的情感表达。在实验中，MRS 系统可以实现眼球机器人之间的实时通信，并通过多模态情感特征信息和情感识别结果实时显示交流氛围场状态。

图 5.14　家居环境下的 MRS 系统

家庭聚会情景包含 6 个子情景，即情景 1"在门口迎接客人"、情景 2"在迷你酒吧喝酒"、情景 3"玩飞镖"、情景 4"看电视"、情景 5"查询火车时间表"、情景 6"在门口和客人告别"。每个子情景都有人与机器人之间的对话，图 5.15 展示了情景 5 的照片和对话内容，其中对话发生在主人、访客 1、访客 2 和移动眼球机器人之间。

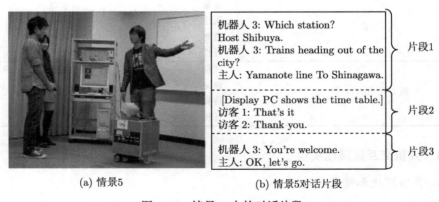

(a) 情景5　　　　　　　　　(b) 情景5对话片段

图 5.15　情景 5 中的对话片段

2. 人和眼球机器人的情感状态

家庭聚会环境下的模糊氛围场建模，首要任务是人的情感识别和眼球机器人情感状态的合成。情感状态主要有六种基本情感，即高兴、惊讶、恐惧、愤怒、沮丧和悲伤。眼球机器人的情感状态由情感合成系统生成，其中每个眼球机器人能够使用眼睑和眼球的运动来表达情绪，而眼睑和眼球的运动是由眼球机器人在 APA 情感空间中的情感状态决定的。

3. 实验结果

在模糊氛围场模型中，参数是依据经验设定的，例如，当所有的情感状态接近 0 时，式（5.3）中的 $\gamma = \exp(0.1T)$，否则 $\gamma = 1$，式（5.6）中的 $\sigma = 2$。采样时间则根据实验中交流的节奏而定，这里设定 $T = 6s$。相应地，MRS 系统采样多模态情感特征信息和交流者情感状态的周期为 6s，从而满足模糊氛围场的计算需求。家庭聚会情景的交流氛围在模糊氛围场三维空间中的状态如图 5.16 所示。

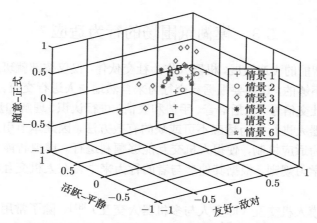

图 5.16 家庭聚会中 6 个情景的氛围场状态

图 5.17 展示了情景 5 中的三种模糊氛围场状态，图像右上角显示了实时计算的模糊氛围场图形化状态。相比图 5.16 中模糊氛围场的状态由三维空间中的点表示，图 5.17 中形状–颜色–长度的图形化表示更加可视化和富有表现力，能帮助人们更容易地理解模糊氛围场的状态和实时变化。

(a) FA(0.1,0.2,−0.3)   (b) FA(0.5,0.6,0.3)

(c) FA(0.3,0.5,0.3)

图 5.17　情景 5 中的交流场景和氛围场状态

5.3　模糊氛围场的行为适应

随着人工智能的飞速发展，机器人作为社交伙伴，仅仅按部就班地去执行用户的指示是远远不够的，还需要根据社交行为来自然地与人进行交流。因此，机器人需要对人类的社交信号（包括语音、手势和表情）进行认识、理解和反应 [26-29]。而强化学习是机器人进行行为适应不可或缺的有效方法，因此本节引入了一种基于强化学习的行为适应机制，使得人机交互能够顺利进行。虚拟智能体通过计算机网络中的强化学习规则，根据其他参与者的行为来学习在人机交互中应该如何表现 [30]。

对于大规模人机交互（即多人与多机器人交互）[31]，除了常用的一些影响因素，如语音、手势和表情等 [32]，人机交互中还引入了另一个非常重要的信息，即交流氛围场。在大多数研究中，主要解决语音、手势和表情，未考虑过人机交互过程中所营造出来的氛围。交流氛围场是根据语音、手势和表情综合分析产生的，如何使用这种多模态信息来进行机器人的行为适应，对于人机交互是至关重要的，这也是人机交互的新挑战。

5.3.1　基于模糊产生式规则的友好 Q 学习行为适应机制

友好 Q 学习 (friend-Q learning)[33] 在实际应用中遇到了很大的挑战，一个是处理意外情况的困难，另一个是状态空间维度巨大的问题。具体来说，友好 Q 学习方法的状态空间是离散的，不能代表两个连续状态之间的情况。众所周知，模糊逻辑可以成功应用于不确定的机器人控制，离散算法也可以通过模糊逻辑推广到连续状态空间。因此，使用基于模糊逻辑的友好 Q 学习状态空间可以包含所有的连续状态而不是有限的离散状态，同时也可以观察到交流氛围的连续变化，还可以识别学习值与目标值之间的最小欧氏距离，这使得机器人的交流氛围与人的交流氛围更加相似。引入基于模糊产生式规则的友好 Q 学习（fuzzy production rule based friend-Q learning，FPRFQ）[34] 来处理不确定性和连续过程，友好 Q 学习中的离散查询 Q 表被模糊产生式规则所取代，在模糊氛围场 [35] 中描述的交流氛围信息被用作奖励功能的输入，奖励随着人的交流氛围和机器人的交流氛围之间欧氏距离的增加而降低。然后，每个机器人通过动态地调整最大化奖励来评价机器人的行为。

Q 学习算法在行为 a 处于状态 s 时估算 $Q(s,a)$ 值，并通过最大化奖励找到最优策略。类似地，友好 Q 学习在状态 s 中采用机器人 i 的行为 a_i 来估计 $\mathrm{FQ}(s,a_i)$ 值，并将 $\mathrm{FQ}(s,a_i)$ 定义为

$$\mathrm{FQ}_{k+1}(s,a_i) = (1-\alpha_k)\mathrm{FQ}_k(s,a_i) + \alpha_k[r_{k+1} + \gamma V_k(s')] \tag{5.17}$$

式中，i 是机器人的数量；a_i 是机器人 i 在状态 s 下的选择性行为；$\mathrm{FQ}(s,a_i) \in \mathbb{R}$ 是最佳 Q 值的第 k 个估计值；r_{k+1} 是奖励；$\alpha_k \in [0,1]$ 是学习率，参数 $\gamma \in [0,1]$；$V_k(s') = \max \mathrm{FQ}_k(s',a'_i)$，表示下一个 s 状态所有可能行为的最大 Q 值；a'_i 是机器人下一个状态 s' 的可能行为，实验中有 125 种氛围状态和 25 种情感行为。

对于离散过程，Q 值列在 Q 表中，每一项表示状态行为集。对于连续过程，学习变得更加困难，因为很难在 Q 表中列出所有连续值。基于模糊产生式规则的友好 Q 学习是连续过程中友好 Q 学习的扩展，其中 Q 表被模糊产生式规则所替代，如图 5.18 所示。

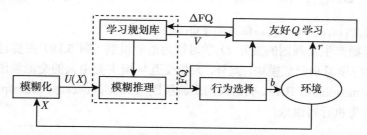

图 5.18 基于模糊产生式规则的友好 Q 学习

图 5.18 中的基于模糊产生式规则的友好 Q 学习主要步骤如下。

Step 1：通过使用三角形和梯形的隶属函数的试错法来完成每个输入 X 的模糊化，如交流氛围状态。

Step 2：模糊推理的"If-Then"模糊产生式规则是通过观察状态与行为之间的关系而设计的，T-S 模糊规则为

$$\begin{aligned} R_i &: \text{If } X = S_i \\ &\text{Then } \mathrm{RB}_j = \{\text{behavior}_{kj} \text{ with } \mathrm{FQ}_{kj}\} \end{aligned} \tag{5.18}$$

式中，i 是学习规则的数量；X 是输入变量；S_i 是模糊状态；RB_j 是第 j 个机器人的行为集；behavior_{kj} 是第 j 个机器人的第 k 个可能行为；FQ_{ki} 是指对于每个 $\text{behavior}_{ki}, Q \in \mathbb{R}$ 都是确定的。

Step 3：每个机器人选择行为 b。机器人必须在选择学习规则中找到最佳行为。为了得到一组可能的行为，每个机器人的行为通常由玻尔兹曼函数产生，该函数计算出每个行为的可能性。由于玻尔兹曼函数是随机探索，要得到最佳行为将会耗费大量时间。因此，引入基于玻尔兹曼函数的附近探索，用于行为选择，即下一个可能的行为与之前的行为相关联，而不是所有 25 种情感行为。例如，如果以前的行为是愤怒行为，则下一个可能的行为是厌恶行为、恐惧行为或惊喜行为，选择行为的可能性取决于 Q 值的大小。如果其中一个 Q 值高得多，则相应的行为最有可能被采用。概率定义为

$$p(s, a_i) = \frac{e^{\frac{\max\limits_{a_i} Q(s, a_i)}{T}}}{\sum\limits_{i=1}^{n} e^{\frac{Q(s, a_i)}{T}}} \tag{5.19}$$

式中，$p(s, a_i) \in [0, 1]$ 是在状态 s 中选择行为 a_i 的概率；$T \in \mathbb{R}^+$ 是温度参数，随着时间的减少而减少探索；n 是可能的行为种类。

Step 4：根据机器人的行为适应权重计算的奖励，通过使用模糊友好 Q 学习（friend-Q learning, FQ）更新学习规则库中的 Q 值，将 Q 值的更新函数定义为

$$\Delta \text{FQ}_{k+1}(s, a_i) = \alpha_k [r_{k+1} - \text{FQ}_k(s, a_i) + \gamma \max_{a'_i} \text{FQ}_k(s, a_i)] \tag{5.20}$$

式中，$\Delta \text{FQ}_{k+1}(s, a_i) = \text{FQ}_{k+1}(s, a_i) - \text{FQ}_k(s, a_i)$。

基于模糊产生式规则的友好 Q 学习行为适应机制（图 5.19）主要包括模糊分类、行为适应学习和记忆模块。此外，人机交互环境主要由人的交流氛围（human-generated atmosphere，HA）、机器人的交流氛围（robot-generated atmosphere，RA）和机器人行为执行器组成。

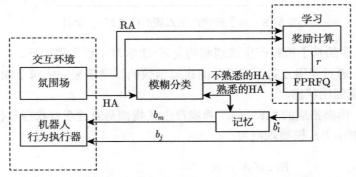

图 5.19　基于模糊产生式规则的友好 Q 学习行为适应机制

模糊分类模块用于通过使用模糊语言变量熟悉和不熟悉来区分人的交流氛围。

学习模块用于适应不熟悉人的交流氛围，在学习过程之后，最佳的适应行为 $b_l{}^*$ 将被记录在存储器模块中。人机交互环境中，人的交流氛围和机器人的交流氛围用来计算奖励。学习模块的输出是学习行为 b_l。针对熟悉人的交流氛围，从记忆模块中选择每个机器人的自适应行为 b_m。

5.3.2 基于合作–中立–竞争的友好 Q 学习行为适应机制

多智能体强化学习在多人交流中得到广泛的研究。随机对策（stochastic games，SG）或马尔可夫对策通过使用马尔可夫决策过程（Markov decision process，MDP）[36] 建模状态转换，将单态矩阵游戏（matrix game，MG）扩展到多状态矩阵游戏。在 SG 框架下，Hu 和 William 将 minmax-Q 学习算法扩展为零和策略 [37] 到一般和策略，并为一些约束对策提出了一种 Nash Q[38] 学习算法。多重均衡使用了一种友好 Q 学习 [33] 方法。另外，为了处理机器人应用环境不确定性和更大的状态空间，将模糊逻辑与离散 Q 学习进行融合 [39] 以便将其推广到连续状态空间。

基于模糊产生式规则的友好 Q 学习主要解决人机交互中的合作问题，即所有的智能体都是朋友关系。而在现实生活中，除了朋友关系之外，还有其他更为复杂的关系，如敌人和中立。基于合作–中立–竞争的友好 Q 学习 (cooperative-neutral-competitive friend-Q learning，CNCFQ) 可以用于解决朋友、敌人和中立三者并存的人机复杂交互，它是基于模糊产生式规则的友好 Q 学习的扩展，如图 5.20 所示。

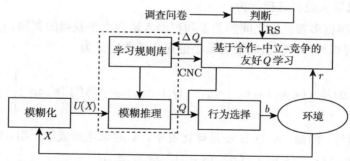

图 5.20　基于合作–中立–竞争的友好 Q 学习

图 5.20 中，基于合作–中立–竞争的友好 Q 学习主要步骤如下。

Step 1：通过问卷调查表获得智能体之间的关系，即朋友、中立或敌人（例如，当观看足球比赛时，提问"你支持哪个队？A 或 B"）。

Step 2：选择规则包括模糊化和模糊推理。模糊化是将每个输入 X 的真实标量（如交流氛围场状态）改变为模糊值 $U(X)$ 的过程。隶属度函数是三角形函数，

选择过程是通过重复实验完成的。因此，"If-Then" 模糊产生式规则就是基于通过试错法设计的 T-S 模糊器，表示为

$$R_{ij} : \text{If} \quad U(X) = S_I$$
$$\text{Then} \quad \text{RB}_{kj} = \{\text{behavior}_{lk} \text{ with } Q_{lk}\} \tag{5.21}$$

式中，i 是学习规则数；j 是组号；$U(X)$ 是输入变量的模糊化；S_i 是模糊状态；RB_{kj} 是第 j 组中第 k 个机器人的行为集；behavior_{lk} 是第 k 个机器人的第 l 个可能的行为。

　　Step 3：每个机器人必须从学习规则中获取最佳行为 b。通常，每个机器人的行为是通过探索/利用策略生成的，如贪心算法[40] 和玻尔兹曼函数等。玻尔兹曼探测被广泛使用，可以通过调整参数（即温度）来覆盖贪心算法的情况，因此玻尔兹曼函数用于行为产生。玻尔兹曼探索是基于机器人行为频率与其平均奖励成正比的原则，追求的关键思想是在行为上保持明确的概率分布，并直接在 Q 值的概率分布空间中进行搜索。如果其中一个 Q 值高得多，则相应的行为最有可能被采用。概率定义为

$$p(s, a_i) = \frac{\mathrm{e}^{\max_{a_i} Q(s, a_i)}}{\sum\limits_{i=1}^{n} \mathrm{e}^{\frac{Q(s, a_i)}{T}}} \tag{5.22}$$

式中，$p(s, a_i) \in [0, 1]$ 是在状态 s 中选择行为 a_i 的概率；n 是状态 s 可能的行为数量；$T \in \mathbb{R}^+$ 是温度参数，当 $T = 0$ 时，玻尔兹曼探测就像贪心算法一样，随着 T 趋于无穷，机器人随机选择行为。

　　Step 4：根据多智能体之间的关系和机器人适应水平获得的奖励，Q 值被计算并更新到学习规则库。Q 值的最大最小值更新函数定义为

$$\Delta Q_{k+1}^j(s, a_{ij}) = \alpha_k \left[r_{k+1}^j - Q_k^j(s, a_{ij}) + \gamma \underset{a'_{ij}}{\mathrm{CNC}_k^j}(s', a_{ij}') \right] \tag{5.23}$$

式中，j 是组号，例如，A 与 B 在足球比赛中，A 的球迷形成第一组，B 的球迷组成第二组，而 $\Delta Q_{k+1}^j(s, a_{ij}) = Q_{k+1}^j(s, a_{ij}) - Q_k^j(s, a_{ij})$。

　　更具体地说，对于不同的关系即朋友、敌人或中立，其功能是不同的，如果多智能体之间的关系是朋友或中立的，它们都在同一组 $j = 1$ 中，且 Q 值定义为

$$\Delta Q_{k+1}(s, a_i) = \alpha_k \left[r_{k+1} - Q_k(s, a_{ij}) + \gamma \max_{a'_i} Q(s', a_{ij}') \right] \tag{5.24}$$

　　如果多智能体之间的关系是敌人，则分为两组，即 $j = 1, 2$，有

$$\Delta Q_{k+1}^1(s,a_{i1},a_{i2}) = \alpha_k \left[r_{k+1}^1 - Q_k^1(s,a_{i1},a_{i2}) + \gamma \max_{a'_{i1} \in \mathrm{RB}_{i1}} \min_{a'_{i2} \in \mathrm{RB}_{i2}} Q(s',a'_{i1},a'_{i2}) \right]$$

$$\Delta Q_{k+1}^2(s,a_{i1},a_{i2}) = \alpha_k \left[r_{k+1}^2 - Q_k^2(s,a_{i1},a_{i2}) + \gamma \max_{a'_{i2} \in \mathrm{RB}_{i2}} \min_{a'_{i1} \in \mathrm{RB}_{i1}} Q(s',a'_{i1},a'_{i2}) \right]$$

$$\tag{5.25}$$

式中，RB_{i1} 和 RB_{i2} 分别是第一组和第二组第 i 个机器人的行为集。

根据模糊氛围场所代表的局部–全局交流氛围 [41] 和基于合作–中立–竞争的友好 Q 学习，提出了基于合作–中立–竞争的友好 Q 学习行为适应机制，如图 5.21 所示，它反映出在认知和强化学习中行为执行与环境的关系。基本思想是，该行为适应机制可以支持复杂的交互（如合作、中立和竞争混合人机交互），其中不是只有全局交流氛围存在，同时也存在局部交流氛围。它主要包括三个模块，即模糊分类、行为适应学习和记忆。此外，人机交互的环境信息主要包括局部–全局交流氛围，即人的局部/全局交流氛围 (local/global human-generated atmosphere，LHA/GHA) 和机器人的局部/全局交流氛围 (local/global robot-generated atmosphere，LRA/GRA)。

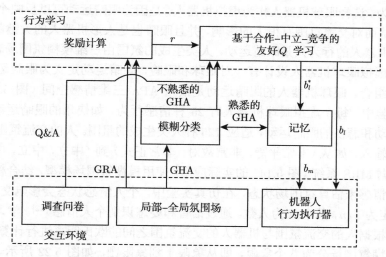

图 5.21 基于合作–中立–竞争的友好 Q 学习行为适应机制

模糊分类模块用于通过模糊语言变量熟悉和不熟悉来区分人的全局交流氛围。

学习模块由奖励计算和合作–中立–竞争友好 Q 学习方法组成。人的全局交流氛围和机器人的全局交流氛围用作输入。在学习过程结束后，机器人行为执行器获取学习行为 b_l，记忆模块记录最佳适应行为 $b_l{}^*$。在熟悉人的全局交流氛围的情况下，从记忆模块中选择每个机器人的自适应行为 b_m。该行为适应机制根据不同人的全局交流氛围调整策略，即如果人的全局交流氛围熟悉，则通过记忆模块来适应，否则通过学习模块进行学习。

5.3.3　模糊氛围场的行为适应实验

多机器人行为适应实验一主要是验证基于模糊产生式规则的友好 Q 学习行为适应机制，多机器人行为适应实验二主要是验证基于合作–中立–竞争的友好 Q 学习行为适应机制。

1. 多机器人行为适应实验一

自主机器人不仅与人类在外形上一样，还要求会像人一样思考问题，这意味着人与机器人实现顺畅交流是非常必要的。在实际应用中，人与机器人之间的顺畅交流并不容易实现，且考虑到机器人运动机理的复杂性，首先需要进行仿真实验，这样不仅可以反复运行实验，同时简化了机器人的行为适应机制，也可以模拟现实生活中很少经历的一些交流氛围。

为验证基于模糊产生式规则的友好 Q 学习行为适应机制，采用 MATLAB 创建一个虚拟环境，模拟多机器人和多人之间的交互，其中包括两个虚拟眼球机器人和人类生成的氛围。两个机器人是多机器人的典型案例，每个机器人可以同时执行不同的行为。选择眼球机器人作为虚拟机器人，是因为眼睛运动可以反映个人的内在情感，从而对交流氛围有很大的影响，并且眼睛也是人形机器人的关键部分。在实验中，机器人的行为只是眼睛运动，人类生成的氛围由三维模糊氛围场表示。

每个虚拟眼球机器人设计有一对眼球和眼睑，眼睛运动定义为眼睑运动和眼球运动的组合。眼球机器人的眼睛运动是根据 APA 三维情感空间（图 5.3）确定的。在实验中，每个虚拟眼球机器人有 25 种情感行为，如快乐的眼睛运动、惊奇的眼睛运动和悲伤的眼睛运动，适应 125 种人类生成的氛围。人的交流氛围作为仿真实验的输入，如从（非常平静，非常敌对，非常正式）到（中立，中立，中立）的输入。根据 MRS 系统（图 5.14）的实际应用，使用模糊氛围场模型，结合模糊逻辑融合个人情感来估算氛围场状态，在仿真实验中，个人情感状态会影响交流氛围，即 w_i 设定为 $1/n$，其中 n 为人数。通过语音和姿态识别个人情感 [42]。学习过程中的奖励是根据人的交流氛围与机器人的交流氛围之间的欧氏距离进行计算的。

将模糊氛围场分为八个象限，即从象限 I 到象限 Ⅷ，如图 5.22 所示。每个象限都可以是熟悉的或不熟悉的氛围。

在实验中，仿真实验证实了每个虚拟眼球机器人的眼睛运动（动态调整）对熟悉和不熟悉人的交流氛围的动态调整，其中计算机配置为双核处理器（2.8 GHz）、2.99GB 内存、Windows 7 系统，安装 MATLAB 软件。

1）适应不熟悉氛围的实验

为了验证适应不熟悉人的交流氛围性能，在虚拟交流氛围环境中进行了基于模糊产生式规则的友好 Q 学习、友好 Q 学习方法和自主学习 [43] 之间的比较实验。

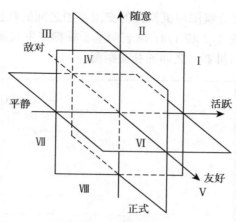

图 5.22　模糊氛围场

　　两个虚拟机器人动态地调整眼睛运动，以适应不熟悉人的交流氛围，即从模糊氛围场的象限Ⅶ到原点附近（非常平静，非常敌对，非常正式），即（中立，中立，中立）。每个算法中的参数 γ 设置为 0.99。在基于模糊产生式规则的友好 Q 学习、友好 Q 学习和自主学习中，学习率 α（初始值 = 1）设置为递减函数。为了保证最佳的策略，玻尔兹曼函数温度参数 T 的温度设置为 1000。

　　在实验中，三种方法分别迭代多次。完成一次任务（直到机器人的交流氛围等于人的交流氛围）的平均学习步数、平均奖励和社交距离（人的交流氛围和机器人的交流氛围在所有步数中欧氏距离的总和）用作评估三种方法的指标。

　　顺畅的交流不仅缩短了人机交互的响应时间，还可用于建立社交关系以增强人与机器人之间的熟悉程度 [44]。因此，人与机器人之间的顺畅交流特征在于两个指标，即机器人的响应时间和人与机器人之间的社交距离。响应时间由学习步数确定，而学习步数的区间为 0~+∞。社交距离定义为人的交流氛围和机器人的交流氛围之间的欧氏距离 $d, d \in [0, 3.46]$，其中，3.46 为三维模糊氛围场空间中两点之间的最大距离。实验中，当满足以下条件时，人机交互被认为是顺畅的，即响应时间 < t_{sm}、平均学习步数 < n_{sm} 和社交距离（所有步数总和）< d_{sm}，其中 t_{sm}、n_{sm} 和 d_{sm} 分别是不熟悉的氛围适应中的响应时间、平均学习步数和社交距离的上限，t_{sm}=0.3s，n_{sm}= 25，d_{sm}= 35；在熟悉的混合氛围适应实验中，t_{sm}=0.6s，n_{sm}= 50，d_{sm}= 115。所有上限值均通过试错法获得。

　　根据图 5.23~图 5.25 的实验结果，比较数据分析如表 5.4 所示，基于模糊产生式规则的友好 Q 学习行为适应机制节省了 47 个学习步数，比自主学习多了 11 倍的奖励。机器人的响应时间约为 0.289s，分别比友好 Q 学习和自主学习节省 0.073s 和 0.205s。它的适应性、平均步数和奖励与友好 Q 学习方法和自主学习相比具有更好的表现，这是由于将现有知识和学习记忆嵌入模糊产生式规则中，可以减少学

习步数。此外，人的交流氛围与机器人的交流氛围之间的社交距离分别是友好 Q
学习方法和自主学习的 1/2 和 1/4，这表明基于模糊产生式规则的友好 Q 学习行
为适应机制缩短了人与机器人之间的社交距离。

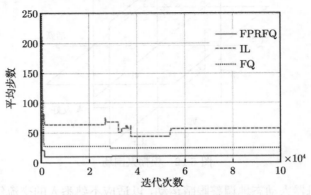

图 5.23　完成一次任务的平均步数（1）

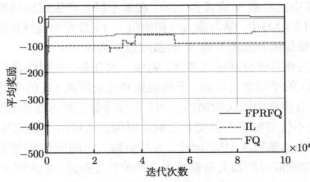

图 5.24　完成一次任务的平均奖励（1）

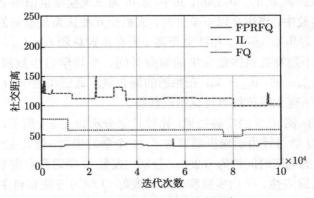

图 5.25　完成一次任务的社交距离（1）

表 5.4 三种方法 (FPFRQ/IL/FQ) 适应不熟悉氛围的结果比较

指标	均值	最小值	最大值
平均步数	11/58/26	10/44/25	20/83/43
平均奖励	9/−91/−57	−30/−130/−98	11/−61/−49
社交距离	33/112.3/59.9	31.5/98.9/47.9	44.1/2215/77.8

2）适应熟悉–不熟悉的混合交流氛围的实验

为了验证适应熟悉–不熟悉的混合交流氛围的性能，在虚拟交流氛围环境中进行基于模糊产生式规则的友好 Q 学习、友好 Q 学习和自主学习之间的比较实验。

模糊氛围由（中立，中立，中立）通过模糊氛围场的第七象限变为（非常平静，非常敌对，非常正式）或通过模糊氛围场的第一象限变为（非常活泼，非常友好，非常休闲），每个算法中的参数 γ 设置为 0.99。在上述三种方法中，学习率 α（初始值 = 1）设置为递减函数。为了保证最佳的策略，玻尔兹曼函数温度参数 T 设置为 1000。

根据图 5.26~图 5.28 的实验结果，三种方法之间的结果比较数据分析如表 5.5 所示，其中基于模糊产生式规则的友好 Q 学习行为适应机制节省了 44 个学习步数，与友好 Q 学习相比多了 2 次奖励，还节省了 482 个步数，与自主学习相比多了 7 次奖励。机器人响应时间约为 0.458s，使用基于模糊产生式规则的友好 Q 学习行为适应机制，分别比友好 Q 学习和自主学习节省 0.156s 和 0.435s。它在平均步数和平均奖励中具有比其他两种方法更好的表现，这是因为将现有知识和学习记忆嵌入模糊产生式规则中可以减少学习步数。此外，人与机器人的交流氛围之间的社交距离分别是友好 Q 学习和自主学习的 1/3 和 1/10，这证实了基于模糊产生式规则的友好 Q 学习行为适应机制在熟悉–不熟悉的混合交流氛围中缩短了人与机器人之间的社交距离。

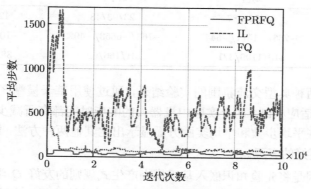

图 5.26 完成一次任务的平均步数（2）

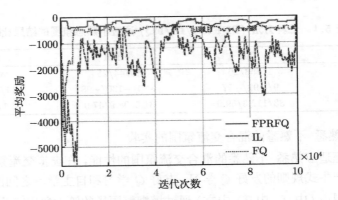

图 5.27　完成一次任务的平均奖励（2）

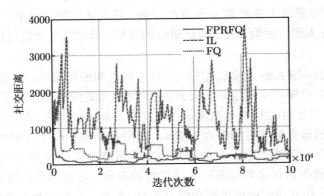

图 5.28　完成一次任务的社交距离（2）

表 5.5　三种方法（FPFRQ/IL/FQ）适应熟悉–不熟悉氛围的结果比较

指标	均值	最小值	最大值
平均步数	43/525/87	23/93/48	120/1666/636
平均奖励	−233/−1571/−544	−763/−5653/−4923	−101/−234/−229
社交距离	113/1199/321	31/166/92	382/3806/2215

　　根据适应两种典型交流氛围的实验结果，通过使用基于模糊产生式规则的友好 Q 学习行为适应机制，两个实验中机器人的响应时间都有所减少。这是因为该行为适应机制在平均步数和平均奖励方面显示出比其他两种方法（即友好 Q 学习和自主学习）更好的表现。

　　第一个原因是将先验知识嵌入基于模糊产生式规则的友好 Q 学习中。根据人的氛围场状态，如交流氛围，虚拟眼球机器人从 25 种情感行为中选择一种适当的行为。使用基于模糊产生式规则的友好 Q 学习行为适应机制，虚拟眼球机器人根据先验知识得到与高兴行为相关的友好和随意的氛围，从 APA 三维情感空间中选择邻近的交流氛围，可选区域如图 5.29 所示，因此虚拟机器人只是选择几种可选行为，而不是全部 25 种情感行为，从而节省学习时间。

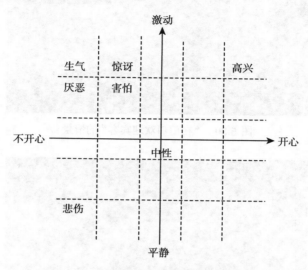

图 5.29 愉悦度–激活度平面

第二个原因是将学习记忆嵌入基于模糊产生式规则的友好 Q 学习中。当采用友好 Q 学习和自主学习方法时，虚拟眼球机器人总是从 25 种情感行为中选择行为，无论是熟悉还是不熟悉。在该行为适应机制中引入一个记忆模块，可在熟悉氛围的情况下减少学习步数。

3）行为适应初步应用

基于模糊产生式规则的友好 Q 学习行为适应机制，通过 4 个人与 5 个眼球机器人进行了行为适应的初步应用，搭建了一个理想化的家庭聚会环境，即没有背景音乐或噪声。

图 5.30～图 5.32 展示了三种家庭场景。在图 5.30 中，人类生成的氛围是 $(0,0,0.3)$，模糊化是（中性，中性，随意），经过一段时间适应之后，眼球机器人可以通过一些眼睛运动来反映情感状态（约为零，约为零）；在图 5.31 中，人类生成的氛围是 $(-0.6,0.6,0.3)$，模糊化是（敌对，活泼，随意）；在图 5.32 中，人体生成的氛围是 $(0.5,0.8,0)$，模糊化是（友好，非常活泼，中性）。结果表明，眼球机器人能够通过基于模糊产生式规则的友好 Q 学习行为适应机制执行适当的行为，适应交流氛围。

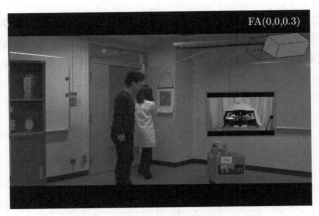

图 5.30　"在门口欢迎宾客"的情景

图 5.31　"查询火车时刻表"的情景

图 5.32　"观看电视节目"的情景

2. 多机器人行为适应实验二

为了验证基于合作–中立–竞争的友好 Q 学习行为适应机制,用 MATLAB 创建虚拟家庭环境以模拟多人与多机器人之间的交互,如图 5.33 所示,这是观看足球比赛的场景,包括 6 个虚拟眼球机器人和 6 个虚拟智能体,考虑到机器人运动机理的复杂性,因此进行了仿真实验。这样不仅可以反复运行实验,同时简化了机器人的行为适应机制,且可以优化参数,也可以模拟现实生活中很少经历的一些交流氛围。

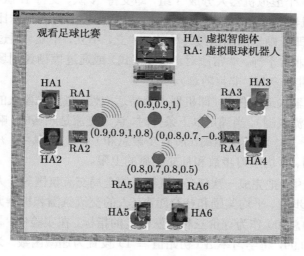

图 5.33 虚拟环境

选择足球比赛场景的原因是足球比赛在世界各地都很受欢迎,而友好、中立和敌对的三种情况在足球比赛中通常共存。虚拟机器人是眼球机器人,机器人的行为是眼睛运动,这是根据 APA 三维情感空间确定的。由图 5.22 可知,将人的交流氛围在分成 8 个象限的三维模糊氛围场中表示,即从象限 I 到象限Ⅷ。

在实验中,每个虚拟眼球机器人使用 25 种情感行为,如高兴、惊讶和悲伤的眼睛运动,适应 343 种人的全局交流氛围。人的全局交流氛围是机器人行为适应的输入参数,它随着人们观看足球比赛时间段的不同而产生不同的变化。人们在开始时会产生友好、活泼和随意的氛围,然后变得敌对,因为他们支持不同的队伍。因此,交流氛围从(非常友好,非常活泼,非常随意)变为(中立,中性,中性),最后变成(极端敌意,非常平静,非常正式)。个人情感直接从 APA 三维情感空间中选择。学习奖励是根据人的全局交流氛围与机器人的全局交流氛围之间的欧氏距离计算的。

仿真实验证实了每个虚拟机器人的动作与人的局部–全局交流氛围的动态调

整，实验的计算配置为双核处理器（2.8GHz）、2.99GB 内存、Windows 7 系统和 MATLAB 软件。

为了验证本书提出的局部和全局共存行为适应机制的人性化氛围的体现，基于合作–中立–竞争的友好 Q 学习、基于模糊产生式规则的友好 Q 学习和友好 Q 学习之间的比较实验在虚拟观看足球比赛环境中进行。

假设正在进行足球比赛的 2 支队伍分别是 A 队和 B 队，根据调查问卷（Q1：您支持哪个队伍？A1：A 或 B 或中立；Q2：您的智能体号码是什么？A2：各智能体的答案），将 6 个虚拟机器人分成 3 组，即支持 A 队、支持 B 队、中立。每个小组有 2 个虚拟机器人，它们动态调整眼球，以适应模拟观看足球比赛环境中人的全局交流氛围，即模糊氛围场由最开始的（中立，中立，中立）通过模糊氛围场的第七象限变为（非常平静，非常敌对，非常正式）或通过模糊氛围场的第一象限变为（非常活泼，非常友好，非常随意）。

为了完成机器人适应任务（即机器人保持适应性，直到机器人的全局交流氛围等于人的全局交流氛围），当满足以下条件时，认为交流是顺畅的，响应时间 $< t_{sm}$、平均学习步数 $< n_{sm}$ 和社交距离（所有步数总和）$< d_{sm}$，其中，t_{sm}、n_{sm} 和 d_{sm} 分别是响应时间、平均学习步数和社交距离的上限。

在仿真实验中，把完成一次任务（机器人的全局交流氛围等于人的全局交流氛围）的平均学习步数、平均奖励和社交距离（人的交流氛围和机器人的交流氛围之间的欧氏距离的总和）作为评价三种方法性能的指标。在实验中，将每个算法中的参数 λ 设置为 0.99，将学习率 α（初始值 $= 1$）设置为递减函数。为了保证最佳的策略，玻尔兹曼函数温度参数 T 设置为 1000。关于顺畅交流的所有上限值通过反复实验获得，即对于三种方法分别进行多次实验后得到，即 $t_{sm} = 0.015\text{s}$，$n_{sm} = 25$，$d_{sm} = 50$。

三种方法之间的结果比较分析如表 5.6 所示。由图 5.34~图 5.36 可知，基于合作–中立–竞争的友好 Q 学习节省 47 个学习步数（即学习率提高 72%），与基于模糊产生式规则的友好 Q 学习相比多了 7 次奖励，并节省 103 个学习步数（即学习率提高 85%），与友好 Q 学习相比多了 15 倍的奖励。

表 5.6　三种方法 (CNCFQ/FPRFQ/FQ) 适应局部和全局氛围共存的结果比较

指标	均值	最小值	最大值
平均步数	18/65/121	10/30/69	33/340/548
平均奖励	$-43/-303/-630$	$-117/-1849/-3884$	$-4/-136/-392$
社交距离	42/125/296	19/52/180	92/834/1617

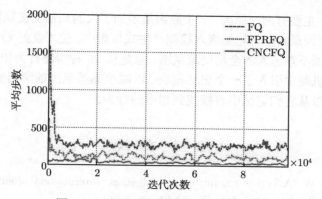

图 5.34 完成一次任务的平均步数（3）

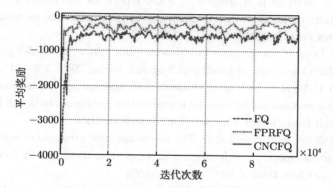

图 5.35 完成一次任务的平均奖励（3）

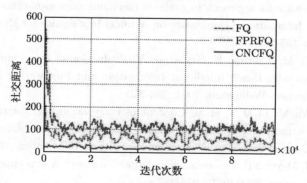

图 5.36 完成一次任务的社交距离（3）

机器人响应时间约为 0.01 s，与基于模糊产生式规则的友好 Q 学习和友好 Q 学习相比分别少了 0.025s 和 0.056s。此外，人与机器人的交流氛围之间的社交距离分别是基于模糊产生式规则的友好 Q 学习和友好 Q 学习的 1/3 和 1/7。

实验结果表明，基于合作–中立–竞争的友好 Q 学习行为适应机制，机器人的响应时间减少。主要有两个原因，一个原因是增加了人的局部交流氛围适应的强度信息，另一个原因是将学习记忆嵌入模糊产生式规则中。使用友好 Q 学习，虚拟机器人不管熟悉或不熟悉人的全局交流氛围，总是从 25 种情感行为中选择行为。在本章所提出的机制中引入了一个记忆模块，以减少熟悉氛围的学习步数，换言之，眼球机器人可以从它们记忆中直接找到相应的行为。

参 考 文 献

[1]   Picard R W. Affective computing: Challenges. International Journal of Human-Computer Studies, 2003, 59(1/2): 55-64

[2]   Burke J L, Murphy R R, Rogers E. Final report for the DARPA/NSF interdisciplinary study on human-robot interaction. IEEE Transactions on Systems Man and Cybernetics Part C, 2004, 34(2): 103-112

[3]   Hirota K, Dong F. Development of Mascot robot system in NEDO project. International IEEE Conference on Intelligent Systems, Varna, 2008: 138-144

[4]   Yamazaki Y, Vu H A, Le P Q, et al. Gesture recognition using combination of acceleration sensor and images for casual communication between robots and humans. IEEE Congress on Evolutionary Computation, Barcelona, 2010: 1-7

[5]   Akre V, Falkum E, Hoftvedt B O. The communication atmosphere between physician colleagues: Competitive perfectionism or supportive dialogue? A Norwegian study. Ambulatory Child Health, 1997, 44(4): 519-526

[6]   Rutkowski T M, Mandic D P. Modelling the communication atmosphere: A human centered multimedia approach to evaluate communicative situations. ICMI 2006 and IJCAI 2007 International Conference on Artifical Intelligence for Human Computing, Banff, 2007: 155-169

[7]   Rutkowski T M, Kakusho K, Kryssanov V. Evaluation of the communication atmosphere. Knowledge-Based Intelligent Information and Engineering Systems International Conference, Wellington, 2004: 364-370

[8]   Liu Z T, Wu M, Li D Y, et al. Concept of fuzzy atmosfield for representing communication atmosphere and its application to humans-robots interaction. Journal of Advanced Computational Intelligence and Intelligent Informatics , 2013, 17(1): 3-17

[9]   Stanley D J, Meyer J P. Two-dimensional affective space: A new approach to orienting the axes. Emotion, 2009, 9(2): 214-237

[10] Breazeal C. Emotion and sociable humanoid robots. International Journal of Human-Computer Studies, 2003, 59(1/2): 119-155

[11] Byl P B D. A six dimensional paradigm for generating emotions in virtual characters. International Journal of Intelligent Games and Simulation, 2003, (2): 72-79

[12] Liu Z T, Dong F Y, Yamazaki Y, et al. Proposal of fuzzy atmosfield for mood expression of human-robot communication. International Symposium on Intelligent Systems,

Tokyo, 2010: 1328-1336

[13] Hein S. Feeling words. http://eqi.org/fw.html[2017-3-20]

[14] Lattin J M, Carroll J D. Analyzing Multivariate Data. Pacific Grove: Thomson Brooks/Cole, 2003

[15] Yamazaki Y, Hai A V, Le P Q, et al. Fuzzy inference-based mentality expression for eye robot in affinity pleasure-arousal space//Foder J, kacprzyk. A spects of Soft Computing, Intelligent Robotics and Control. Berlin: Springer, 2009

[16] Cox E. Fuzzy fundamentals. IEEE Spectrum, 1992, 29(10): 58-61

[17] Sussman L. Verbal communication. http://cobweb2.louisville.edu/faculty/regbruce/bruce/mgmtw ebs/commun f98/Verbal.htm[2017-1-20]

[18] Pavlova M, Sokolov A A, Sokolov A. Perceived dynamics of static images enables emotional attribution. Perception, 2005, 34(9): 1107-1116

[19] Gunes H, Piccardi M. Bi-modal emotion recognition from expressive face and body gestures. Journal of Network and Computer Applications, 2007, 30(4): 1334-1345

[20] Kaya N, Epps H H. Relationship between color and emotion: A study of college students. College Student Journal, 2004, 38(3): 396-405

[21] Xin J H, Cheng K M, Taylor G, et al. Cross-regional comparison of colour emotions Part I: Quantitative analysis. Color Research and Application, 2010, 29(6): 451-457

[22] Ilie G, Thompson W F. A comparison of acoustic cues in music and speech for three dimensions of affect. Music Perception An Interdisciplinary Journal, 2006, 23(4): 319-330

[23] Kwong C K, Bai H. A fuzzy AHP approach to the determination of importance weights of customer requirements in quality function deployment. Journal of Intelligent Manufacturing, 2002, 13(5): 367-377

[24] Haq A N, Kannan G. Fuzzy analytical hierarchy process for evaluating and selecting a vendor in a supply chain model. International Journal of Advanced Manufacturing Technology, 2006, 29(7/8): 826-835

[25] Lu Y. Weight calculation method of fuzzy analytical hierarchy process. Fuzzy Systems and Mathematics, 2002, 16(2): 79-85

[26] Foster M E, Keizer S, Wang Z, et al. Machine learning of social states and skills for multi-party human-robot interaction. ECAI 2012 Workshop on Machine Learning for Interactive Systems, Montpelier, 2012: 9-17

[27] Breazeal C. Social interactions in HRI: The robot view. IEEE Transactions on Systems Man and Cybernetics Part C, 2004, 34(2): 181-186

[28] Sargin M E, Yemez Y, Erzin E, et al. Analysis of head gesture and prosody patterns for prosody-driven head-gesture animation. IEEE Transactions on Pattern Analysis and Machine Intelligence, 2008, 30(8): 1330-1345

[29] Mitsunaga N, Smith C, Kanda T, et al. Adapting robot behavior for human-robot interaction. IEEE Transactions on Robotics, 2008, 24(4): 911-916

[30] Isbell C, Shelton C R, Kearns M, et al. A social reinforcement learning agent. The 5th

International Conference on Autonomous Agents, Montreal, 2001: 377-384

[31] Maja A T, Matari M J, Sukhatme G S. Scaling high level interactions between humans and robots. AAAI Spring Symposium on Human Interaction with Autonomous Systems in Complex Environments, Stanford, 2003: 196-202

[32] Murphy-Chutorian E, Trivedi M M. Head pose estimation in computer vision: A survey. IEEE Transactions on Pattern Analysis and Machine Intelligence, 2009, 31(4): 607-626

[33] Littman M L. Friend-or-Foe Q-learning in general-sum games. Proceedings of The 8th International Conference on Machine Learning, Williamstown, 2001: 322-328

[34] Chen L F, Liu Z T, Dong F Y, et al. Adapting multi-robot behavior to communication atmosphere in humans-robots interaction using fuzzy production rule based friend-Q learning. Journal of Advanced Computational Intelligence and Intelligent Informatics, 2013, 17(2): 291-301

[35] Liu Z T, Dong F Y, Hirota K, et al. Emotional states based 3-D fuzzy atmosfield for casual communication between humans and robots. IEEE International Conference on Fuzzy Systems, Taipei, 2011: 777-782

[36] Filar J, Vrieze K. Competitive Markov decision processes. Berlin: Springer, 1996, 36(4): 343-358

[37] Littman M L. Markov games as a framework for multi-agent reinforcement learning. The 11th International Conference on Machine Learning, New Orleans, 1994: 157-163

[38] Hu J, Wellman M P. Nash Q-learning for general-sum stochastic games. Journal Machine Learning Research, 2003, 4(4): 1039-1069

[39] Watkins C, Dayan P. Technical note Q-learning. Journal of Machine Learning, 1992, 8(3/4): 279-292

[40] Kaelbling L P, Littman M L, Moore A W. Evolutionary algorithms for reinforcement learning. Journal of Artificial Intelligence Research, 1996, 4(1): 237-285

[41] Chen L F, Liu Z T, Wu M, et al. Multi-robot behavior adaptation to local and global communication atmosphere in humans-robot interaction. Journal on Multimodal User Interfaces, 2014, 8(3): 289-303

[42] Kim E S, Scassellati B. Learning to refine behavior using prosodic feedback. IEEE 6th International Conference on Development and Learning, London, 2007: 205-210

[43] Tan M. Multi-agent reinforcement learning: Independent VS cooperative agents. Machine Learning Proceedings, Amherst, 1993: 330-337

[44] Singh S, Jaakkola T, Littman M L. Convergence results for single-step on-policy reinforcement-learning algorithms. Machine Learning, 2000, 38(3): 287-308

第6章 情感意图理解方法

随着人机交互技术的迅速发展，如何使机器人拥有意图理解能力逐渐成为人工智能、情感计算等领域的研究热点 [1, 2]。意图理解旨在对人的意图进行准确的分析和理解。虽然个人意图不能直接观察，但是可以通过自我陈述、行为表达、生理暗示等方法进行推理分析得到。在人机交互过程中，机器人能够实现个人情感意图的理解，是保证人机和谐交流的关键 [3]。

本章首先从情感意图的定义、情感意图的影响因素分析、情感意图理解模型和情感意图的行为适应机制四方面对机器人情感意图理解进行了系统的阐述，然后分别介绍了情感意图实验和情感意图的行为适应实验。

6.1 情 感 意 图

人机交互过程伴随着大量的信息交互，而这些信息数据是人机交互过程必不可少的组成部分。人机交互中的交互信息主要可以分为表层交流信息和深层认知信息，其中表层交流信息主要是一些在交流过程中可以直接看到、听到，或被传感器直接检测到的直观信号，如语音 [4]、手势 [5] 和面部表情 [6] 等。此外，还有一类是深层认知信息，它们主要是一些不能直接看到、听到或者被传感器直接读取检测的交流信号，但是它们又与表层交流信息紧密结合，共同构成了人类复杂的心理活动，如情感意图等。在人机交互过程中，人们很自然地期望机器人具有人类情感以及和谐友好的交互能力 [3]，这就需要机器人具有情感意图理解能力。情感意图理解旨在根据用户的情感以及表层交流信息，结合特定场景来理解用户的个人意图。

6.1.1 情感意图的定义

情感意图理解是在情感意图关联性分析的基础上，进一步研究如何从情感表层交流信息和深层认知信息中挖掘和发现更深层细致的情感意图理解理论、方法和技术，实现基于用户情感、表层交流信息以及特定场景的用户个人情感意图理解，最终能够实现人机交互的自然和谐。

例如，在酒吧这种特定场景下，基于情感的意图理解被定义为根据客人在酒吧的情感来估计客户的订单意图，其中，情感包括面部表情和言语。酒吧是一个非常受年轻人和上班族欢迎的地方。在酒吧，"您想喝什么"是客户的意图之一，如果酒吧工作人员非常了解不同情绪下客户想喝的饮料，那么对客户来说，这将是非常好的服务。对上班族来说，下班后喝一杯适当的饮料可以缓解沉重的心情 [7]。

6.1.2　情感意图的影响因素分析

意图不能直接观察，但是可以从表现出来的行为、自我报告、生理指标和所处环境推断出来。意图是人际交流以及人类认知系统的重要组成部分。了解他人意图的能力对于人与人之间成功的沟通和协作至关重要。在日常互动中，人很大程度上依赖于这种技能，这使得人能够"阅读"别人的想法。如果机器人要与人类有效合作，它的认知技能中必须包括意图推断机制，以便能够自然地与人类交流。

情感有助于促进和激励行为决策，如高兴、惊讶、害怕或生气代表着人们的社会关系的融洽度 [8]。一方面，表达方式为其他社会成员提供重要的协调信息 [9]。人们对事件的反应间接地传达了关于当前愿望和意图的评估信息。例如，一个人们不愿接受的外在刺激可能令人厌恶，一个出乎意料的刺激可能令人惊讶。另一方面，情绪表达似乎反过来也会影响自身的适应性反应。从情感开始产生之后，情绪性的行为就自动影响人的认知和判断 [10]。因此，情感表达会对人的行为产生深远的影响，能够引发一系列行为反应。例如，愤怒可以引起与恐惧有关的反应，或者为了改变某人的意图，悲伤可以引起同情，开心可以促进社交互动。

除了情感之外，一些其他因素也会影响意图的理解。例如，在酒吧这种特定场景下，应该根据客户的年龄和性别提供不同的饮料。此外，国籍也是需要考虑的因素，例如，在一些国家饮酒是非法的，因此通过国籍就可以判断出此人是否饮酒。使用调查问卷的方法，28 名志愿者（即生活在东京，分别来自 6 个国家，20~65 岁不同性别的人，如图 6.1 所示）讨论了"意图理解的影响因素是什么"，志愿者在调查问卷期间被问了 9 个问题。最后整理问题、回答以及提问者、回应者的信息，包括年龄、性别、国籍和宗教信仰信息。

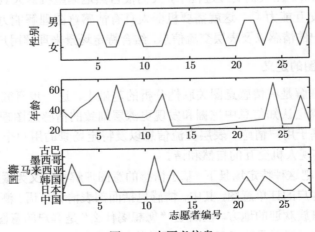

图 6.1　志愿者信息

根据表 6.1 中调查问卷的数据分析,对于影响因素"年龄",支持者年龄跨度为 20~65 岁。对于影响因素"性别",支持者包括女性和男性。对于影响因素"国籍",支持者来自 6 个国家。对于影响因素"宗教信仰",支持者有不同的宗教信仰,包括伊斯兰教和基督教。

表 6.1 调查问卷结果

影响因素	支持率/%	志愿者信息								
		年龄				性别		国籍数量	宗教信仰	
		<30 岁	30~40 岁	40~50 岁	>50 岁	女	男		伊斯兰教	基督教
年龄	57.1	7	3	3	3	5	11	4	0	0
性别	64.3	11	4	1	2	7	11	5	0	1
国籍	53.6	8	3	1	3	6	9	6	1	1
教育	57.1	8	4	2	2	4	12	4	0	0
情感	71.4	10	6	3	1	7	13	6	1	1
宗教信仰	57.1	11	3	1	1	4	12	6	1	1
职业	57.1	9	3	2	2	6	10	6	1	0
收入	53.6	10	2	1	2	5	11	5	0	0
爱好	53.6	8	4	1	2	5	10	5	0	0
天气	42.9	6	2	3	0	3	9	3	0	0
衣着	39.3	10	1	0	0	5	6	4	0	0

此外,表 6.2 中志愿者的基本信息表明他们有不同的年龄、性别、国籍、教育、宗教信仰、职业和收入,这说明选定的影响因素是有意义的。随着年龄的增长,人们的教育、职业、收入、爱好和衣着等生活经历都有所不同。因此,年龄分布是意图理解非常重要的影响因素,可以使用单因素方差分析来检测每个影响因素的支持者是否

表 6.2 志愿者基本信息

影响因素	栏目	数量	影响因素	栏目	数量
年龄	< 30 岁	14	教育	硕士	13
	30~40 岁	6		博士	15
	40~50 岁	3	宗教信仰	伊斯兰教	1
	>50 岁	5		基督教	1
性别	女性	11		无宗教信仰	26
	男性	7	职业	学生	22
国籍	中国	13		教师	3
	日本	10		上班族	3
	韩国	2	收入	奖学金	12
	马来西亚	1		带薪	6
	墨西哥	1		无收入	10
	古巴	1			

具有依年龄分布的规律。零假设认为每个影响因素的所有支持者都具有相同的年龄分布。根据表 6.3 的方差分析，P 值小于 0.05，因此零假设不成立，这意味着每个影响因素的支持者都有年龄分布。

表 6.3　方差分析

来源	SS	df	MS	F	Prob > F
列	1801.96	6	300.327	3.17	0.004
误差	3961.75	49	80.852	—	—
总计	5763.71	55	—	—	—

随着讨论的继续，参与者的激情逐渐减弱，数据也在减少。这时，问卷调查的进展很慢，讨论"天气"时反馈者的人数不到 50 %，而讨论"穿着"时反馈者的人数甚至低于 40 %。在这种情况下，调查需要停止，选定支持率高于 50 % 的九个因素作为人类意图理解的初始影响因素，包括年龄、性别、国籍、教育、情感、宗教信仰、职业、收入和爱好。

6.2　情感意图理解模型

情感是一个特殊而深刻的认知过程，它是随机动态变化的，且受很多因素的影响，比一般人类活动具有更高的复杂性和多变性。为了实现用人工的方法和技术来模仿、延伸和扩展人类情感的目的，必须建立情感数学模型，对情感的内部逻辑关系及其运动变化进行严密的逻辑推理与精确的数学运算。在基本情感模型的基础上，建立科学的情感意图理解模型，以实现机器人对人类情感意图的准确理解。

如何建立一个合理的数学模型来描述情感是亟待解决的关键问题，已经引起了学术界和产业界的高度重视。近年来许多国内外学者以及科研单位都进行相关研究，一些情感模型已经被建立起来。美国心理学家 S. Schachter 提出的"情绪三因素说"指出情感与认知是相互作用的统一过程，从而产生基于认知的情感模型。基于概率的模型就是采用隐马尔可夫模型（HMM）模拟人类情感过程，构建情感变化的概率模型。2002 年，S. Kshirsagar 提出一个"性格–心情–情感–表情"多层情感模型，很好地将人的性格与情感联系起来，并成功地应用到虚拟人的面部表情合成中。粗糙集理论能有效地分析和处理不确定、不一致和不完整等各种不完备信息，从中发现隐含的知识，揭示潜在的规律，近年来也广泛用于情感识别领域。

6.2.1　基于模糊多层次分析的情感意图理解模型

基于人类情感，这里提出一种深入理解人类内在思维的意图理解模型，该模型中年龄、性别、国籍作为处理不同人情感的附加参考。机器人在认知过程中不熟悉的问题经过训练会变得熟悉，因此机器人首先能够区分熟悉的人和不熟悉的人。在熟悉的情况下，机器人通过记忆理解其意图，基于模糊产生规则进行记忆检索。在不熟悉的情况下，通过一种基于两层模糊支持向量回归（two-layer fuzzy support vector regression，TLFSVR）的意图理解模型，来深度理解人的内在思想。TLFSVR 是支持向量回归（support vector regression，SVR）的扩展 [11]，其中的两层包括局部学习层和全局学习层。局部学习层包含基于输入数据聚类的模糊 C 均值（fuzzy C means，FCM）和基于学习的支持向量回归，全局学习层输出基于模糊加权平均算法的 TLFSVR 模型得出的意图。局部学习层 [12] 的训练数据被分成多个子集，因此传统的一个支持向量回归集合被分成多个支持向量回归子集。例如，不同年龄、性别、国籍的各类人有不同的身体状况、性别、爱好和宗教信仰等。不同的回归模型反映了不同的年龄、性别、国籍，这比单一模型反映各种状况更加全面。另外，年龄、性别、国籍在意图理解中发挥重要作用，例如，它们影响人们购买产品和服务 [13]、接受新事物 [14] 和处理风险状况 [15] 的意图。因此，人类特性的三部分，即年龄、性别、国籍，被用来作为情感之外的意图理解参考，训练数据可以根据个人信息进行分类。最终，利用基于身份信息的模糊推断来产生意图，这是记忆检索和 TLFSVR 共同产生的结果。

TLFSVR 方法使得机器人能够通过与用户交流深入理解人类的意图，透明的交流意味着一方知道另一方的记忆和思维，如其意图等 [16, 17]。透明交流提供了一种彼此交心的沟通方式，这意味着可以通过情感得出内在期望意图，一些由年龄、性别和国籍产生的消极影响也可以避免，这有利于和谐交流。

1. 支持向量回归模型

作为一款功能强大的学习机器，支持向量机（SVM）以其解决小样本、非线性、多维、局部极小值的问题而著名 [18-21]。SVM 应用结构风险最小原理（structural risk minimization，SRM）来达到更好的泛化能力，因此它比传统的基于机器学习的经验风险最小原理（empirical risk minimization，ERM）具有更高的性能，如神经网络等 [22]。SVM 主要有两种，即支持向量分类（support vector classification，SVC）和 SVR。SVM 分类的目标是通过将分离超平面和分类数据之间边缘最大化，从而在更高维数空间构建一个最优分离超平面。最大化边缘是一个二次规划（quadratic programming，QP）问题，可以通过引入拉格朗日乘数法解决。使用点积函数，在特征空间找到最佳超平面，这意味着核心函数在分类中起至关重要的作用，因为它们决定了被分类的样本数据的特征空间，而特征空间可以直接影响 SVM 分类的性能。少数输入点的组合称为支持向量，可以被用来产生最优超平面。

ε 不敏感损失函数的引入，扩展延伸了 SVM 以解决回归问题，称为 ε-SVR。SVM 主要用于通过确定两个类之间的最大余量分离超平面来执行分类，而 SVR 尝试其反向过程，即找到最佳回归超平面，使得大多数训练样本位于该超平面周围的 ε 边缘内。SVR 应用广泛，如最优控制[23]、时间序列预测[24]、间隔回归分析[25]等。假设训练数据集是一组一对一的向量，且被描述为

$$D = \{(X_i, y_i) \,|\, X_i \in \mathbb{R}^n, y_i \in \mathbb{R}, i = 1, 2, \cdots, l\} \tag{6.1}$$

考虑到线性 SVR 最简单的情况，其基本函数为

$$f(X) = \langle W, X \rangle + b \tag{6.2}$$

式中，W 是模型权重参数；X 是输入向量；b 是标量偏差。

ε-SVR 的目的是从所有训练数据中实际获得的目标 y_i 找到具有最多 ε 偏差的函数 $f(X)$，同时尽可能最小化 W 的范数。问题可以描述为凸优化问题，为

$$\min \quad \frac{1}{2}\|W\|^2$$
$$\text{s.t.} \quad \begin{cases} y_i - \langle W, X_i \rangle - b \leqslant \varepsilon \\ \langle W, X_i \rangle + b - y_i \leqslant \varepsilon \end{cases} \tag{6.3}$$

有时约束可能并不总是满足，这意味着并不是所有的向量对 (X_i, y_i) 都符合 ε 精度。引入松弛变量 ξ_i 和 ξ_i^* 以应对不符合约束条件的情况，式（6.3）变成

$$\min_{W, b, \xi_i, \xi_i^*} \quad \frac{1}{2}\|W\|^2 + \gamma \sum_{i=1}^{l} (\xi_i + \xi_i^*)$$
$$\text{s.t.} \quad \begin{cases} y_i - \langle W, X_i \rangle - b \leqslant \varepsilon + \xi_i \\ \langle W, X_i \rangle + b - y_i \leqslant \varepsilon + \xi_i^* \\ \xi_i, \xi_i^* \geqslant 0, \quad i = 1, 2, \cdots, l \end{cases} \tag{6.4}$$

式中，γ 为在惩罚松弛量时使用的标量正则化参数（较小的 γ 值将产生更多的异常排斥）。

在式（6.4）中检索最优超平面是一个二次规划问题，可以通过构造拉格朗日函数求解并转换为式（6.5），其中 α_i 和 α_i^* 是拉格朗日乘数。式（6.5）中的所有点积可以由核函数代替，并且回归函数被重构为式（6.6）：

$$\max_{\alpha, \alpha^*} \quad -\frac{1}{2} \sum_{i,j=1}^{l} (\alpha_i - \alpha_i^*)(\alpha_j - \alpha_j^*) \langle X_i - X_j \rangle - \varepsilon \sum_{i=1}^{l} (\alpha_i + \alpha_i^*) + \sum_{j=1}^{l} y_i(\alpha_i - \alpha_i^*)$$
$$\text{s.t.} \quad \sum_{i=1}^{l} (\alpha_i - \alpha_i^*) = 0, \quad \alpha_i, \alpha_i^* \in [0, \gamma] \tag{6.5}$$

$$f(X) = \sum_{i=1}^{l} (\alpha_i - \alpha_i^*) K(X_i, X) + b \tag{6.6}$$

在式（6.6）中，内核函数是高斯内核：

$$K\left(x_i, x_j\right) = \exp\left[-\frac{\left(x_i - x_j\right)^2}{2\delta^2}\right] \tag{6.7}$$

2. 两层模糊支持向量回归模型

支持向量回归模型在人机交互领域应用广泛[26]，但它也遇到了一些挑战，即难以保证获得的模型具有良好的局部建模性能，这意味着只有一个回归超平面不能保证大多数训练样本都在其中。例如，从不同年龄段收集训练数据样本，考虑到不同年龄段的人有自己的喜好，不同的回归模型反映不同的年龄可能比只有一个反映所有年龄的回归模型更好。本地学习算法尝试局部调整模型的容量以适应训练数据子集的属性，并基于本地学习算法，提出了两层模糊支持向量回归（tow-layer fuzzy SVR, TLFSVR）来处理训练数据样本。TLFSVR 是 SVR 的扩展，其中本地学习算法与 SVR 和模糊逻辑融合，双层包括局部学习层和全局学习层，如图 6.2 所示。

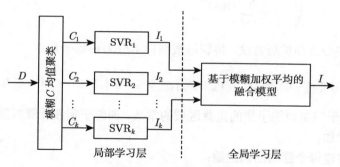

图 6.2 TLSVR 模型

首先，使用 FCM 算法将训练数据集分为多个子集[27, 28]，该算法基于以下目标函数的最小化：

$$f(U, V) = \sum_{i=1}^{l}\sum_{k=1}^{C}\left(\mu_{ik}\right)^m \parallel X_i - V_k \parallel^2 \tag{6.8}$$

式中，$l \in \mathbb{N}$ 是训练数据的数量；$C \in [2, l]$ 是簇的数量；$m \in [1, +\infty)$ 是加权指数；$\mu_{ik} \in [0, 1]$ 是在簇集 k 中训练数据 X_i 的隶属度；V_k 是簇集 k 的中心。

基于迭代的 FCM 算法对式（6.8）进行近似优化，随着隶属程度和类中心 V_k 的更新：

$$\mu_{ik} = \left[\sum_{k=1}^{C}\left(\frac{d_{ij}}{d_{ik}}\right)^{\frac{2}{(m-1)}}\right]^{-1}, \quad 1 \leqslant i \leqslant l, 1 \leqslant j \leqslant C \tag{6.9}$$

$$V_k = \frac{\sum_{i=1}^{l} (\mu_{ik})^m X_i}{\sum_{i=1}^{l} (\mu_{ik})^m}, \quad 1 \leqslant j \leqslant C \tag{6.10}$$

式中, $d_{ik} = \|X_i - V_k\|$。

当满足终止条件时, 迭代将停止, 即

$$\|X_i - X_k\| \leqslant \varepsilon \tag{6.11}$$

式中, $V = (v_1, v_2, \cdots, v_C)$; ε 是给定的灵敏度阈值。

扩展宽度计算式为

$$\delta_k^o = \sqrt{\frac{\sum_{i=1}^{l} (\mu_{ik})^m \|x_i^o - \nu_i^o\|^2}{\sum_{i=1}^{l} (\mu_{ik})^m}}, \quad 1 \leqslant k \leqslant C, 1 \leqslant o \leqslant N \tag{6.12}$$

根据获得的中心点和扩展宽度, 将训练数据样本分为训练子集:

$$D = \{(X_i, y_i) \| \nu_k^o - \eta \delta_k^o \leqslant x_i^o \leqslant \nu_k^o + \eta \delta_k^o\}, \quad 1 \leqslant i \leqslant l, 1 \leqslant o \leqslant \mathbb{N}, 1 \leqslant k \leqslant C \tag{6.13}$$

式中, η 是用于控制训练子集的重叠区域的常数, 训练子集和计算时间的大小随着 η 的增加而增加。

然后, 构建每个簇的回归函数:

$$\mathrm{SVR}_k = \sum_{i=1}^{l_k} (\alpha_{i,k}^* - \alpha_{i,k}) k(X_i, X) + b_k, \quad X \in D_k, 1 \leqslant k \leqslant C \tag{6.14}$$

式中, l_k 表示第 k 个训练子集中的训练数据的数量, 通过第 k 个训练子集的 SVR 获得参数 $\alpha_{i,k}^*$、$\alpha_{i,k}$ 和 b_k。

最后, 在局部学习之后, 基于具有三角形隶属函数和 SVR 的模糊加权平均算法融合模型 [29] 计算出全局学习的输出。模糊加权平均的隶属函数算法构建为

$$A_k(X_i) = a_k^l(x_i^l) a_k^2(x_i^2) \dots a_k^o(x_i^o) a_k^o(x_i^o)$$
$$= \max \left\{ \min \left(\frac{x_i^o(\nu_k^o - \eta \delta_i^o)}{\nu_k^o - (\nu_k^o - \eta \delta_k^o)}, \frac{(\nu_k^o + \eta \delta_k^o) - x_i^o}{(\nu_k^o + \eta \delta_k^o) - \nu_k^o} \right), 0 \right\}, \quad 1 \leqslant k \leqslant C \tag{6.15}$$

式中, $A_k(X_i)$ 是第 k 个 SVR 的模糊权重。

根据模糊加权平均算法得到 TLFSVR 的全局输出：

$$y_i(X_i) = \frac{\sum\limits_{k=1}^{C} A_k(X_i)\mathrm{SVR}_k(X_i)}{\sum\limits_{k=1}^{C} A_k(X_i)}, \quad 1 \leqslant i \leqslant l, 1 \leqslant k \leqslant C \tag{6.16}$$

6.2.2 基于 T-S 模糊多层次分析的情感意图理解模型

两层模糊支持向量回归-TS（TLFSVR-TS）模型是 TLFSVR 的优化模型，如图 6.3 所示，其中基于 T-S 模型的模糊推理代替了图 6.2 中的模糊加权平均算法 [30]。在 TLFSVR 中，输入 D 包括情感、性别、省份和年龄，而输出是饮酒意图。在局部学习层，基于模糊 C 均值的算法将情感信息分为不同类型的组 C_i，通过多个模糊支持向量回归学习对人类情感 I_i 进行深层理解。在全局学习层，通过基于 T-S 模型的模糊推理生成人类意图 I，其中根据人类信息设计模糊规则和隶属函数。

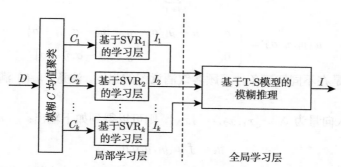

图 6.3 TLFSVR-TS 优化模型

T-S 模糊模型可以描述为一个复杂的非线性系统，其中输入集合被分解为多个子集，每个子集可以由简单的线性回归模型表示。典型的 T-S 模糊规则如下所述：

$$R_i : \text{If } z_1(t) \text{ is } F_i^1, z_2(t) \text{ is } F_i^2, \cdots, z_n(t) \text{ is } F_i^n, \text{Then } \dot{x}(t) = Ax(t) \tag{6.17}$$

非线性模型描述如下：

$$\dot{x}(t) = f(x(t)) \tag{6.18}$$

式中，$f(\cdot)$ 是一个非线性函数。

从 T-S 模糊模型推导出如下模型：

$$\dot{x}(t) = \sum_{i=1}^{R} h_i(z(t))A_i x(t) = A_z x(t) \tag{6.19}$$

式中，$x \in \mathbb{R}^n$ 表示状态向量；$h_i(z)$ 表示隶属函数；$z(t)$ 表示在紧凑状态空间集中有界和平滑的前提变量。

式（6.19）中的隶属函数可以总结如下：

$$h_i(z) = \frac{w_i(z)}{\sum\limits_{i=1}^{R} w_i(z)} \tag{6.20}$$

$$\overline{y} = \frac{\sum\limits_{i=1}^{R_n} h_i y_i}{\sum\limits_{i=1}^{R_n} h_i} \tag{6.21}$$

$$\sigma = \frac{\sum\limits_{i=1}^{R_n} (y_i - \overline{y}) h_i}{\sum\limits_{i=1}^{R_n} h_i} \tag{6.22}$$

$$\mu(y_i, \overline{y}, \sigma) = \begin{cases} \sigma - |y_i - \overline{y}|/\sigma, & y \in [\overline{y_i} - \sigma, \overline{y_i} + \sigma] \\ 0, & y \in [\overline{y} - \sigma, \overline{y} + \sigma] \end{cases} \tag{6.23}$$

式中，$w_i(z)$ 是在不同情感条件下顾客饮酒意图的强度。注意，$h_i(\cdot)$ 满足 $0 \leqslant h_i(\cdot) \leqslant 1$。

如果输入向量为 $X = [x_1, x_2, \cdots, x_N]$，则可以得到如下输出：

$$y_i = f[\mu(y_i, \overline{y}, \sigma)] \tag{6.24}$$

在家庭聚会环境下，收集 30 名志愿者的饮酒意图，并建立模糊规则。其中，志愿者根据 7 种基本情感（E_i）从 1 至 5（即非常弱、弱、中性、强、非常强）中写下自己意图（II_i）的强度值。从收集的数据中可以发现，在不同的情感下男、女的饮酒意图是不同的。在这种方式下，根据式 (6.20) ～ 式 (6.23) 基于 TLFSVR-TS 模型如下：

$$R_i : \text{If } E = E_i, I = I_i, \mathrm{II} = \mathrm{II}_i, \text{ Then}$$

$$\hat{y} = \frac{\sum\limits_{i=1}^{R_n} h_i y_i}{\sum\limits_{i=1}^{R_n} h_i} \tag{6.25}$$

式中，i 是模糊规则的数量，从 1 到 56（= 7 种情感 ×8 种意图），每种情感对应 8 种意图，因此 $R_n = 8$，式 (6.25) 为 TLFSVR-TS 的输出。

6.3 情感意图行为适应机制

通常，人类会不自觉地去适应交流伙伴、调整自己的行为，使交互顺利进行，实际上不仅仅是人类，机器人也希望能够适应其交流伙伴，行为适应已成为众多学者深入研究的方向 [31, 32]。为了让机器人学习和适应人类行为，需要使用一种情感意图适应方法来帮助机器人了解人类复杂的心理活动。在人机交互过程中主要有三种表层交流信息，即语音、姿势和面部表情。同时，情感、氛围和意图这些深层认知信息也在交互过程中发挥重要作用，并与表层交流信息紧密结合共同表达了人类复杂的心理活动。因此，在建立情感意图适应方法时，考虑表层交流信息因素和深层认知信息因素十分必要。

6.3.1 基于模糊友好 Q 学习的情感意图行为适应机制

为解决人机交互中环境的不确定性和大状态空间的问题，基于模糊产生式规则的友好 Q 学习（FPRFQ）方法将离散友好 Q 学习概括为连续状态空间，其中 "If-Then" 模糊产生式规则代替离散查询 Q 表。FPRFQ 主要由四个步骤组成，即状态模糊化、模糊产生式规则生成、行为选择和 Q 值更新。更新函数被定义为

$$\Delta \mathrm{FQ}_{k+1}\left(s, b_i\right) = \alpha_k \left[r_{k+1} - \mathrm{FQ}_k\left(s, b_i\right) + \gamma \max_{b_i{}'} \mathrm{FQ}_k\left(s{}', b_i{}'\right) \right] \qquad (6.26)$$

式中，i 是机器人的编号；b_i 是在 s 状态下第 i 个机器人可选择的行为；$\alpha_k \in [0,1]$ 是学习速率；r_{k+1} 是反馈；$\mathrm{FQ}_K(s, b_i) \in \mathbb{R}$ 是最优 Q 值的第 k 次估计；$\gamma \in [0,1]$ 是折扣因数，代表了在下一状态下所有可能的最大 Q 值；b_i' 是在 s' 状态下第 i 个机器人可选择的行为，且 $\Delta \mathrm{FQ}_{k+1}(s, b_i) = \mathrm{FQ}_{k+1}(s, b_i) - \mathrm{FQ}_k(s, b_i)$。

6.3.2 基于信息驱动的模糊友好 Q 学习情感意图行为适应机制

在人机交互中，人类信息将极大地促进沟通，但是 FPRFQ 在实现过程中忽略了一些有用的人类信息，如年龄和宗教信仰等。这些附加信息对于机器人的智能化是有用的，并对人的习惯有很大的影响。因此，引入信息驱动模糊友好 Q 学习（information-driven fuzzy friend-Q，IDFFQ）算法 [33]，充分利用人类信息。在 IDFFQ 中，行为选择由混合信息（即人类身份信息和 Q 值）生成，而不仅仅是由 Q 值生成，如图 6.4 所示，主要由四个模块组成。

第一个模块为环境信息 I 的转化。信息转化模块的输出作为 IDFFQ 的输入。有两种输入，包括状态信息 I_S（IDFFQ 的输入）和附加信息 I_A（用于行为选择）。

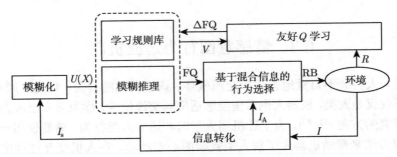

图 6.4 信息驱动模糊友好 Q 学习

第二个模块为模糊化和模糊推理。通过使用隶属函数，将清晰的输入集合 I_S（如人类意图和情感等）模糊化成模糊集合的术语（如意图集合中的喝葡萄酒、情感集合中的开心等）。通过观察状态与行为之间的关系，使用"If-Then"模糊产生式规则进行模糊推理，图中 ΔFQ 为更新函数。

$$R_i: \text{ If } I_S = S_i \text{ Then } RB_j = \left\{ b_{kj} \text{ with } FQ_{kj} \right\} \tag{6.27}$$

式中，i 是学习规则的编号；I_S 是输入集合；S_i 是模糊状态集合；RB_j 是第 j 个机器人的行为集合；b_{kj} 是第 j 个机器人的第 k 种可能的行为；FQ_{kj} 是对应每个 b_{kj} 的 Q 值，且 $Q \in \mathbb{R}$。

第三个模块为机器人行为选择。利用 ε-greedy [34] 和玻尔兹曼函数 [35] 生成机器人行为的探索/开发策略。当温度参数 $T = 0$ 时，玻尔兹曼探测作为纯过溢算法，随着 T 趋于无穷大，机器人随机选择行为。在玻尔兹曼探测中，Q 值是唯一的行为选择参考。例如，在真正的人机交互应用中，机器人状态和人类状态都有可能立即受到机器人行为的影响。例如，机器人应该根据客户的宗教信仰选择适当的饮料。因此，玻尔兹曼探测应结合个人信息 I_A，将其重新定义为

$$p(s, b_i) = \begin{cases} \exp\left[\dfrac{\max\limits_{b_i} FQ(s, b_i)}{T}\right] \bigg/ \sum_{i=1}^{n} \exp\left[\dfrac{FQ(s, b_i)}{T}\right], & I_A = \varnothing \\ f(I_A), & I_A \neq \varnothing \end{cases} \tag{6.28}$$

式中，$f(I_A)$ 是从概率 $p(s, b_i)$ 到附加个人信息 I_A 的映射。

第四个模块为友好 Q 学习，它根据机器人的行为适应水平计算奖励值，采用式（6.28）更新函数 ΔFQ，并在学习规则库中更新 Q 值：

$$V_k\left(s'\right) = \max FQ_k\left(s', a_i'\right) \tag{6.29}$$

式中，$V_k\left(s'\right)$ 代表下一个状态 s' 的所有可能行为的最大值。

1. 行为适应机制架构

基于情感–年龄–性别–国籍意图理解模型的 IDFFQ 行为适应机制，提出一种多机器人行为适应机制，该机制可以反映人类个人信息（即年龄、性别、国籍和宗教信仰）的影响以及情感意图等深层信息。该架构由信息处理和行为适应两部分组成，如图 6.5 所示。

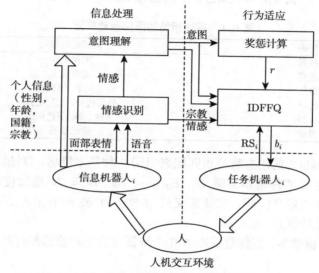

图 6.5 信息驱动模糊友好 Q 学习行为适应机制

信息机器人进行信息处理，用于了解人类的社会行为。任务机器人执行行为适应，包括奖励计算和基于 IDFFQ 的行为适应。

2. 人类信息处理

情感识别主要利用人类面部表情，采用基于 Candide 3 的 3 维人脸面部模型[36]，根据面部运动单元（facial action units，FAU）识别 7 种基本情感，包括高兴、悲伤、生气、惊讶、厌恶、害怕和中性。通过实验，从 Candide 3 模型中选出 6 个 FAU 中最夸张的面部表情，如图 6.6 所示，包括上唇上扬、嘴巴拉长、眉毛向下、嘴角上扬、外眉提升和下巴向下，如表 6.4 所示。因此，通过跟踪 FAU 来分析面部表情变化，并获取动态面部表情。追踪的每个面部表情特征点可以表示为

$$f = \left[T_a(1)^{\mathrm{T}}, T_a(2)^{\mathrm{T}}, T_a(3)^{\mathrm{T}}, \cdots, T_a(L-1)^{\mathrm{T}}, T_a(L)^{\mathrm{T}}\right]^{\mathrm{T}} \tag{6.30}$$

式中，L 是图像序列长度；T_a 是对应参数；f 是对应于 6 个运动单位的 6 维特征矩阵。

(a) 高兴　　　(b) 悲伤　　　(c) 生气　　　(d) 惊讶　　　(e) 厌恶　　　(f) 害怕　　　(g) 中性

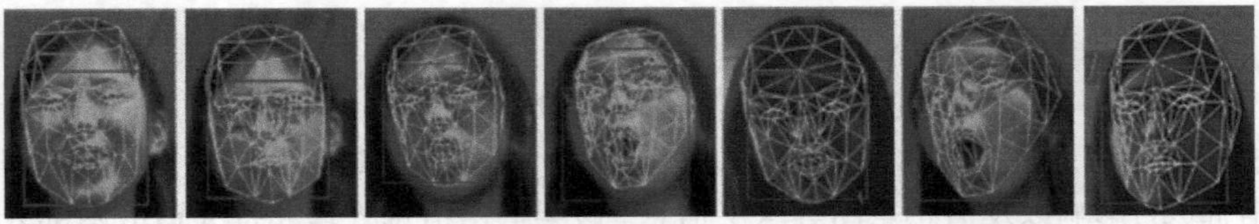

图 6.6　不同情感状态对应的面部运动单元特征点

表 6.4　描述情绪的面部运动单元

情感	面部运动单元
高兴	嘴角上扬
悲伤	眉毛向下
生气	眉毛向下, 下巴向下
惊讶	外眉提升, 上唇上扬
厌恶	下唇上扬, 下巴向下
害怕	嘴巴拉长

　　基于 Candide 3 的动态特征点匹配来识别 7 种基本情感, 算法流程如下。

　　Step 1: 定义 7 种基本情感 $E_1, E_2, \cdots, E_N$, $N = 7$。通过使用 Candide 3, 基于 m 个特征点定义情感, 重新定义式 (6.30) 为 $E_i = (e_{i1}, e_{i1}, \cdots, e_{im})$, 其中 $e_{im} \in (-1, 1)$ 是特征点, $m= 6$。

　　Step 2: 数据准备。根据数据库中 6 个特征点的平均值选择每种情感的中心点 $\overline{E_i}$。

　　Step 3: 计算。根据马哈拉诺比斯距离公式, 当前情感 E 和每个情感中心 $\overline{E_i}$ 之间的距离 d 计算如下:

$$d^2(E, \overline{E_i}) = (E - \overline{E_i})^{\mathrm{T}} S^{-1} (E - \overline{E_i}) \tag{6.31}$$

式中, S 是 E 和 $\overline{E_i}$ 之间的协方差。

　　Step 4: 匹配。根据最小距离 d 得到情感 E:

$$\min\{d(E, E_i)\}, \quad i = 1, 2, \cdots, N \tag{6.32}$$

　　Step 5: 调整。采用滑动窗口机制, 选择从当前开始 20 组情感输出中出现较多的情感, 则确定为 E, 最后输出情感 E。

　　3. 基于 IDFFQ 的行为适应机制

　　1) 奖励函数

　　奖励函数用于评估任务机器人的适应水平, 根据机器人完成任务的情况以及人类满意度计算, 定义为

$$r = \begin{cases} r_t, & \text{仿真} \\ (r_t + r_h)/2, & \text{应用} \end{cases} \tag{6.33}$$

式中，r_t 表示任务的完成情况，分别设定为 40（成功的情况）、−1 （出错的情况）和 −40（失败的情况）；r_h 表示人的满意水平，分别设定为 40（非常满意的情况）、20（满意的情况）、−1 （正常情况）、−20（不满意情况）和 −40（非常不满意情况）。

例如，在酒吧喝酒的情景下，任务成功完成就是机器人选择了正确的酒水（最高奖励），错误意味着所选择的饮料不是客户想要的（鼓励奖励），失败意味着机器人没有选择（惩罚）。

2）基于信息驱动的模糊友好 Q 学习行为适应算法

基于信息驱动的模糊友好 Q 学习行为适应机制的具体步骤如下。

Step 1：参数初始化。分别将温度参数、学习步骤、学习率和折扣因子初始化为 1000、N、1 和 0.99。

Step 2：信息传输。根据图 6.4，环境信息 I 由人类意图（human intention，HI）、情感（human emotion，HE）、宗教（human religion，HR）信仰和机器人自我状态组成。所有这些环境信息传输到输入状态 I_S 和附加信息 I_A。例如，在酒吧饮酒场景中，有一个信息机器人和两个任务机器人（包括服务员机器人和音乐机器人），根据人的情感意图，采用服务机器人为客户提供饮料，采用音乐机器人来播放音乐。服务机器人的任务是提供饮料服务，结合自身状态位置（robot location，RL），则 $I_S = \{\text{HI}, \text{RL}\}$，$I_A = \{\text{HR}\}$。音乐机器人的任务是根据人的情感来播放音乐，得到播放音乐的数量（robot playing，HP），则 $I_S = \{\text{HE}, \text{RP}\}$，$I_A = \{\phi\}$。

Step 3：模糊化。将 8 个顾客在酒吧喝酒的意图选择值（从 1 到 8）模糊成相应的模糊语言变量，包括"1-葡萄酒""2-啤酒""3-清酒""4-果醋""5-烧酒""6-威士忌""7-无酒精饮料"和"8-其他饮料或食物"。

通过试错法获得情感模糊状态的三角–梯形隶属度函数，如图 6.7 所示，在快乐唤醒平面 [37] 中表示情感，对于"激动–平静"坐标轴，5 个变量分别是非常平静（VS）、平静（S）、中性（NT）、激动（A）和非常激动（VA）。对于"开心–不开心"坐标轴，分别是非常不开心（VD）、不开心（D）、中性（NT）、开心（P）和非常开心（VP）。

Step 4：模糊推理。对于服务机器人，由于位置与客户的 8 种意图相关，设计 64（8×8）种模糊规则为

$$\text{If} \quad I_S = \{\text{HI and RL}\}, \text{ Then } \text{RB}_j = \{b_{kj} \text{ with FQ}_{kj}\} \tag{6.34}$$

对于音乐机器人，根据以前对情感和音乐的研究 [38]，使用 4 种小提琴音乐来表达 7 种基本情感（即高兴、悲伤、生气、惊讶、厌恶、害怕和中性）。因此，28（7×4）条模糊规则的细节设计如下：

$$\text{If} \quad I_S = \{\text{HI and RP}\}, \text{ Then } \text{RB}_j = \{b_{kj} \text{ with FQ}_{kj}\} \tag{6.35}$$

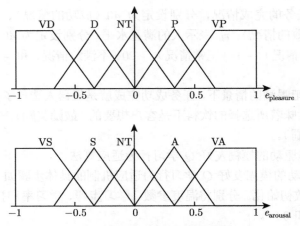

图 6.7　快乐唤醒平面的模糊隶属函数

Step 5：行为选择。对于服务机器人，基于顾客宗教信仰 HR 和 Q 值选择行为。

根据伊斯兰教信仰者不允许饮酒的宗教信仰信息，式 (6.28) 的详细设计如下：

$$
p(s, b_i) = \begin{cases}
\exp(\max_{b_i} \mathrm{FQ}(s, b_i)/T) \Big/ \sum_{i=1}^{n} \exp(\mathrm{FQ}(s, b_i)/T), \\
\qquad \mathrm{HR} \neq \mathrm{Muslim} \\
0, \qquad \mathrm{HR} = \mathrm{Muslim} \& \neq \min_{b_i}(\mathrm{RL}'_i - \overline{\mathrm{HR}}) \\
1, \qquad \mathrm{HR} = \mathrm{Muslim} \& \min_{b_i}(\mathrm{RL}'_i - \overline{\mathrm{HR}})
\end{cases}
\tag{6.36}
$$

式中，RL 是机器人的位置，设定 HR 为 "7-无酒精饮料" 作为伊斯兰教信仰者的意图。对于音乐机器人，具有更高 Q 值的行为更有可能被选择。

Step 6：更新 Q 值。根据获得的奖励，通过使用更新函数 (6.26)，将每个机器人中选择性行为的 Q 值更新并保存到学习规则库。

Step 7：如果 RL = HI/HR（对于服务机器人）的位置或 RP = HE（对于音乐机器人），学习将停止，并输出每个机器人的最佳学习行为，否则跳到 Step 8。

Step 8：令 $n = n + 1$。如果学习步骤 n 小于 N，则跳转到 Step 2，否则跳到 Step 1。

6.4　情感意图实验

通过研究发现人类个人信息（如年龄、性别和省份）对于情感意图理解有显著作用，情感意图理解机制需要将用户个人信息和情感信息融合，从而实现和谐的人机交互。所有机器人主要分为信息机器人和任务机器人两类,其中信息机器人搜集用户个人信息,包括年龄、性别和省份等,任务机器人执行后续行为适应机制。

6.4.1 情感意图的理解实验

在意图理解前,首先进行动态情感识别。

1. 动态情感识别

基于 Candide 3 开发一个 3 维人脸模型并应用于情感识别,主要描述如下:

$$g = sR(\bar{g} + AT_a + ST_S) + t \tag{6.37}$$

式中,g 是期望的面部模型;s 是放大系数;R 是旋转矩阵;$\bar{g}$ 是标准模型;A 是一个活动单元;S 是外形单元;T_a 和 T_S 分别是 A 和 S 相应的参数;t 是模型转换向量。追踪过程中外形参数 T_S 一旦确定,将不会再改变。其余的参数可由矢量 b 表示,其中 $b = [s, r_x, r_y, r_z, T_a, t_x, t_y]$。

基于 Candide 3 模型的追踪算法,当匹配到最新人脸表情之后,可以快速更新得到矢量 b。FAU 是面部表情变化的基本元素,7 种基本情感(即高兴、悲伤、生气、惊讶、厌恶、害怕和中性)可以用面部运动单元组合来表达。因此,可以通过追踪面部运动单元来分析面部表情变化,从而得到实时的面部表情。研究中找出了相应的 6 个运动单元,包括上唇上扬、嘴巴拉长、眉毛向下、嘴角上扬、外眉提升和下巴向下,并追踪这些特征。采用 Candide 3 模型追踪人脸面部表情,选择提取与人脸表情相关的运动单元,可以描述如下:

$$f = \left[T_a(1)^{\mathrm{T}}, T_a(2)^{\mathrm{T}}, T_a(3)^{\mathrm{T}}, \cdots, T_a(L-1)^{\mathrm{T}}, T_a(L)^{\mathrm{T}} \right]^{\mathrm{T}} \tag{6.38}$$

式中,L 是图像序列的长度。

因为使用了 6 种运动单元特征,所以 f 是一个 6 维特征矩阵,也就是说有 6 个特征点 $E_i = (AU_0, AU_1, \cdots, AU_m), AU_m \in (-1, 1)$。通常情况下,有 7 种基本情感(即高兴、悲伤、生气、惊讶、厌恶、害怕和中性),为了区分这 7 种基本情感,应用基于动态特征点匹配方法的 Candide 3 模型。面部识别结果由下面的两层模糊支持向量回归模型获取,如表 6.5 所示。同时,采用滑动窗口机制,剔除之前的数据,总是选取从当前开始的 20 组数据,出现数据越多的表征某一类表情。

2. 基于两层模糊支持向量回归模型的意图理解实验

1)实验环境

为了验证提出的意图理解模型,在此进行了模拟实验和应用实验。实验在"酒吧喝酒"的情景中进行,酒吧是常见交流场所之一,在全世界都很流行,在日本酒吧被称为居酒屋。上班族经常在工作之余会去那里朋友聚会,享受在居酒屋的时间成了上班族生活中的一部分。理解酒吧消费者的意图是增加酒吧收益、促进交流的有效途径。客户偏好问题是一个非常有趣的研究话题，模拟和应用实验的目标是根据客户情感来了解酒吧消费者的意图请求。

表 6.5　情感识别模糊规则

规则	If	Then
R_1	$AU_3 > 0.1, AU_5 > 0.05$	生气
R_2	$AU_5 > 0.05, AU_2 < -0.2$	害怕
R_3	$AU_1 > 0.1, AU_3 < 0.0$	惊讶
R_4	$AU_2 - AU_4 > 0.1, AU_4 < -0.3$	高兴
R_5	$AU_3 > 0.1, AU_1 < 0$	悲伤
R_6	$AU_1 < 0, AU_2 < -0.3, AU > 0.1$	厌恶
R_7	$AU = 0$	中性

考虑到意图理解过程的复杂性，首先进行模拟实验，模拟实验不仅可以反复进行，简化意图理解过程的调试，还可以模拟现实生活中很少遇到的各种情感。模拟实验旨在验证方法的准确性。然后，在开发的 Mascot 机器人系统（MRS）中验证其有效性和实用性 [18]。MRS 是人机交互的典型应用，它是一种信息获取系统，主要用作与人沟通的信息终端。在本实验中，MRS 用于机器人和上班族之间的交互 [39]。

在 MRS 中，5 个眼球机器人在上班族生活中扮演不同的角色，即 4 个固定眼球机器人分别担任秘书、同事、酒吧女郎和顾客，自主移动眼球机器人作为上班族的儿子。机器人技术中间件（robot technology middleware，RTM）用于构建称为 RTM-Network 的 MRS 网络系统，其中每个机器人可以被视为网络组件，每个机器人的每个功能单元称为机器人技术组件（robot technology component，RTC）。

RTM 网络是一个双层网络系统，包括信息传感层和数据处理层。RTM 网络中有九个模块，包括语音识别模块（speech recognition module，SRM）、面部表情识别模块（facial expression recognition module，FERM）、手势识别模块（gesture recognition module，GRM）、眼球机器人控制模块（eye-robot control module，ERCM）、情感处理模块（emotion processing module，EPM）、显示模块、移动机器人控制模块、场景服务器模块和信息检索模块 [40]。

首先，SRM 通过麦克风感应语音信息，FERM 和 GRM 使用 Kinect 感测面部表情和手势信息。然后，EPM 从 SRM、FERM 和 GRM 获取识别结果，将其发送到服务器模块进行进一步处理，如计算个人情感等。最后，每个机器人根据所获得的情感来理解人们的意图。在初步应用中，FERM 主要用于情感识别，只有高兴、悲伤、生气、惊讶、厌恶和害怕这 6 种基本情感被用于表达人的情感，因为 MRS 在识别这 6 种基本情感方面有丰富的经验 [39, 40]，能够准确地识别 6 种基本情感。

2）数据准备

数据准备是基于"在酒吧喝酒"的场景设计的，采用信息采集系统从 32 名志愿者收集模拟实验数据样本，如图 6.8 所示。信息采集系统用 Visual Studio 2013 中的 C# 创建，其中包括情感识别模块和调查问卷模块。

调查问卷反映了顾客情感与订单意图之间的关系，同时记录年龄、性别和国籍等个人信息。为了便于理解和选择，调查问卷转化为问卷模块，如图 6.8 所示，图中包括识别个人信息和订单意图选择。订单意图主要包括酒吧的六大流行饮品，包括红酒、啤酒、清酒、果醋、烧酒和威士忌。

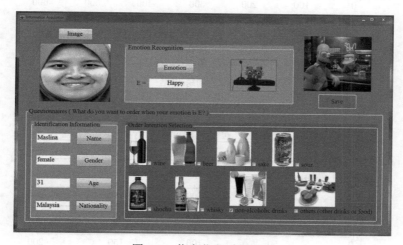

图 6.8　信息获取系统界面

志愿者包含 30~55 岁的 5 名男子，20~35 岁的 17 名研究生（不同性别），分别来自 6 个国家（即中国、日本、韩国、马来西亚、古巴和墨西哥）。此外，为了得到更有效的结果，收集了东京一个名叫"Watami"的酒吧中的 10 位实际客户的数据，他们主要来自中国和日本，年龄在 20~60 岁，其中男性 6 人，女性 4 人。他们随机点单，如果超出了流行的 6 种饮料，意向将被收集为"7-无酒精饮料"或"8-其他饮料或食物"。从 32 名志愿者中收集了 800 组数据，其中，600 组用于训练，200 组用于测试，如图 6.9 和图 6.10 所示。

情感识别是通过面部表情实现的，根据快乐觉醒情感空间，共有 25 种情感，如图 6.11 所示。通过情感识别模块，不仅直接给出识别结果，还能将 25 种情感和相应的面部表情状态中的任何一种添加到 Access 2013 数据库。情感识别模块具有情感记录的功能，在具有志愿者面部表情数据记录的情况下，情感识别准确性得到保证，不会影响意图理解的准确性。

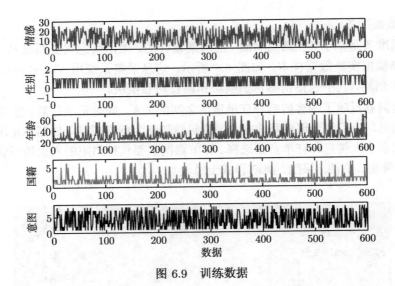

图 6.9　训练数据

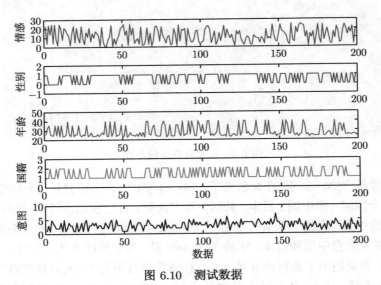

图 6.10　测试数据

对收集的数据，通过 N-way ANOVA 来验证情感、年龄、性别、国籍对意图的影响，其中自变量是年龄、性别、国籍和情感，因变量是意图。零假设认为每个影响因素（即年龄、性别、国籍和情感）对意图有同等的影响。根据表 6.6 的方差分析，4 个独立变量的所有 P 值均低于 0.05，因此零假设不成立，这意味着年龄、性别、国籍和情感对意图有一定影响。由于收集的数据可以证明年龄、性别、国籍和情感的统计学意义，可以应用于模拟实验。

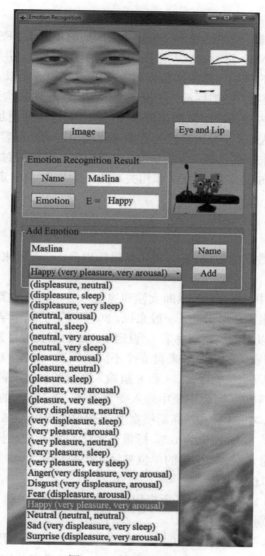

图 6.11　情感识别界面

表 6.6　方差分析

来源	SS	df	MS	F	Prob $> F$
情感	492.62	24	20.256	5.92	1.1102×10^{-16}
年龄	763.79	13	58.753	16.93	0
性别	111.44	1	111.435	32.12	2.0632×10^{-8}
国籍	484.08	3	161.359	46.51	0
误差	2626.5	757	3.47	—	—
总计	4186.87	799	—	—	—

3）实验结果

为了验证情感理解模型的效率，在初步应用实验中对 TLFSVR、SVR 和反向传播神经网络（BPNN）进行对比，旨在通过情感了解意图，并讨论年龄、性别和国籍在情感理解中的作用。模拟实验根据收集的情感和意图以及个人信息（即年龄、性别和国籍）模拟"酒吧饮酒"情况。目标是实现透明的沟通（心与心之间的沟通），也就是说，内在的期望意图是可以实现的，促进沟通更加顺利。换句话说，根据客户情感和个人信息，采用提出的意图理解模型正确获取客户的订单。根据目标，使用 4 个指标来评估性能，包括精度、计算时间、平均绝对相对偏差（average absolute relative deviation，AARD）和相关系数，其中 AARD 定义为

$$\%\text{AARD} = \frac{100}{N} \sum_{i=1}^{N} \left| \frac{y_{\text{cal}} - y_{\text{exp}}}{y_{\text{exp}}} \right| \times 100\% \tag{6.39}$$

式中，N 表示测试数据的数量；y_{cal} 表示结果输出；y_{exp} 表示来自信息获取系统的实际值。

在第一个实验中，根据性别（即女性和男性），FCM 的聚类数目 C 设定为 2。在第二个实验中，根据年龄分布（一般来说，30 岁以下的属于学生，30~55 岁的属于工作年龄，55 岁以上的属于退休者），设定 FCM 的聚类数目为 3。在第三个实验中，根据国籍（数据收集的志愿者来自 6 个不同的国家），设定 FCM 的聚类数目 C 数量为 6。通常情况下，根据 1、2、4 和 8 组输入变量的尺寸，重叠参数 ε 可以分别选择为 2.5、3.5、4 和 5。因为实验中输入变量为 4，故 FCM 的 η 和灵敏度阈值 ε 分别设置为 3 和 1。在 SVR 中，高斯核宽度 σ 建议为（0.1~0.5）×（输入的范围），输入全部被归一化，故 σ 被选为 0.5，标量正则化参数 γ 被选择为 200。BPNN 具有三层（输入层、隐含层、输出层的单位神经元个数分别为 4、12 和 1），学习率为 0.25，惯性系数为 0.05。

图 6.12 ~ 图 6.14 分别显示了所提出的 TLFSVR、SVR 和 BPNN 的输出曲线和输出误差，C 分别为 2、3 和 6。

根据模拟结果，当 C 为 2、3、6 时，TLFSVR 的准确率分别为 70%、72%、80%，SVR 的准确率分别为 23%、26%、33%，BPNN 的准确率分别为 35.5%、37.5%、45.5%。采用提出的意图理解模型，计算时间约为 0.976s、0.935s、0.67s，表明计算速度 SVR 为 1.9、2、2.8，为 BPNN 的 3.6 倍、3.7 倍、5.2 倍。在仿真实例中可以发现，所提出的理解模型的精度高于 SVR 和 BPNN，导致输出值与实际值之间较小的 AARD 和较高的相关系数，这表明基于 TLFSVR 的意图理解模型能够更好地匹配实际情况。

聚类数目 C 的增量在一定程度上提高了理解精度。重叠参数 ϵ 是提出的理解模型中的一个重要参数，随训练数据维数的变大而变大。实验中输入值的维数为

4（即年龄、性别、国籍和情感），因此重叠参数 ϵ 可以被设置得很大，即覆盖所有的训练数据，从而保证精度。

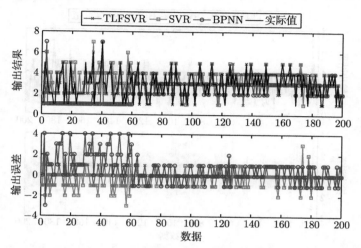

图 6.12   TLFSVR、SVR 和 BPNN 的输出曲线和输出误差，$C = 2$（性别）

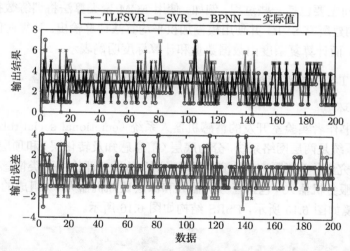

图 6.13   TLFSVR、SVR 和 BPNN 的输出曲线和输出误差，$C = 3$（年龄）

除了情感之外，还添加了包括年龄、性别和国籍在内的个人信息，作为对人类情感的补充，特别是处理对"好奇""强迫笑"和"可爱"等隐藏情感的误解。例如本章实验中，假定对于信仰伊斯兰教国家的志愿者，无论情感错误还是虚假，他们都不会选择含酒精饮料，可采用提出的意图理解模型，根据国籍信息选择无酒精饮料。另外，ID 信息（人的姓名）正在通过使用该方法进行记录，若是熟悉的 ID，则可根据其喜好来选择饮料。所有这些补充信息用于减少错觉或虚假情感识别的影响，在一定程度上保证意图理解的准确性。

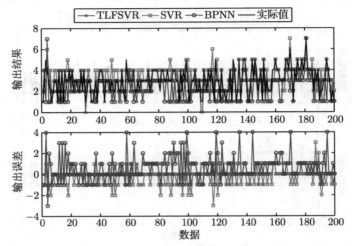

图 6.14　TLFSVR、SVR 和 BPNN 的输出曲线和输出误差，$C = 6$（国籍）

计算时间主要包括一些过程，例如，使用 FCM 聚类算法将训练数据分割为 C 训练子集，构建所有 SVR，并使用模糊加权平均算法计算输出。计算时间受计算复杂度的影响，而计算复杂度由数据数量和计算标度明确表示。

3. 基于 T-S 的两层模糊支持向量机回归模型的意图理解实验

1）实验环境

采用本书作者实验室开发的情感机器人系统（emotional social robot system，ESRS），该系统是两层网络系统，分为底层（信息感知及转化层）和顶层（智能计算层），6 名研究生作为"顾客"扮演"酒吧喝酒"场景来评价由两类情感机器人（信息机器人和服务机器人（包括任务机器人和深层认知机器人））组成的行为适应机制，实验环境如图 6.15 所示，ESRS 结构如图 6.16 所示。

图 6.15　实验环境示意图

2）数据准备

实验室的 30 名研究生及本科生作为志愿者提供了情感数据样本，他们来自中国各省，年龄为 18~28 岁，因此地域差异也被考虑在内。实验中，每个志愿者做出 7 种基本的表情，即高兴、悲伤、生气、惊讶、厌恶、害怕和中性，对 8 种意图分别编号"1-葡萄酒""2-啤酒""3-清酒""4-酸酒""5-烧酒""6-威士忌""7-无酒精饮料"和"8-其他饮料或食物"，对每种饮品的需求程度分别编号"1-非常弱""2-弱""3-一般""4-强烈"和"5-非常强"。志愿者可以选择 1~5 来表达每种情感下对各个饮品的需求程度。其中，信息机器人主要进行情感识别，应用基于动态特征点匹配的 Candide 3 人脸模型。认知机器人主要进行人类情感意图理解，应用基于 T-S 的两层模糊支持向量回归模型。共收集 420 组数据，其中 210 组是训练数据，210 组作为测试数据。

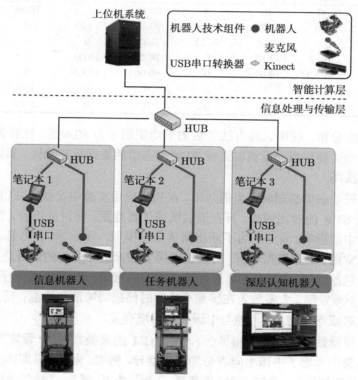

图 6.16　情感机器人系统的网络结构

3）动态情感识别和理解实验

初步应用实验包括动态情感识别和情感理解实验。情感识别主要基于人类实时的动态面部表情，其中通过特征点匹配和基于 Candide 3 的动态特征点匹配方法，识别来自 30 名志愿者的 210 种动态情绪。实验结果如表 6.7 和表 6.8 所示。

表 6.7　使用特征点匹配的混淆矩阵

情感	悲伤	生气	惊讶	厌恶	害怕	中性	高兴
悲伤/%	43.34	0	0	33.33	0	23.33	0
生气/%	0	43.34	0	33.33	23.33	0	0
惊讶/%	0	6.67	86.66	6.67	0	0	0
厌恶/%	0	20.00	0	66.67	13.33	0	0
害怕/%	0	20.00	0	16.67	63.33	0	0
中性/%	0	0	0	0	0	0	0
高兴/%	0	0	0	0	0	13.33	86.67

表 6.8　使用基于 Candide 3 动态特征点匹配的混淆矩阵

情感	悲伤	生气	惊讶	厌恶	害怕	中性	高兴
悲伤/%	66.67	0	0	23.33	0	10.00	0
生气/%	0	63.34	0	23.33	13.33	0	0
惊讶/%	0	3.33	93.34	3.33	0	0	0
厌恶/%	0	13.33	0	76.67	10.00	0	0
害怕/%	0	10.00	0	80.00	10.00	0	0
中性/%	0	0	0	0	0	100	0
高兴/%	0	0	0	0	0	16.67	83.33

　　根据数据分析，使用试验方法之后的平均识别率为 80.48%，比特征点匹配方法高了 10.48%。使用滑动窗机制选择 20 组动态情感数据反复确认，其识别率确实比另一种方法高。

　　为了验证动态情感理解模型的效率，在初步应用实验中又做了 TLFSVR-TS、TLFSVR 及 SVR 的对比试验，旨在通过情感了解意图，并讨论年龄、性别和省份在情感理解中的影响。此外，为了获得情感理解模型，分析 30 名志愿者在家庭环境中饮酒的意图。根据数据分析，可以发现男女在家庭环境中的偏好是不同的。意图调查结果包括 30 名志愿者在家庭环境中的饮酒意图，涉及 15 名女子和 15 名男子。由结果不难发现，大多数人在感到不满的时候想喝啤酒和烧酒；反之，他们选择无酒精饮料或吃食物，这可能与中国人的习惯有关。

　　首先，根据性别（即女性和男性），将 FCM 的聚类数目 C 设定为 2。此外，在第二个实验中考虑了中国不同省份的文化差异，例如，湖北省（即本实验室所在地）和非湖北省的差异，设定 FCM 的集群 C 数量为 2。然后，根据年龄分布（一般来说，由于实验数据都是由本实验室获得的，因此将教育背景替换成年龄），设置集群 C 的数量为 3。通常情况下，根据 1、2、4 和 8 组输入变量的尺寸，重叠参数可分别选择为 2.5、3.5、4 和 5。考虑到这一点，实验中输入变量为 4，FCM 的 η 和灵敏度阈值 ε 分别设置为 3 和 1。在 SVR 中，高斯核宽度推荐为 $(0.1 \sim 0.5) \times$（输入范围），由于实验输入全部归一化，σ 可以选择为 0.5，标量正则化参数 γ 设为 200。

采用不同的隶属函数，验证所提出的 TLFSVR-TS、TLFSVR、KFCM-FSVR 和 SVR 的性能，其中 C 为 2、2、3，结果分析如表 6.9 所示。根据实验结果，采用标准偏差、相关系数、系数精度作为评价指标，当 C 为 2、2、3 时，提出的 TLFSVR-TS 模型获得的精度高于 TLFSVR、KFCM-FSVR 和 SVR。然后，使用不同的隶属函数来修改 TLFSVR 的结果。在第一个实验中，使用最大值的隶属函数，当 C 为 2、2、3 时，TLFSVR-TS 模型获得 76.67%、76.19% 和 75.71% 的高精度，如图 6.17～图 6.19 所示。在第二个实验中，使用平均值的隶属函数，当 C 为 2、2、3 时，TLFSVR-TS 模型获得 76.19%、75.71% 和 75.24% 的高精度。在第三个实验中，使用中值的隶属函数，TLFSVR-TS 模型获得 77.67%、76.19% 和 75.71% 的高精度，其中 C 为 2、2、3。结果表明，该方法在纠正人的意图方面发挥了重要作用。通过比较，可以使用中位数的隶属函数来获得良好的效果。

表 6.9　情感意图理解结果对比

指标	TLFSVR-TS			TLFSVR			SVR
	性别	省份	年龄	性别	省份	年龄	
C	2	2	3	2	2	3	
标准差	1.4130	1.4220	1.4511	1.3971	1.4034	1.4280	1.4667
相关系数	0.6615	0.6561	0.6378	0.6710	0.6698	0.6580	0.6278
准确率/%	76.67	76.19	75.71	70.00	70.00	69.05	67.62

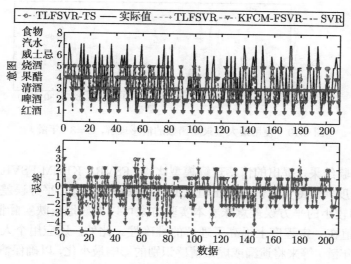

图 6.17　使用最大值隶属函数的情感理解，$C=2$（性别）

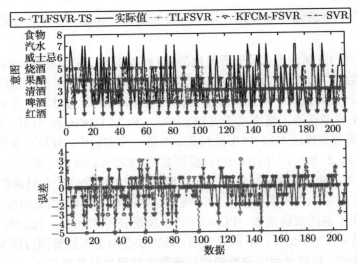

图 6.18　使用最大值隶属函数的情感理解，$C=2$（省份）

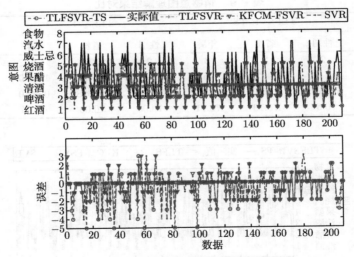

图 6.19　使用最大值隶属函数的情感理解，$C=3$（年龄）

　　根据实验结果，提出的情感理解模型比 TLFSVR、KFCM-FSVR 和 SVR 具有更高的精度，使得实际值和输出值之间的相关系数更高，平方误差更小。较高的相关性和较小的平方误差意味着本实验方案可以更好地反映实际情况。同时，较大的 C 值在一定程度上提高了理解的准确性。此外，还应用个人信息（即性别、省份和年龄）等来将遗漏或虚假情感识别的影响最小化，以确保情感理解的准确性。

为了进一步研究人机交互，深层次的信息理解受到越来越多的重视，机器人如何将其行为适用于深层次的信息，如意图等，而不是只有情感和氛围，将是一个有趣的研究课题。随着情感机器人技术的快速发展，它们被赋予人类的智慧。例如，Pepper [41] 可与家庭环境中的孩子一起学习。在 ActivMedia 机器人操作系统中，基于对人们行为的理解，机器人作为协作联合活动中的社交伙伴 [42] 以及使用开发的 ESRS 的初步应用实验，表明提出的基于 TLFSVR-TS 情感理解模型可以成为理解情感机器人的有效的方法。

6.4.2　情感意图的行为适应实验

1. 实验环境

实验在"酒吧喝酒"的情景中进行，理解酒吧消费者的意图是增加酒吧收益、促进交流的有效途径。前面提出了基于意图理解模型的两层模糊支持向量机回归模型，为了得出基于个人信息（如年龄、性别、国籍和宗教信仰等）的深层认知信息（如意图等），确定实验的目标是使服务机器人的行为适应酒吧消费者的意图请求。

在酒吧，消费者经常喝酒听音乐，这表明酒和音乐是酒吧的两个必需品。基于此，"酒吧喝酒"的场景应该包含一个信息机器人（理解客人的情感和意图）和两个服务机器人（一个服务员机器人根据客人意图选择酒水，另一个音乐机器人根据客人情感演奏音乐）。由情感意图理解和行为适应实验构成的仿真实验主要由 3 个机器人组成。情感–意图理解实验模拟信息机器人的工作，其中情感识别采用 Visual Studio C ++ 开发，意图理解采用 MATLAB 开发。行为调节机器人模拟服务机器人的工作，服务员机器人根据客人意图选择酒水，音乐机器人根据客人情感演奏音乐。行为调节实验通过 MATLAB 进行仿真，实验用的计算机配置为双核处理器（2.8GHz）、2.99GB 内存和 Windows 7 系统。

2. 数据准备

邀请 8 名志愿者构建情感识别数据样本，他们表现出 7 种基本情感，如高兴、悲伤、生气、惊讶、厌恶、害怕和中性，图 6.20 展示了 8 个人的 7 种情感。他们是分别来自 4 个国家的不同性别的人（即中国、日本、韩国和马来西亚），其中马来西亚志愿者都信仰伊斯兰教。

22 个志愿者进行意图理解数据样本的构建，他们需要写下自己的身份信息，包括年龄、性别、国籍和宗教信仰，并完成 25 种情感（高兴、悲伤、生气、惊讶、厌恶、害怕和中性之类的情感等）和 8 种意图（红酒、啤酒、清酒、果醋、烧酒、威士忌、无酒精饮料、其他饮料或食物）之间关系的调查表。共收集 406 组数据，其中 350 组用来训练模型，56 组作为测试数据（对应 8 个志愿者的 7 种基本情绪）。

图 6.20　志愿者表情示意图

　　根据酒吧各种饮品的受欢迎程度，设计了迎合人们行为的搜索地图，如图 6.21 所示，其中斜线框是开始按钮，黑色框是隐藏按钮，数字 1~8 分别表示人类意图 "1-葡萄酒""2-啤酒""3-清酒""4-果醋""5-烧酒""6-威士忌""7-无酒精饮料" 和"8-其他饮料或食物"。

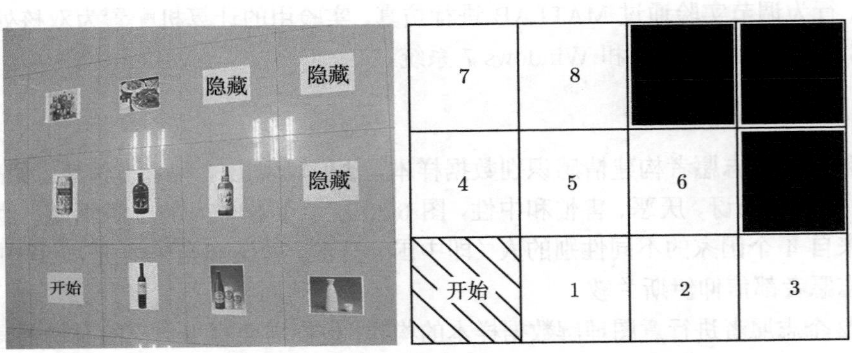

图 6.21　搜索图

　　为了验证提议的性能，以在酒吧饮酒的资深人士为基础，对 IDFFQ 进行实验，与 FPRFQ 进行比较。根据实验设置，有 2 个服务机器人，包括服务员机器人和音乐机器人。其中，服务员机器人的任务是根据顾客的意图选择饮料。根据图 6.21 的搜索图，8 种顾客的意图是"1-红酒""2-啤酒""3-清酒""4-果醋""5-烧酒""6-威士忌""7-无酒精饮料"和"8-其他饮料或食物"，5 种行为分别为"左""右""上""下"和"拿起"。

音乐机器人的任务是播放音乐以适应顾客的情感，并用 4 段小提琴音乐表达 7 种基本情感。其中，中性播放"1-D 调卡农"，高兴播放"2-欢乐颂"，悲伤播放"3-天空之城"，恐惧、惊讶、厌恶和生气播放"4-随想曲第二号"。以这样一种方式，音乐机器人就是"下一步播放"的唯一行为，并遵循"1—2—3—4—1"的顺序。以这种方式，音乐机器人只做"下一个播放"的行为，并遵循"1—2—3—4—1"的顺序。完成服务员机器人的任务意味着适应，直到订单与顾客的意图相同，对于音乐机器人意味着所播放音乐是反映顾客情感的音乐。

在每个算法中，为保证最优策略，温度参数 T 设置为 1000，折扣参数 γ 和学习率 α（初始值 $= 1$）分别设定为 0.99 和 $1/(1+\alpha)^4$（递减函数）。在一个模拟中，每种算法都重复两次和 5000 轮。适应结果如图 6.22 ～ 图 6.24 所示，数据分析如表 6.10 所示，IDFFQ 的平均学习步骤减少 51 个步骤，平均奖励是 FPRFQ 的 3 倍。此外，使用该方法，机器人的响应时间（由计算时间定义）约为 1.12s，比 FPRFQ 节省 3.09s（即比 FPRFQ 消耗的时间多 25%）。

表 6.10　自适应算法（IDFFQ/FPRFQ）的对比结果

指数	均值	最小值	最大值
平均步数	22/73	3/8	43/175
平均奖励	−49/−145	−152/−457	18/1.8
平均计算时间/s	1.12/4.21	0.67/0.76	3.60/9.91

由于以下两个原因，该方法获得的响应时间较短。① 增加了信息机器人，以收集和理解人的意图和情感，也就是说任务机器人通过信息机器人直接获取人类信息而不再用逐个地理解每个顾客的意图；② 个人信息（即年龄、性别、国籍和宗教信仰）被嵌入行为选择的任务机器人中，特别是利用实验者的宗教信仰信息，任务机器人可以快速地将目标调整为无酒精饮料。例如，图 6.22 ～ 图 6.24 的第 22~28 组数据属于信仰伊斯兰教的志愿者，由于式 (6.28) 中考虑宗教信仰信息，所以提出的 IDFFQ 比 FPRFQ 有了更少的学习步骤和更大的奖励。

3. 在 ESRS 中的初步应用实验

为了验证方法的实用性，在开发的 ESRS 中演示了"在酒吧喝酒"的场景，其中有 12 名志愿者和 3 个情感机器人（包括服务员移动机器人、信息移动机器人和音乐机器人）。12 名志愿者是不同年龄的研究生（20~30 岁），3 女 9 男。

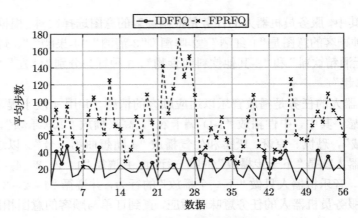

图 6.22　完成任务的平均步数

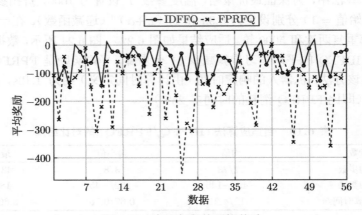

图 6.23　完成任务的平均奖励

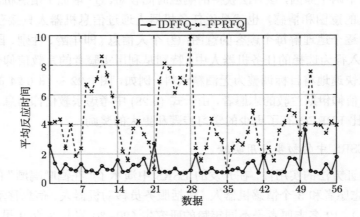

图 6.24　完成任务的平均计算时间

　　顾客的意图包含实验设置中提到的 8 种，面部表情有 7 种基本情感。在了解信息机器人的情感意图之后，服务员机器人会选择反映客人情感的饮品，它主要完成 5 个动作，即左、右、上、下和拾取。例如，当客人表现出"悲伤"情感时，机器人会了解到客人的命令是"啤酒"，服务员机器人会在"开始"按钮处选择"啤酒"，如图 6.25 所示。

图 6.25　　模拟实验现场图

　　调查表的设计如表 6.11 所示，其中问题 1（用于评估理解准确性）的满意度 S_1 是根据客户的反馈，如"5-非常满意"为"是"，"1-非常不满意"为"否"。对于问题 2（用于评估服务的享受度），满意度 S_2 由五个满意度水平的打分情况决定。

表 6.11　　顾客反馈调查问卷

问题	回答
准确率: 1. 是你脑海中想要的命令吗?	1-是, 2- 否
享受度: 2. 你的满意度是多少?	1-非常差, 2-差
	3-一般, 4-好
	5-非常好

　　总满意度由公式 $S = (S_1 + S_2)/2$ 决定。情感意图理解的结果如表 6.12 所示，其中动态情感识别率为 80.1%，意图理解识别率为 77.4%。根据服务员机器人的表现，5 级满意度中 12 位客户的满意度达到 4 级，满意度包括"1-非常差""2-差""3-一般""4-好""5-非常好"。根据表 6.13 的结果，12 名志愿者的平均满意度为"4-满意"，特别是对于信仰伊斯兰教的志愿者，无论什么样的情感，他们都不会选择酒精饮料，因此，与 FPRFQ 相比，IDFFQ 所获得的意图理解更准确、享受度更高。此外，单因素方差分析用于表示表 6.12 中反映的统计学意义，其目的是通过比较不同的反馈来确定不同的准确性（意图理解）和享受度是否有着显著不同。这两种方法都对准确性产生了同等的影响，假定享受度为零假设，由于所有 P 值都低于 0.05，所以零假设不成立，换句话说，不同的方法对准确性和享受度影响深刻，

这验证了实验方法。大型人机交互要求满足具有多人对多机器人（超过 3 个）[43] 交流的条件。在"酒吧饮酒"情景的初步实验中有 12 名志愿者和 3 个移动机器人，可以认为是大型的人机交互系统。比较实验的情感识别结果（80.36%）和实际应用的情感识别结果（80.1%）可知，它们非常接近。这是因为移动机器人的控制单元是具有四核处理器（2.7GHz）、4GB 内存和 Windows 7 系统的 ARK-3500 工业计算机，系统和程序环境与 PC 的模拟相同，可以从实验设置保证情感识别的准确性，具有处理大型人机交互的处理速度。此外，在这种情况下，无论人多少，客户首先应该与信息机器人（作为导向者）沟通，那么信息机器人将会识别人的情感，并通过 WiFi 将信息共享给其他机器人。共享信息机制可以使通信更加顺畅，即使在大型人机交互系统中也能保证情感识别的准确性。

表 6.12　情感识别及意图理解结果

情感识别		意图理解	
情感	识别率	意图	理解率
高兴	11/12	红酒	12/16
悲伤	7/12	啤酒	14/18
生气	10/12	清酒	4/6
惊讶	11/12	果醋	3/4
厌恶	10/12	烧酒	6/7
害怕	9/12	威士忌	9/12
		无酒精饮料	11/13
中性	10/12	其他饮料或食物	6/8
平均	80.1%	平均	77.4%

表 6.13　自适应算法（IDFFQ/FPRFQ）调查问卷结果

志愿者	准确率反馈	享受度反馈	满意水平
1	1/1	4/4	4.5/4.5
2	2/1	3/3	2/4
3	1/2	5/1	5/1
4	1/2	4/3	4.5/2
5	1/1	4/4	4.5/4.5
6	2/2	3/1	2/1
7	1/1	4/3	4.5/4
8	1/2	4/3	4.5/2
9	1/2	5/5	5/3
10	1/2	4/3	4.5/2
11	1/1	4/3	4.5/4
12	1/2	5/1	5/1
平均满意度	4.3/2.7	4.1/2.8	4.2/2.75

在情感识别准确率不高的情况下，如表 6.13 所示应用中的一些误识别，可能导致误解。因此，可以提出两种不同的方法处理这个问题。一个是机器人行为的表现是由人的满意度来评估的。根据任务的成功或者失败，机器人将获得相应的奖励以及人类的满意度。在情感错误识别（导致意图误解）的情况下，机器人不能一次完成任务，而是尝试多次学习达到人的期望。另一个是机器人根据人的识别信息来选择行为。特别是对于信仰伊斯兰教的人来说，不管人的情感如何，机器人可以通过有用的宗教信仰信息快速调整无酒精饮料的目标。此外，典型的人类识别信息不仅包括信仰伊斯兰教的人，该提议也考虑另外一个信息。例如，在应用实验中，12 名志愿者来自中国不同省份（包括湖北、山西、河北等），不同省份的人可能有自己的习惯，机器人的科学行为选择可以由人类引导，可以一步一步地学习这种习惯，直到满足人们的意愿。

在今后的研究中，社交机器人和互联网的结合将受到越来越多的关注，互联网机器人的适应机制研究势必成为热点。已有一些基于信息的强化学习算法应用在社交机器人上，例如，家庭环境中 Peper 机器人与儿童一起学习，NAO 机器人根据人类的认知信息用手抓取物体。本章提出的基于 IDFFQ 行为适应的机制可应用于人机交互中社交机器人的行为适应。

参 考 文 献

[1] Zheng K, Glas D F, Kanda T, et al. Designing and implementing a human-robot team for social interactions. IEEE Transactions on Systems, Man, and Cybernetics: Systems, 2013, 43(4): 843-859

[2] Kirby R, Forlizzi J, Simmons R. Affective social robots. Robotics and Automous Systems, 2010, 58(3): 322-332

[3] Angel F J M, Bonarini A. Studying peoples emotional responses to robot's movements in a small scene. IEEE International Symposium on Robot and Human Interactive Communication, Edinburgh, 2014: 417-422

[4] Wainer J, Robins B, Amirabdollahian F, et al. Using the humanoid robot KASPAR to autonomously play triadic games and facilitate collaborative play among children with autism. IEEE Transactions on Autonomous Mental Development, 2014, 6(3): 183-199

[5] Sisbot E A, Urias L F M, Broqure X, et al. Synthesizing robot motions adapted to human presence. International Journal of Social Robotics, 2010, 2(3): 329-343

[6] Tikhanoff V, Cangelosi A, Metta G. Integration of speech and action in humanoid robots: iCub simulation experiments. IEEE Transactions on Autonomous Mental Development, 2011, 3(1): 17-29

[7] Chen L F, Liu Z T, Wu M, et al. Emotion-age-gender-nationality based intention understanding in human-robot interaction using two-layer fuzzy support vector re-

gression. International Journal of Social Robotics, 2015, 7(5): 709-729

[8]　Keltner D, Haidt J. Social functions of emotions at four levels of anysis. Cognition and Emotion, 1999, 13(5): 505-521

[9]　Spoor J R, Kelly J R. The evolutionary significance of affect in groups: Communication and group bonding. Group Process Intergroup Prelations, 2004, 7(4): 398-412

[10]　Klauer K C, Musch J. Affective priming: Findings and theories//Musch J, Klauer K C. The Psychology of Evaluation: Affective Processes in Cognition and Emotion. Mahwah: Lawrence Erlbaum, 2003

[11]　Vapnik V N. The Nature of Statistical Learning Theory. New York: Springer, 2000

[12]　Bottou L, Vapnik V N. Local learning algorithms. Neural Computation, 1992, 4(6): 888-900

[13]　Al-Shafi S, Weerakkody V. Understanding citizens' behavioural intention in the adoption of e-government services in the state of Qatar. Chemical Physics, 2009, 296(1): 87-100

[14]　Orji R O. Impact of gender and nationality on acceptance of a digital library: An empirical validation of nationality based UTAUT using SEM. Journal of Emerging Trends in Computing and Information Sciences , 2010, 1(2): 69-79

[15]　Holland C, Hill R. The effect of age, gender and driver status on pedestrians' intentions to cross the road in risky situations intentions to cross the road in risky situations. Accident Analysis and Prevention, 2007, 39(2): 224-237

[16]　Keysar B. The illusory transparency of intentoin: Linguistic perspective taking in tex. Cognitive Psychology, 1994, 26(2): 165-208

[17]　Hanheide M, Lohse M, Zender H. Expectations, intentions, and actions in human-robot interaction. International Journal of Social Robotics, 2012, 4(2): 107-108

[18]　Hirota K, Dong F. Development of mascot robot system in NEDO project. 4th International IEEE Conference on Intelligent Systems, Varna, 2008: 38-44

[19]　Cortes C, Vapnik V N. Support-vector networks. Machine Learning, 1995, 20(3): 273-297

[20]　Yu H, Kim J, Kim Y, et al. An efficient method for learning nonlinear ranking SVM functions. Information Sciences, 2012, 209(22): 37-48

[21]　Tarabalka Y, Fauvel M, Chanussot J, et al. SVM and MRF-based method for accurate classification of hyperspectral images. IEEE Geoscience and Remote Sensing Letters, 2010, 7(4): 736-740

[22]　Moavenian M, Khorrami H. A qualitative comparison of artificial neural networks and support vector machinesin ECG arrhythmias classification. Expert Systems with Applications, 2010, 37(4): 3088-3093

[23]　Suykens J A K, Vandewalle J, Moor B D. Optimal control by least squares support vector machines. Neural Networks, 2001, 14(1): 23-35

[24] Ismail S, Shabri A, Samsudin R. A hybrid model of self-organizing maps (SOM) and least square support vector machine (LSSVM) for time-series forecasting. Expert Systems with Applications, 2011, 38(8): 10574-10578

[25] Huang C. A reduced support vector machine approach for interval regression analysis. Information Sciences, 2012, 217(24): 56-64

[26] Ferreira J P, Crisostomo M M, Coimbra A P. Adaptive PD controller modeled via support vector regression for a biped robot. IEEE Transactions on Control Systems Technology, 2013, 21(3): 941-949

[27] Dunn J C. A fuzzy relative of the ISODATA process and its use in detecting compact well-separated clusters. Journal of Cybernetics, 1974, 3(3): 32-57

[28] Bezdek J C. A convergence theorem for the fuzzy ISODATA clustering algorithms. IEEE Transactions on Pattern Analysis and Machine Intelligence, 1980, 2(1): 1-8

[29] Dong W M, Wong F S. Fuzzy weighted averages and implementation of the extension principle. Fuzzy Sets and Systems, 1987, 21(2): 183-199

[30] Chen L F, Wu M, Zhou M T, et al. Dynamic emotion understanding in human-robot interaction based on two-layer fuzzy SVR-TS model. IEEE Transactions on Systems, Man, and Cybernetics: Systems, 2017. DOI:10.1109/TSMC.2017.2756447

[31] Fong T, Nourbakhsh I, Dautenhahn K. A survey of socially interactive robots. Robotics and Autonomous System, 2003, 42(3): 143-166

[32] Ikemoto S, Amor H B, Minato T, et al. Physical interaction learning: Behavior adaptation in cooperative human-robot tasks involving physical contact. The 18th IEEE International Symposium on Robot and Human Interative Communication, Toyama, 2009: 504-509

[33] Chen L F, Wu M, Zhou M T, et al. Information-driven multi-robot behavior adaptation to emotional intention in human-robot interaction. IEEE Transactions on Cognitive and Developmental Systems, 2017. DOI: 10.1109/TCDS.2017.2728003

[34] Kaelbling L P, Littman M L, Moore A W. Reinforcement learning: A survey. Journal of Artificial Intelligence Research, 1996, 4(1): 237-285

[35] Singh S, Jaakkola T, Littman M, et al. Convergence results for single-step on-policy reinforcement-learning algorithms. Machine Learning, 2000, 38(3): 287-308

[36] Ekman P, Friesen W V. Facial Action Coding System (FACS): A technique for the measurement of facial actions. Rivista Di Psichiatria, 1978, 47(2): 126-138

[37] Liu Z T, Wu M, Li D Y, et al. Concept of fuzzy atmosfield for representing communication atmosphere and its application to humans-robots interaction. Journal of Advanced Computational Intelligence and Intelligent Informatics, 2013, 17(1): 3-17

[38] Liu Z T, Mu W, Chen L F, et al. Emotion recognition of violin music based on strings music theory for mascot robot system. The 9th International Conference on Informatics in Control, Automation and Robotics, Rome, 2012: 5-14

[39]　Tang Y K, Dong F Y, Yuhki M, et al. Deep level situation understanding and its appli-
cation to casual communication between robots and humans. International Conference
on Informatics in Control, Automation and Robotics, Reykjavik, 2013: 292-299

[40]　Liu Z T, Wu M, Li D Y, et al. Communication atmosphere in humans-robots inter-
action based on the concept of fuzzy atmosphere generated by emotional states of
humans and robots. Journal of Automation Mobile Robotics and Intelligent Systems,
2013, 7(2): 52-63

[41]　Tanaka F, Isshiki K, Takahashi F, et al. Pepper learns together with children: Devel-
opment of an educational application. IEEE-RAS 15th International Conference on
Humaniod Robots, Seoul, 2015: 270-275

[42]　Bicho E, Erlhagen W, Sousa E, et al. The power of prediction: Robots that read
intentions. IEEE/RSJ International Conference on Intelligent Robots and Systems,
Vilamoura, 2012: 5458-5459

[43]　Kolling A, Walker P, Chakraborty N, et al. Human interaction with robot swarms: A
survey. IEEE Transactions on Human-Machine Systems, 2016, 46(1): 9-26

第 7 章　情感机器人系统的设计及应用

　　情感计算研究的根本出发点是人们不再满足当前传统的被动式人机交互方式，而渴望更加和谐、自然的人机交互方式。当机器具有情感智能时，它将能够准确地识别人类情感，并通过交流氛围适应和预先判别用户的意图达到主动服务的目的，人机交互将会被提升到一个新的高度。机器人能够正确地产生和表达情感状态，是情感机器人研究的重要内容和挑战。

　　本章首先回顾早期的人机情感交互应用系统，对它们的设计理念进行分析，并介绍了目前已经比较成熟的应用。然后对本书作者团队独立开发的人机情感交互系统进行详细介绍，同时对未来情感机器人的应用方向进行展望。

7.1　早期的人机情感交互系统

　　要与人进行自然的交流，机器人应该既能读懂用户的情感，又能表达自身的情感。这就需要机器人通过视觉设备实时感知用户的面部表情、姿态信息，通过语音采集设备实时感知用户的话语、声音姿态及语义信息；更进一步地，随着各种穿戴式传感设备的发展，可以通过人体生理信号采集装置实时感知用户的脑电、肌电等生理信号，从而更加准确地分析用户的情感状态 [1]。

　　目前，国际上有很多研究机构都在积极地对情感信息处理技术（表情及语音情感识别、可穿戴设备开发、意图理解方法、氛围适应技术等）进行研究 [2]，比较著名的情感智能研究单位有贝尔法斯特女王大学 Cowie 和 Douglas-Cowie 领导的情感语音小组、MIT 媒体实验室、慕尼黑工业大学 Schuller 负责的人机语音交互小组、南加利福尼亚大学 Narayanan 负责的语音情感组、日内瓦大学 Soberer 领导的情绪研究实验室、布鲁塞尔自由大学 Canamero 领导的情绪机器人研究小组等 [3]。基于对这些知名机构的研究成果的归纳分析，本节选取两类早期的且较为成熟的人机情感交互系统——Mascot 人机情感交互系统 [4]、WE-4R II 人机情感交互系统，从设计理念到框架搭建进行介绍，并基于此对情感机器人的典型应用进行总结。

7.1.1　Mascot 人机情感交互系统

　　日本东京工业大学研发的 Mascot 机器人系统是一个典型的情感机器人系统，是由目前日本最大的公共研发管理机构（New Energy and Industrial Technology

Development Organization，NEDO）资助而开发的人机交互系统，目的在于促进日本先进的工业发展、环保、新能源和节能技术。

Mascot 机器人系统是日本"新一代机器人发展计划"的一部分，是一种信息演示系统。它是由 5 个机器人通过 RTM 自由连接的一个网络，包括 4 个固定机器人和 1 个移动机器人，每个机器人配置了 1 个眼球模块、1 个语音识别模块以及 1 台控制机器人和带有语音识别模块的笔记本电脑。语音识别模块处理语音信息的输入，并在笔记本电脑上显示。这些机器人通过 RTM 与服务器连接起来，从而构成 Mascot 机器人系统。在运行时，根据语音识别结果，眼球机器人执行预设定的行为表达它们相应的情绪。Mascot 机器人系统结构如图 7.1 所示。

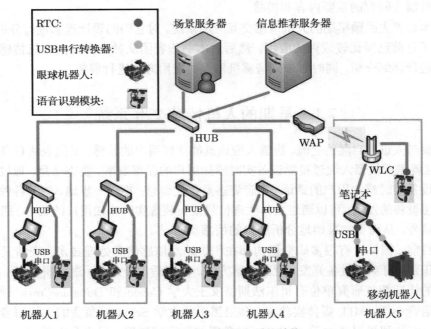

图 7.1　Mascot 机器人系统结构

Mascot 机器人系统的主要目的是实现在家居环境下机器人与人之间的随意交流。通过安装于家用机器人上的语音和视频检测装置，实现语音识别、姿势识别和面部表情识别等功能。Mascot 人机情感交互系统的硬件主要包括适用于任何人的语音识别模块、为用户提供参考选择的信息推荐模块、用于情感表达的眼球机器人和移动式眼球机器人。

语音识别模块是 NEC 公司针对机器人公共基础开发项目中的情感机器人系统开发的，结构紧凑，性能优良，具有体积小、成本低、功耗低、音频输入方便等优点。在交互过程中，语音识别模块通过麦克风实时采集用户的语音信息，提取有助于判断用户情感状态的特征信息。语音识别模块能够对用户的语音进行语义识别，结合情感识别的结果为用户提供相应的信息。在该系统的整体设计中，较为新颖的是眼球机器人，其模仿人眼的机制，可以通过眼皮和眼珠动作来表达情感。眼球机器人的硬件如图 7.2 所示。

图 7.2 眼球机器人

在情感交互过程中，眼球机器人不仅可以采集视觉信号，还能通过眨眼、眼动等拟人的动作来完成情感机器人的情感反馈任务，从而构成了 Mascot 机器人系统的视觉采集及表达模块[5]。在系统的设计中共采用了 5 个眼球机器人，在交互验证实验时，4 个眼球机器人放置在交互环境中的固定位置。图 7.3 为眼球机器人情感表达参数设置示意图，眼球机器人在眼皮部分拥有 3 个自由度，在眼珠部分拥有 2 个自由度，共有 5 个自由度，与面部表情合成系统相比，其复杂度较低。

眼球机器人的输入是由语音识别系统生成的语言类别信息，它的输出则是通过用机器人眼睛运动的控制指令，实现机器人的情感表达。语音识别模块必须接近声音的来源才能正常工作，而移动式眼球机器人的移动能够满足机器人靠近用户的要求。因此，系统中还有一个眼球机器人放置在移动机器人的上面，用于人与机器人之间的交互。移动式眼球机器人如图 7.4 所示。

眼球机器人具有眼皮和眼睛部分，其情感表达是基于快乐-唤醒（pleasure-arousal）模型，其中用户的情感状态是通过语音模块的模糊推理来计算的。快乐轴取决于对话者的赞许，这是由语音模块确定的。

在 Mascot 人机情感交互系统的交互验证实验中，搭建了相应的场景及交互环境，如图 7.5 所示。在这个场景验证实验中，配有眼球机器人和语音检测装置的 4 个固定机器人分别放置在电视、飞镖游戏机、信息终端和迷你酒吧上，这些机器人通过 RTM 与服务器相连，从而构成整个系统。

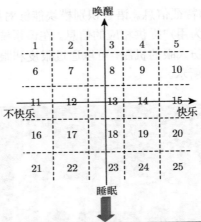

$Q_l/(°)$	值	150	120	90	60	30
	区域	1~5,10,15	6~8,14	13	12,17~20	其余
$\theta_p/(°)$	值	40	20	0	−20	−40
	区域	5,10,15	3,4,8,9,14	13	2,6,12,17~20	其余
$Q_y/(°)$	值	40			20	0
	区域	1,6,11,16,21			2,7,12,17,22	其余
t_l/s	值	2.5	2	1.2	1	0.5
	区域	1~5	6~10	11~15	15~20	其余
t_o/s	值	0.1	0.3	0.4	0.5	1
	区域	15~20	11~15	6~10	1~5	其余

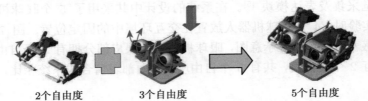

2个自由度　　　　3个自由度　　　　　5个自由度

图 7.3　眼球机器人情感表达参数设置

图 7.4　移动式眼球机器人

图 7.5 Mascot 人机情感交互系统的场景实验

7.1.2 WE-4RⅡ人机情感交互系统

WE-4RⅡ机器人是由日本早稻田大学开发的情感表达人形机器人，它可以实现人与机器人之间的情感交互。为了改善机器人的情感表达和人机之间的情感交互，早稻田大学将人形机器人手 Robo Casa Hand No.1（RCH-1）整合到 WE-4R 中得到 WE-4RⅡ机器人，如图 7.6 所示 [6]。

WE-4RⅡ机器人拥有 59 个自由度，其各部位的自由度如表 7.1 所示。眉毛通过海绵实现，每条眉毛由 4 根通过透明线连接的直流电机驱动。嘴唇由 2 个纺锤形弹簧获得，它们的运动由 4 台直流电机控制。眼睑有 6 个自由度。其他硬件还包

括机器人手臂 (RCH-1) 和各种传感器等。

图 7.6　WE-4R Ⅱ机器人 [6]

表 7.1　WE-4R Ⅱ机器人各部位自由度

部位	脖子	眼睛	眼睑	眉毛	嘴唇	下颌	胸部	腰部	胳膊	头部	总计
自由度/个	4	3	6	8	4	1	1	2	18	12	59

最新开发的人形机器人手 RCH-1 有 5 个手指、6 个活动的自由度和 10 个被动的自由度。所有手指具有相同的设计：每个手指都有一个自由度用于伸展和弯曲运动，拇指有一个自由度用于外展和内收运动。伸展和弯曲运动由直流电机驱动的单根电缆驱动。RCH-1 可以通过特殊机制掌握对象形状，因此不需要独立控制所有的关节。外展和内收运动由直流电机直接驱动，直流电机安装在手掌内部。

WE-4R Ⅱ机器人的头部有视觉传感器、听觉传感器、触觉传感器和嗅觉传感器，手部也有触觉传感器。对于视觉传感器，WE-4R Ⅱ机器人的眼睛里有两个彩色 CCD 摄像机。WE-4R Ⅱ机器人可以计算目标的重力和面积。此外，WE-4R Ⅱ机器人可以将任何颜色识别为目标且同时可以识别 8 个目标，还可以使用两只眼睛的融合的视角识别目标的距离。如果机器人视图中有多个目标，则 WE-4R Ⅱ机器人将遵循机器人在 3D 空间中自主选择的目标。

对于听觉传感器，它可以从 3D 空间中的响度定位声音方向。对于嗅觉传感器，WE-4R Ⅱ机器人的鼻子中设置了 4 个半导体气体传感器，可以快速区分酒精、氨和香烟烟雾的气味，且具有触感和温度感。对于触觉传感器，FSRs（型号 406）被安装在 WE-4R Ⅱ机器人的脸颊、额头、顶部和侧面，可以识别不同的触摸行为，如推、打和敲等，同时具有 on/off 接触传感器。传感器为膜状开关，检测与物体的接触以防没有握紧。

为了控制 WE-4R II 机器人，早稻田大学使用了以太网连接的 3 台计算机（PC/AT 兼容）[7,8]。计算机 1（Pentium 4 3.0GHz，Windows XP）从 CCD 摄像机中捕获视觉图像，计算目标的重力和亮度，并将其发送到计算机 2（Pentium 4 2.66GHz，Windows XP）。计算机 2 使用 12 位 AID 板获取并分析来自麦克风、嗅觉传感器和皮肤传感器的信息，计算机 2 向计算机 3（Pentium III 1.0GHz，Windows 2000）发送 RCH-1 的控制数据。计算机 3 获得并分析 RCH-1 和其控制直流电机上的传感器数据，并将传感器数据发送到计算机 2。

WE-4R II 机器人能够通过面部表情、颈部、手臂和手的运动表达 6 种不同的情绪（快乐、愤怒、惊奇、悲伤、厌恶、恐惧）。图 7.7 展示了 WE-4R II 机器人对快乐这一情感表达的面部表情。

图 7.7　WE-4R II 机器人的情感表达 [7]

7.2　多模态人机情感交互系统

为了实现具有一定情感识别、理解与情感表达能力的人机交互系统，建立自然和谐的人机交互过程，本节提出基于情感计算的人机交互系统方案 [9]。首先，阐述系统的设计目标，对系统的主要功能和软硬件需求进行分析。然后，设计系统的功能模块。接着，对该系统的整体架构进行层级式设计。在系统整体结构的基础上构建情感交互系统框架，完成人机交互系统设计。最后，根据系统的整体结构与情感交互内容，设计出应用于多种场合的人机情感交互场景 [10]。

7.2.1　系统设计目标

基于情感计算的人机交互系统，其主要目标是使用户通过多种交互通道与机器人进行自然的情感交互。系统首先利用多种通道的传感器感知人的情感信息并获取各种模态的情感信号，情感识别分析情感数据，使机器人做出相应的反馈或行为反应，实现人与机器人之间自然和谐的情感交互[11]。

1. 功能设计

多模态人机情感交互系统具有以下主要功能。

（1）通过传感器获取人脸、语音、手势等不同模态的情感信息，进行相应通道的情感识别。

（2）同时获取表现该情感状态不同通道的情感信息，进行多模态情感特征数据的融合与识别，使系统具有多模态的情感识别功能。

（3）根据情感识别结果对人的情感进行分析、理解，产生控制决策与情感驱动数据，使得系统中的机器人或虚拟机器人做出与人情感状态相应的反馈或行为反应，实现机器人的多通道情感表达，从而完成人与机器人及多人与多机器人的整个交互过程。

（4）进行多人与多机器人的情感交互、人与虚拟机器人的远程交互等方面的功能扩展。

根据数据的处理过程与传递方向，可将系统的任务进行以下划分。

（1）感知外部信息与获取情感信号。

（2）多种模式情感信号的融合与识别。

（3）对交互者的情感进行分析并形成机器人的情感驱动数据。

（4）根据情感驱动数据控制执行机构表达出机器人的情感，完成人与机器人的友好交互。

2. 方案设计

基于情感计算的人机交互系统的功能要求，确定系统的设计方案，主要包括基于特征级与决策级融合的情感识别、基于模糊多层级分析的个人意图理解、基于多维情感空间的机器人情感合成模型，总体系统的方案设计图如图 7.8 所示[12]。

基于多模态人机情感交互系统的设计方案，对该系统的硬件与软件进行设计。系统中硬件与软件应相互配合，硬件为软件提供实验平台，软件可控制与使用硬件。其中，系统所需的硬件配置主要分为以下五部分。

（1）情感信号获取设备：包括图像传感器、语音传感器、手势获取设备、生理信号采集设备等，如 Kinect、摄像机、麦克风、眼动仪、智能可穿戴设备、脑电测试仪等。

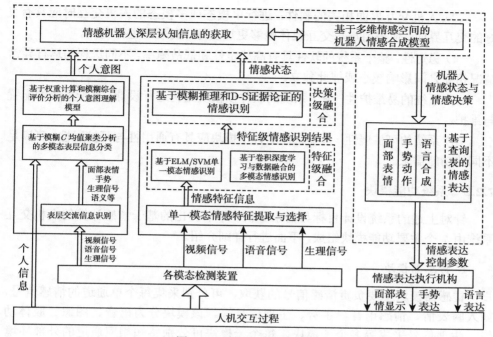

图 7.8 系统的方案设计图

（2）情感交互执行机构：进行情感交互时，其载体可为机器人、虚拟机器人以及配置有情感交互软件的远程终端等。例如，NAO 机器人、轮式机器人、移动终端等，这些执行机构可以生成或模拟与人类情感相适应的机器情感，并可通过表情、手势、语言等多种通道进行情感表达。

（3）情感计算工作站：当通过传感器采集到情感信号后，将这些数据传送至情感计算工作站进行深度处理与分析，得到实时的控制决策与行为数据。此外，在该工作站上应配置需要的情感数据库。

（4）系统服务器：作为网络的节点，服务器控制网络中的计算机、固定终端和移动终端等设备，其可以存储与处理网络上的大量数据与信息。

（5）其他：负责人机交互的上位机、上下位机之间的各类通信接口。

结合系统的功能要求与硬件的需求分析，基于情感计算的人机交互系统的软件功能需求如下。

（1）与情感计算相关的软件：为了实现人与交互载体的情感交互，系统具有情感计算的应用软件，包含和情感特征数据处理与融合、情感识别、情感理解、情感表达机制等相关的算法。

（2）与整个系统控制相关的软件：可控制传感器感知、采集信息，并适时对数据进行存储。其可对执行机构的行为操纵与协调。

（3）人机交互界面相关的软件：进行单模态或多模态的人机交互时应具有良好的交互界面，使得用户与交互载体能够更加友好、高效地进行交流。

（4）稳定性：整个系统的软件具有高稳定性和低故障率，不同进程的运行异常情况相互之间影响较小或彼此独立。

（5）系统的易维护性：整个系统的软件以模块结构进行设计，易于系统的配置与维护。

（6）系统的可扩展性：系统软件的各个模块应具有通用性与可扩展性，可满足不同的功能需求。

7.2.2　系统功能模块

针对上述的系统设计目标与需求分析，本书提出的基于情感计算的人机交互系统由 7 个主要功能模块组成，下面进行详细介绍。

1. 传感器模块

传感器模块主要负责情感信号的获取，可分别采集每个单通道的情感信号，如人脸表情、情感语音、手势、生理信号等。该模块分为语音、图像、肢体动作、生理信号采集等多个子模块，每个子模块可分别感知相应通道的外部环境信息，并采集该通道下的情感信号。此外，传感器模块对每个单通道的数据采集进行采样时间和范围等参数的设置，并对采集的数据进行处理与存储等相关工作。

2. 情感计算模块

情感计算模块将针对传感器模块获取的各通道情感信号进行情感识别、情感理解与反馈、情感表达。该模块主要对情感信号进行深度处理、分析建模、判断识别与融合决策，对识别出的人类情感分析产生的原因并对该情感变化做出恰当的反馈，获取与决策结果相应的执行器驱动数据等。其中，情感计算模块与情感识别相关的处理任务有以下几方面。

（1）对单通道的情感信号进行预处理、特征提取、分析与降维等。

（2）若单通道的情感信号仅对应一种情感状态，则对该模态下的情感特征数据进行建模与识别，从而得到情感信号所对应的人类情感类别。

（3）多模态情感识别可任意选择不同模态组合，也可选择数据融合的方式。

与情感表达相关的处理任务为：获得情感识别与理解的结果后，产生执行器的情感输出决策，将驱动指令下发给执行机构。此外，情感计算模块中需要的单模态情感数据库、多模态情感数据库，以及与情感识别、理解和反馈等相关的算法均可单独置于情感计算工作站中。

3. 执行器模块

执行器模块主要包括机器人、虚拟机器人、交互式计算机等执行机构。根据情感计算模块输出的执行器情感决策做出机器人的情感响应，执行相应的情感决策，通过语音、图像等多模态的方式模拟或表达机器情感，从而完成人与机器的情感交互。

4. 显示模块

显示模块主要用于实时显示人机交互状况，具体包含：① 实时显示机器人的视野；② 当进行远程终端的情感交互时，可显示交互系统的控制界面；③ 用于人机交互场景任务监控的显示。

5. 网络模块

网络模块主要用于初始化执行结构的网络连接、各模块设备间的通信等。系统中的网络通信均为双向传输。

6. 控制模块

控制模块主要负责各个模块之间的连接、管理与控制，控制各模块间的数据传送方向、各模块间的设备连接与配合。

7. 扩展模块

除了上述基本模块，扩展模块可增加人机交互系统的灵活性与通用性，设置各模块的扩展区域。例如，可增加执行器模块中的机器人进行多人与多机器人的交互，在情感计算模块中将表层交流信息与人机交流氛围场、个人意图等深层认知信息结合进行情感识别等。

7.2.3 系统整体架构

利用情感计算、多模态信息融合、人机交互技术，通过多个通道的传感器、机器人等设备，搭建基于情感计算的人机交互系统实验平台[13]。根据上述的系统设计目标与功能模块，本节将对系统的整体架构进行层级式设计。基于情感计算的人机交互系统层次结构分为四层，自下而上分别为硬件层、物理接口层、数据信息处理层和交互应用层，如图 7.9 所示。

硬件层为情感信息的获取、机器人情感的表达提供输入和输出，传感器模块、执行器模块和控制模块均包含于该层中。其中，传感器模块具体的数据采集任务包括：通过高分辨率摄像机捕捉人脸表情图像；使用语音设备采集情感语音信号；利用深度摄像机采集肢体姿态的实时变化数据；使用眼动仪等运动跟踪设备采集人的运动数据；通过可穿戴式装备（如数据手套、智能心率带、肌电采集分析仪等）

捕捉与情感变化相关的人体生理数据。执行器模块包括机器人、虚拟机器人、交互终端软件等，这些执行机构将根据数据信息处理层传送的情感数据和行为指令进行情感的表达，实现与人的情感交互。控制器模块是对系统各个模块进行控制管理与任务监控。

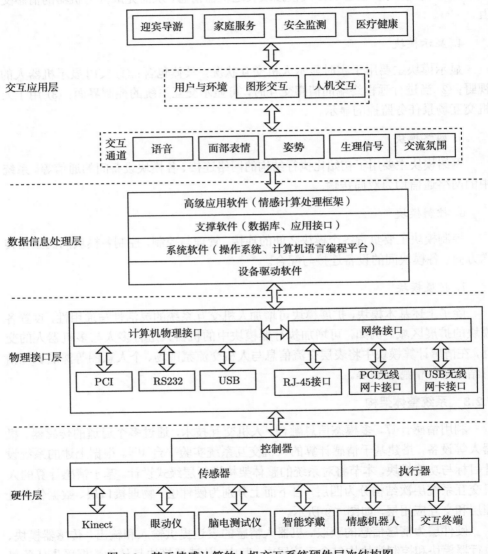

图 7.9　基于情感计算的人机交互系统硬件层次结构图

　　物理接口层为硬件层提供数据接口和通信接口，该层是交互系统软件和硬件的通信桥梁。数据信息处理层为多模态情感交互系统提供情感计算处理软件、应用软件、数据库、支持软件等资源。

交互应用层位于系统的最高层，可为用户提供语音、视觉、手势等多种模态的交互方式，且可根据情感识别的需要选择多模态情感交互的模态种类和融合方式。此外，用户还可选择与机器人或图形交互界面中的虚拟人等进行多种方式的交互。根据系统硬件层次结构图设计基于情感计算的人机交互实验系统整体拓扑结构，如图 7.10 所示。该实验系统包含用于情感表达与交互的 3 个 NAO 机器人、2 个轮式机器人、Kinect、眼动仪、可穿戴脑电检测设备等数据采集传感器，用于服务器及情感计算工作站的 2 台高性能计算机，以及数据传输和网络连接设备等。

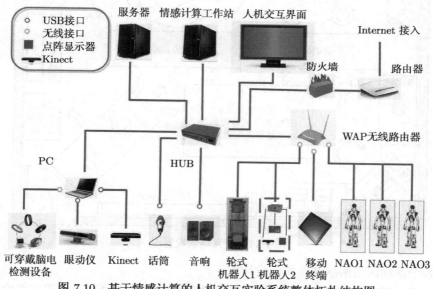

图 7.10　基于情感计算的人机交互实验系统整体拓扑结构图

系统首先利用 Kinect、眼动仪、可穿戴脑电检测设备等传感器采集多模态的情感数据；然后通过情感计算工作站中的信息融合与情感识别算法对其进行处理；最后根据情感识别与理解的结果，通过 NAO 机器人、轮式机器人等执行机构实现相应的情感表达与行为反馈，从而与人进行自然和谐的情感交互。

7.2.4　情感交互场景规划

系统中交互场景的环境配置如图 7.11 所示，其中共有 4 个活动区：迎宾导游区 1、娱乐活动区 2、家庭服务活动区 3、场景模拟区 4。每个区域均安置摄像头和适当光源，各区域的摄像头可进行信息互补，便于全方位采集面部表情信息。用户通常先至传感器佩戴区域穿戴传感器，然后进入迎宾导游区，根据用户需要和机器人指引到达指定区域。当用户与机器人进行交互时，用户所穿戴的、活动区域配置的以及整体布局的各种情感信息捕捉设备与辅助设备将相互配合，采集人的情感语音、人脸表情、身体姿势、生理信号等信息，然后通过情感计算工作站的分析识别出用户情感状态并传送至机器人，机器人对此进行情感表达并做出相应的情感反馈，从而实现人机情感交互。此外，各个区域的交互状态都将实时显示在大厅的LED 显示屏上。

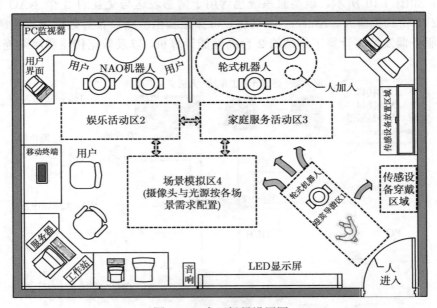

图 7.11　交互场景设置图

各个活动区的情感交互实例设计如下。

迎宾导游区 1 配置 1 个轮式机器人，作为引导机器人回应人的要求并给出反应。当用户进入机器人视野时，若为老用户，则机器人会根据该用户的历史情感数据个性化地向其招呼问好；若为新用户，则移动机器人将根据用户表情以点阵方式显示笑脸，同时通过捕捉的手势信息反馈招手等行为，并通过语音致以欢迎词。此后，机器人会征询用户意见，引领用户进入相应的交互区域。

娱乐活动区域 2 配有 2 个 NAO 机器人，可与用户进行猜拳游戏，用户与机器人进行游戏时，机器人通过头部的摄像头获取游戏画面，进而分析出游戏的结果。机器人会根据游戏的输赢做出语音、表情和手势的反馈，表达机器人在游戏中的情感状态。用户之间也可以进行游戏，机器人作为旁观者，通过语音、手势为比赛参与者加油，机器人也会鼓励比赛中的失败者。

家庭服务活动区 3 配有轮式机器人，可进行多人与多机器人的情感交互。该区域用户可为老年人、残疾人和儿童等。当老年人看电视时，可通过穿戴式传感器传送的生理数据进行健康监测，并对其进行语音提醒或者护理服务，同时也可通过摄像头采集老年人的面部表情，当察觉老年人生气时，机器人可适时改变频道或者通过多模态行为反馈进行精神安慰。该区域中的 Kinect 可以捕捉小孩的姿态、残疾人的手语，结合其他通道的信息与其进行情感交互、提供家庭服务。

场景模拟区 4 可根据需求进行任意场景的模拟。模拟咖啡厅时，NAO 机器人与移动机器人将通过面部表情、语音和生理信号等多模态情感信息识别用户的情感状态，系统会针对用户的状况，通过音响播放合适的背景音乐，以调节氛围。

7.2.5 系统功能设计实现

情感交互系统框架设计的最终目的是通过对交互者当前情感状态的判断，做出机器人的情感输出决策，从而使机器人与人进行多通道的情感交互。该框架是人机情感交互的理论基础，本节将在系统整体结构的基础上，针对多模态的情感交互内容构建情感交互系统框架。

1. 情感交互通道

图 7.12 给出了根据多模态情感交互内容构建的情感交互系统框架。

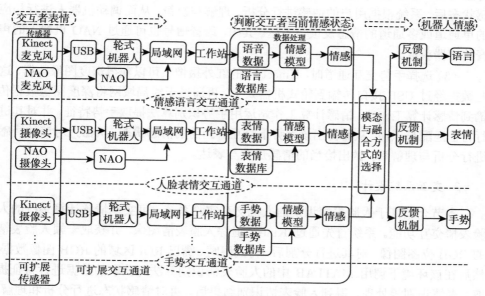

图 7.12　情感交互系统框架

多模态人机情感交互要求系统具有采集和分析人脸表情、情感语音、手势、生理信号等多模态信息的能力，因此，首先将情感交互按通道划分为情感语音交互、人脸表情交互、手势交互等通道。在该系统框架中，用户可选择情感交互的模态，既可使用单一的通道进行人机交互，也可同时选择多种通道的人机交互。针对多模态情感交互，用户还可根据需求选择不同通道数据的融合方式。此外，机器人也可以选择任意模态的情感表达方式。

当选择单一模态的情感交互时，以表情情感识别为例，具体的情感计算过程如下。

（1）选择人脸表情交互通道时，采用 Kinect 获取用户的人脸表情图像数据，这些数据通过 USB 接口传输到与之相连的轮式机器人上，并将这些数据通过无线局域网传输到情感计算工作站上。情感计算工作站通过人脸表情识别算法对这些数据进行预处理、特征提取、分类识别等，得到用户当前的情感状态。系统根据用户当前的情感状态发送机器人情感行为指令。其中人脸表情图像的采集也可通过 NAO 机器人的图像传感器实现。由于 NAO 机器人摄像头的分辨率较低（1288 像素 × 968 像素），所以要求近距离采集人脸图像。

（2）选择情感语音交互通道时，语音信号可由 Kinect 的声音传感器采集，采集的语音信号经过 USB 接口传输到轮式机器人上，再通过无线局域网将语音数据传输到情感计算工作站上。情感计算工作站通过情感语音识别算法对这些数据进行预处理、特征提取，建立语音情感模型并进行分类与识别等过程。得出用户的情感状态后，系统根据用户的情感进行分析、理解与决策，从而调动机器人进行相应的单通道或多通道的情感反馈与表达。其中，语音信号也可通过 NAO 机器人的声音传感器获取。

（3）选择手势交互通道时，Kinect 中的红外摄像头可以获得深度图像数据，这些数据经过 USB 接口传输到轮式机器人上，再通过无线局域网将深度图像数据传输到情感计算工作站。情感计算工作站运用手势识别算法提取手势特征，并对其进行特征匹配与识别，从而得出该手势下交互者当前的情感状态。机器人对该种情感进行分析与理解后，做出恰当的情感反馈与表达。

2. 交互系统设计

本节介绍基于人脸表情识别的人机交互实验系统，可实现情感计算系统的人脸表情交互功能。系统首先通过 Kinect 追踪人脸表情图像，并获取一帧人脸表情的 RGB 位图图像，对其进行分割后，得到眼睛、嘴巴 ROI 区域的 RGB 图像数据；然后在该环境下调用 MATLAB 中的人脸表情识别算法对获取的数据进行特征提取、表情识别等处理，得到人脸表情识别结果后，再对情感状态进行分析和理解；最后驱动轮式机器人进行情感表达，以此完成人与机器人间的情感交互。

轮式机器人可通过前进、后退、左转、右转四种方式进行自由移动，这些运动可作为一种情感表达方式，例如，可以设计机器人的旋转表示机器人高兴的情绪。轮式机器人的服务器采用 TCP/IP 协议进行通信，客户端获取服务器 IP 和端口号后可以与机器人进行一对一通信。Kinect 搭载在轮式机器人的最顶端,可以实时捕捉与跟踪人脸表情图像。在触摸显示屏与 Kinect 之间安置了一块点阵显示器,通过点阵表情显示可以表达出轮式机器人的喜、怒、哀、乐、惊讶、疑惑等情感。此外,轮式机器人还可通过内置的语音合成软件与扩音器进行语音情感的表达。轮式机器人的硬件结构如图 7.13 所示。

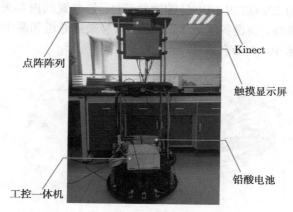

图 7.13　轮式机器人的硬件结构

人脸表情交互系统的输入设备为第一代 Kinect for Windows 感应器,通过 Kinect 最终可获取分辨率高的人脸表情真彩色图像,关键部件如图 7.14 所示。其中,位于 Kinect 中间的 RGB 彩色摄像头可采集视角范围内的彩色视频图像。表情交互时,获取人脸表情图像的 Kinect 基本参数说明为:Kinect 人脸跟踪引擎每 4~8ms 追踪一帧人脸图像;人距离摄像头 1.2~3.5m 范围内可有效工作,当距离为 0.5~1.5m 时,使用 AAM(active appearance model)作为二维特征追踪器追踪效果最好。

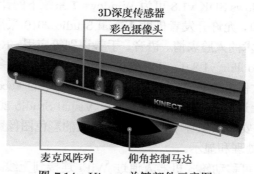

图 7.14　Kinect 关键部件示意图

目前,市场上已经出现了很多脑电信号的采集设备,主要分为侵入式和非侵入式。考虑到人机交互系统的需要，选择 EMOTIV EPOC 的便携式脑电仪。该脑电仪由 16 个电极（含两个参考电位）组成，内置蓝牙模块，可通过无线信号将脑电信号传输给计算机。该脑电仪可以用作脑机接口，也可以用来检测人们的情绪，如厌烦、兴奋、紧张、激动、放松等，还能发现人体肌肉的状态，发现笑容或者皱眉等轻微的动作反应。

图 7.15（a）为 EMOTIV EPOC 的硬件部分，该装置的内部采样率为 2048Hz，输出采样率为 128Hz。该设备包括 14 个脑电信号采集通道和两个参考电位，其电极的分布根据国际 10-20 命名系统，如图 7.15（b）所示。

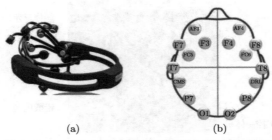

（a）　　　　　　　　（b）

图 7.15　EMOTIV EPOC 设备及其电极分布情况

Emotiv Xavier PurEEG 是 EMOTIV 最常用的软件包，可以实现 EMOTIV 脑电仪数据流的实时显示，包括脑电图、接触质量、FFT、陀螺仪、无线数据包采集/损失显示标记事件、耳机电池电量等。另外，它还提供了 SDK 开发包和多种应用程序套件包。

系统需要安装与配置的开发软件主要有 Visual Studio 2010、与 Kinect 开发相关的 Kinect for Windows SDK v1.8 和 Developer Toolkit、MATLAB R2015b；语音特征处理软件有 Parrt、Opensmile、EMOTIV EPOC 开源软件等。

Kinect for Windows SDK v1.8 可为 Windows 7 系统下的计算机提供 Kinect 的驱动和设备访问接口，允许开发者借助 Visual Studio 2010 采用 C++ 语言开发基于 Kinect 传感器技术的人脸表情、语音、手势识别等应用。Kinect 开发相关的工具还有 Developer Toolkit v1.8.0，其可提供 Kinect Studio 和多种编程语言的开发例程。人脸表情的软件系统建立在 Developer Toolkit 中的 Face Tracking 例程基础之上。安装完成了上述两个应用框架之后，在 Visual Studio 2010 中进行开发环境的配置。此外，可以安装和配置 OpenCV，将获取的彩色图像数据转化为 OpenCV 的 Mat 格式，方便处理和显示。

NAO 机器人和可移动轮式机器人通过 WiFi 连接到无线路由器，通过集线器与服务器和情感计算工作站连接。Kinect 通过 USB 接口接入 PC，可穿戴设备通过 WiFi 连接到 PC。PC 负责对情感信息捕捉设备的数据采集与控制。另外，该

PC 与无线路由器均通过集线器连接到服务器和情感计算工作站。

　　NAO 机器人可通过相应传感器获取视频图像、声音信息，采集的数据经过情感计算工作站的处理后，可获取用户的情感状态，NAO 机器人利用语音、姿态、动作等表达情感，从而与用户进行情感交互。轮式机器人可自由移动，其上已搭载 1 个 Kinect、1 台工控机和 1 块 16 × 32 的点阵。其中，Kinect 体感摄像机可即时捕捉动态图像、声音信号；工控机里的语音合成软件、扩音器可作为轮式机器人语音通道下的一种情感表达方式；点阵可通过显示基本表情作为轮式机器人视觉通道下情感状态的另一种表达方式。

　　在搭建的人机交互系统中，当识别出用户的情感状态后，根据情感理解机制设计与人情感状态相适应的反馈。以轮式机器人为例，交互过程中，轮式机器人以 9 种点阵表情与 4 种运动行为作为机器人的情感表达方式，点阵显示如图 7.16 所示。当系统识别到人是高兴的情感状态时，轮式机器人会显示开心的点阵表情，并伴随旋转动作。

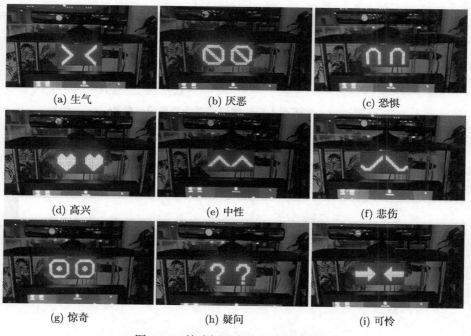

(a) 生气	(b) 厌恶	(c) 恐惧
(d) 高兴	(e) 中性	(f) 悲伤
(g) 惊奇	(h) 疑问	(i) 可怜

图 7.16　轮式机器人的点阵情感表达

　　此外，基于所搭建的多模态情感系统，设计配置了相应的控制客户端界面及功能，以便实验中对各模块进行实时监测与测试。系统界面设计结构如图 7.17 所示，主要功能包括：各信号采集模块状态的实时监测，轮式机器人及 NAO 机器人的运动控制，Kinect 图像和 NAO 机器人摄像头图像采集的在线显示，语音、图像、脑电各模态情感识别状态显示等。图 7.18 ~ 图 7.21 为多模态人机交互系统实时测试界面。

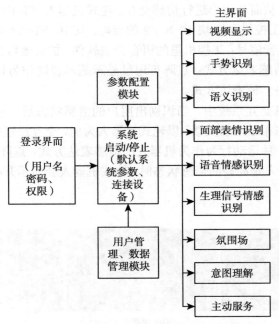

图 7.17　多模型人机情感交互系统界面设计结构

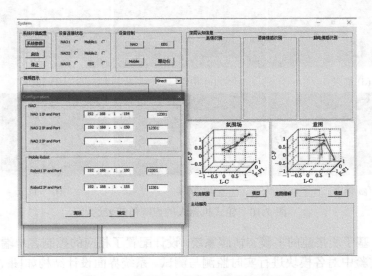

图 7.18　多模态人机交互系统测试界面

系统启动时，首先连接好 Kinect、脑电仪等传感器设备，并通过 IP 端口进行配置，使情感计算工作站与 NAO 机器人、轮式机器人建立无线连接，配置界面如图 7.18 所示。在交互界面可以实现对机器人及其他设备的远程调试，图 7.19 为轮式机器人的控制界面。在多模态情感交互系统中，可以进行单模态的情感识别实验，图 7.20 所示为系统正在进行面部表情情感识别实验。

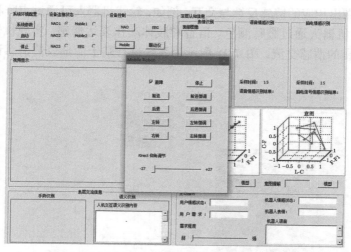

图 7.19　轮式机器人的控制界面

图 7.20　面部表情情感识别实验界面

系统运行时，底层硬件 Kinect、眼动仪、可穿戴设备及机器人的相关传感器将首先采集到用户的面部表情、情感语音、身体姿势以及生理参数等情感信号。然后服务器将采集的数据存储到情感计算工作站，情感信号在其中进行实时的运算与处理，通过单模态或多模态的情感识别可得到用户的情感状态，并据此做出机器人情感输出决策。

在情感交互实验中，通过各传感器设备采集各模态的情感信息，工作站根据情感计算的执行器输出决策，向机器人等执行机构发出控制命令与行为数据。由此，机器人便可做出相应的情感反馈与交互。例如，轮式机器人可通过点阵和语言表达情感，NAO 机器人通过眼睛颜色、语音和肢体动作表达情感，实现机器人系统与用户和谐顺畅的情感交流。图 7.21 所示为系统进行基于面部表情情感识别的实时交互。

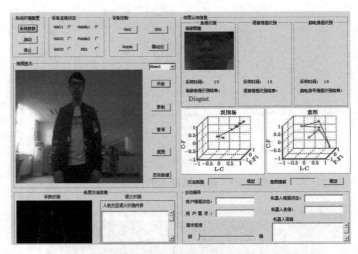

图 7.21　基于面部表情情感识别的交互界面

参 考 文 献

[1] Kolling A, Walker P, Chakraborty N, et al. Human interaction with robot swarms: A survey. IEEE Transactions on Human-Machine Systems, 2015, 46(1): 9-26

[2] Bicho E, Erlhagen W, Sousa E, et al. The power of prediction: Robots that read intentions. IEEE/RSJ International Conference on Intelligent Robots and Systems, Vilamoura, 2012: 5458-5459

[3] Salichs M A, Barber R, Khamis A M, et al. Maggie: A robotic platform for human-robot social interaction. IEEE Conference on Robotics, Automation and Mechatronics, Bangkok, 2006: 1-7

[4] Hirota K, Dong F. Development of mascot robot system in NEDO project. 4th International IEEE Conference on Intelligent Systems, Varna, 2008: 38-44

[5]   Yamazaki Y, Dong F, Masuda Y, et al. Intent expression using eye robot for mascot robot system. Computer Science, 2009: 576-580

[6]   Itoh K, Miwa H, Matsumoto M. Various emotional expressions with emotion expression humanoid robot WE-4R II. 1st IEEE Technical Exhibition Based Conference on Robotics and Automation, Tokyo, 2004: 35-36

[7]   Zecca M, Chaminade T, Umilta M A, et al. Emotional expression humanoid robot WE-4R II : Evaluation of the perception of facial emotional expressions by using fMRI. Robotics and Mechatronics Conference, Akita, 2007: 2A1-O10

[8]   Hu J L, Wellman M P. Nash Q-learning for general-sum stochastic games. Journal of Machine Learning Research, 2003, 4(4):1039-1069

[9]   Chen L F, Liu Z T, Dong F Y, et al. Adapting multi-robot behavior to communication atmosphere in humans-robots interaction using fuzzy production rule based friend-Q learning. Journal of Advanced Computational Intelligence and Intelligent Informatics, 2013, 17(2): 291-301

[10] Chen L F, Liu Z T, Wu M, et al. Multi-robot behavior adaptation to local and global communication atmosphere in humans-robots interaction. Journal on Multimodal User Interfaces, 2014, 8(3): 289-303

[11] 潘芳芳. 基于情感计算的人机交互系统设计与实现. 长沙: 中南大学硕士学位论文, 2016

[12] Liu Z T, Wu M, Cao W H, et al. A facial expression emotion recognition based humans-robots interaction system. IEEE/CAA Journal of Automatica Sinica, 2017, 4(4): 668-676

[13] Liu Z T, Pan F F, Wu M, et al. A multimodal emotional communication based humans-robots interaction system. 35th Chinese Control Conference, Chengdu, 2016: 668-676

附 录

1. 语音情感数据库

常用的语音情感数据库见附表 1。

附表 1　常用的语音情感数据库

名称	语言	录音人数	情感种类	样本大小	录音来源
EmoDB	德语	10	7	700 条语句	专业演员
LDC	英语	7	15	1050 条语句	专业演员
MPEG-4	英语	35	7	2440 条语句	电影语音片段截取
SAVEE	英语	4	7	480 条语句	专业演员
FAU AIBO	德语	49	11	18216 条语句	学校儿童
Belfast	英语	40	5	3040 条语句	非专业演员
ACCorpus SR	汉语	50	5	—	非专业演员
CASIA	汉语	4	6	9600 条语句	非专业演员
Natura	汉语	11	2	388 条语句	呼叫中心
ESMBS	汉语	12	6	720 条语句	非专业演员
KISMET	英语	3	5	1002 条语句	非专业演员
BabyEars	英语	12	3	509 条语句	母亲和父亲
SUSAS	英语	32	1	1600 条语句	模拟压力的录音
KES	韩语	10	—	5400 条语句	非专业演员
Pereira	英语	2	5	800 条语句	非专业演员
CLDC	汉语	4	—	1200 条语句	非专业演员

2. 面部表情情感数据库

常用的面部表情情感数据库见附表 2。

附表 2　常用的面部表情情感数据库

表情库	表情数量/种	图像分辨率/(像素×像素)	图片来源
JAFFE	7	256 × 256	10 位日本女性
Cohn-Kanade	7	640 × 490	210 个对象
MMI	7	720 × 576	19 个对象
FGnet	7	320 × 240	19 个对象
马里兰大学数据库	6	560 × 420	40 个不同种族的对象
DML-SUT	7	720 × 576	10 个对象
BU-3DFE	7	512 × 512	100 个不同种族对象

表情库	表情数量/种	图像分辨率/（像素×像素）	图片来源
ADSIP3-D	7	640 × 480	10 个对象
BHU	25	640 × 480	25 个对象
清华大学数据库	8	640 × 480	70 个对象
USTC-NVIE	6	704 × 480/320 × 240	215 个对象
CAS-PEAL	6	360 × 480	377 个对象
Yale	6	320 × 243	15 个对象
PIE	3	640 × 480	68 个对象
AR	4	768 × 576	116 个对象
KFDB	5	640 × 480	1000 个对象
得克萨斯大学数据库	10	720 × 480	284 个对象
RaFD	8	1024 × 681	67 个对象

3. 生理信号情感数据库

常用的生理信号情感数据库见附表 3。

附表 3　常用的生理信号情感数据库

生理信号数据库	生理信号类别	情感空间	刺激源
DEAP	EEG、EOG、EMG、GRS、RSP	VADF	音乐 MV
DRAMMER	EEG、ECG	Valance-Arousal	电影
SEED	EEG、EOG	Positive、Negative、Neutral	电影
EEGhci	EEG、ECG	Valance-Arousal	视频

4. 情感空间与模糊氛围场之间的模糊映射关系

将"Affinity"、"Pleasure-Displeasure"（"Pleasure"）、"Arousal-Sleep"（"Arousal"）映射到 "Friendly-Hostile" （"Friendly"）、"Lively-Calm" （"Lively"）和 "Casual-Formal"（"Casual"）。

1. If （"Affinity" is P) and（"Pleasure" is HP) and （"Arousal" is HA) then （"Friendly" is EFR) and （"Lively" is EL) and （"Casual" is ECA).

2. If （"Affinity" is P) and （"Pleasure" is HP) and （"Arousal" is LA) then （"Friendly" is EFR) and （"Lively" is L) and （"Casual" is ECA).

3. If （"Affinity" is P) and （"Pleasure" is HP) and （"Arousal" is NT) then （"Friendly" is EFR) and （"Lively" is NT) and （"Casual" is ECA).

4. If （"Affinity" is P) and （"Pleasure" is HP) and （"Arousal" is LS) then （"Friendly" is EFR) and （"Lively" is C) and （"Casual" is VCA).

5. If （"Affinity" is P) and （"Pleasure" is HP) and （"Arousal" is HS) then

("Friendly" is EFR) and ("Lively" is VC) and ("Casual" is VCA)

　　6. If ("Affinity" is P) and ("Pleasure" is LP) and ("Arousal" is HA) then ("Friendly" is VFR) and ("Lively" is EL) and ("Casual" is CA).

　　7. If ("Affinity" is P) and ("Pleasure" is LP) and ("Arousal" is LA) then ("Friendly" is VFR) and ("Lively" is L) and ("Casual" is CA).

　　8. If ("Affinity" is P) and ("Pleasure" is LP) and ("Arousal" is NT) then ("Friendly" is VFR) and ("Lively" is NT) and ("Casual" is CA).

　　9. If ("Affinity" is P) and ("Pleasure" is LP) and ("Arousal" is LS) then ("Friendly" is VFR) and ("Lively" is C) and ("Casual" is CA).

　　10. If ("Affinity" is P) and ("Pleasure" is LP) and ("Arousal" is HS) then ("Friendly" is VFR) and ("Lively" is VC) and ("Casual" is CA).

　　11. If ("Affinity" is P) and ("Pleasure" is NT) and ("Arousal" is HA) then ("Friendly" is VFR) and ("Lively" is EL) and ("Casual" is NT).

　　12. If ("Affinity" is P) and ("Pleasure" is NT) and ("Arousal" is LA) then ("Friendly" is VFR) and ("Lively" is L) and ("Casual" is NT).

　　13. If ("Affinity" is P) and ("Pleasure" is NT) and ("Arousal" is NT) then ("Friendly" is VFR) and ("Lively" is NT) and ("Casual" is NT).

　　14. If ("Affinity" is P) and ("Pleasure" is NT) and ("Arousal" is LS) then ("Friendly" is VFR) and ("Lively" is C) and ("Casual" is NT).

　　15. If ("Affinity" is P) and ("Pleasure" is NT) and ("Arousal" is HS) then ("Friendly" is VFR) and ("Lively" is VC) and ("Casual" is NT).

　　16. If ("Affinity" is P) and ("Pleasure" is LD) and ("Arousal" is HA) then ("Friendly" is FR) and ("Lively" is VL) and ("Casual" is F).

　　17. If ("Affinity" is P) and ("Pleasure" is LD) and ("Arousal" is LA) then ("Friendly" is FR) and ("Lively" is L) and ("Casual" is F).

　　18. If ("Affinity" is P) and ("Pleasure" is LD) and ("Arousal" is NT) then ("Friendly" is FR) and ("Lively" is NT) and ("Casual" is F).

　　19. If ("Affinity" is P) and ("Pleasure" is LD) and ("Arousal" is LS) then ("Friendly" is FR) and ("Lively" is C) and ("Casual" is F).

　　20. If ("Affinity" is P) and ("Pleasure" is LD) and ("Arousal" is HS) then ("Friendly" is FR) and ("Lively" is VC) and ("Casual" is F).

　　21. If ("Affinity" is P) and ("Pleasure" is HD) and ("Arousal" is HA) then ("Friendly" is FR) and ("Lively" is VL) and ("Casual" is VF).

　　22. If ("Affinity" is P) and ("Pleasure" is HD) and ("Arousal" is LA) then ("Friendly" is FR) and ("Lively" is L) and ("Casual" is VF).

23. If ("Affinity" is P) and ("Pleasure" is HD) and ("Arousal" is NT) then ("Friendly" is FR) and ("Lively" is NT) and ("Casual" is VF).

24. If ("Affinity" is P) and ("Pleasure" is HD) and ("Arousal" is LS) then ("Friendly" is FR) and ("Lively" is C) and ("Casual" is VF).

25. If ("Affinity" is P) and ("Pleasure" is HD) and ("Arousal" is HS) then ("Friendly" is FR) and ("Lively" is VC) and ("Casual" is VF).

26. If ("Affinity" is NT) and ("Pleasure" is HP) and ("Arousal" is HA) then ("Friendly" is FR) and ("Lively" is EL) and ("Casual" is ECA).

27. If ("Affinity" is NT) and ("Pleasure" is HP) and ("Arousal" is LA) then ("Friendly" is FR) and ("Lively" is L) and ("Casual" is ECA).

28. If ("Affinity" is NT) and ("Pleasure" is HP) and ("Arousal" is NT) then ("Friendly" is FR) and ("Lively" is NT) and ("Casual" is VCA).

29. If ("Affinity" is NT) and ("Pleasure" is HP) and ("Arousal" is LS) then ("Friendly" is FR) and ("Lively" is C) and ("Casual" is VCA).

30. If ("Affinity" is NT) and ("Pleasure" is HP) and ("Arousal" is HS) then ("Friendly" is FR) and ("Lively" is VC) and ("Casual" is VCA).

31. If ("Affinity" is NT) and ("Pleasure" is LP) and ("Arousal" is HA) then ("Friendly" is FR) and ("Lively" is EL) and ("Casual" is CA).

32. If ("Affinity" is NT) and ("Pleasure" is LP) and ("Arousal" is LA) then ("Friendly" is NT) and ("Lively" is L) and ("Casual" is CA).

33. If ("Affinity" is NT) and ("Pleasure" is LP) and ("Arousal" is NT) then ("Friendly" is NT) and ("Lively" is NT) and ("Casual" is CA).

34. If ("Affinity" is NT) and ("Pleasure" is LP) and ("Arousal" is LS) then ("Friendly" is NT) and ("Lively" is C) and ("Casual" is CA).

35. If ("Affinity" is NT) and ("Pleasure" is LP) and ("Arousal" is HS) then ("Friendly" is NT) and ("Lively" is VC) and ("Casual" is CA).

36. If ("Affinity" is NT) and ("Pleasure" is NT) and ("Arousal" is HA) then ("Friendly" is NT) and ("Lively" is VL) and ("Casual" is NT).

37. If ("Affinity" is NT) and ("Pleasure" is NT) and ("Arousal" is LA) then ("Friendly" is NT) and ("Lively" is L) and ("Casual" is NT).

38. If ("Affinity" is NT) and ("Pleasure" is NT) and ("Arousal" is NT) then ("Friendly" is NT) and ("Lively" is NT) and ("Casual" is NT).

39. If ("Affinity" is NT) and ("Pleasure" is NT) and ("Arousal" is LS) then ("Friendly" is NT) and ("Lively" is C) and ("Casual" is NT).

40. If ("Affinity" is NT) and ("Pleasure" is NT) and ("Arousal" is HS) then ("Friendly" is NT) and ("Lively" is VC) and ("Casual" is NT).

41. If ("Affinity" is NT) and ("Pleasure" is LD) and ("Arousal" is HA) then ("Friendly" is NT) and ("Lively" is VL) and ("Casual" is F).

42. If ("Affinity" is NT) and ("Pleasure" is LD) and ("Arousal" is LA) then ("Friendly" is NT) and ("Lively" is L) and ("Casual" is F).

43. If ("Affinity" is NT) and ("Pleasure" is LD) and ("Arousal" is NT) then ("Friendly" is NT) and ("Lively" is NT) and ("Casual" is F).

44. If ("Affinity" is NT) and ("Pleasure" is LD) and ("Arousal" is LS) then ("Friendly" is NT) and ("Lively" is C) and ("Casual" is F).

45. If ("Affinity" is NT) and ("Pleasure" is LD) and ("Arousal" is HS) then ("Friendly" is NT) and ("Lively" is EC) and ("Casual" is F).

46. If ("Affinity" is NT) and ("Pleasure" is HD) and ("Arousal" is HA) then ("Friendly" is H) and ("Lively" is VL) and ("Casual" is VF).

47. If ("Affinity" is NT) and ("Pleasure" is HD) and ("Arousal" is LA) then ("Friendly" is H) and ("Lively" is L) and ("Casual" is VF).

48. If ("Affinity" is NT) and ("Pleasure" is HD) and ("Arousal" is NT) then ("Friendly" is H) and ("Lively" is NT) and ("Casual" is VF).

49. If ("Affinity" is NT) and ("Pleasure" is HD) and ("Arousal" is LS) then ("Friendly" is H) and ("Lively" is C) and ("Casual" is EF).

50. If ("Affinity" is NT) and ("Pleasure" is HD) and ("Arousal" is HS) then ("Friendly" is H) and ("Lively" is EC) and ("Casual" is EF).

51. If ("Affinity" is N) and ("Pleasure" is HP) and ("Arousal" is HA) then ("Friendly" is H) and ("Lively" is VL) and ("Casual" is VCA).

52. If ("Affinity" is N) and ("Pleasure" is HP) and ("Arousal" is LA) then ("Friendly" is H) and ("Lively" is L) and ("Casual" is VCA).

53. If ("Affinity" is N) and ("Pleasure" is HP) and ("Arousal" is NT) then ("Friendly" is H) and ("Lively" is NT) and ("Casual" is VCA).

54. If ("Affinity" is N) and ("Pleasure" is HP) and ("Arousal" is LS) then ("Friendly" is H) and ("Lively" is C) and ("Casual" is VCA).

55. If ("Affinity" is N) and ("Pleasure" is HP) and ("Arousal" is HS) then ("Friendly" is H) and ("Lively" is VC) and ("Casual" is VCA).

56. If ("Affinity" is N) and ("Pleasure" is LP) and ("Arousal" is HA) then ("Friendly" is H) and ("Lively" is VL) and ("Casual" is CA).

57. If ("Affinity" is N) and ("Pleasure" is LP) and ("Arousal" is LA) then ("Friendly" is H) and ("Lively" is L) and ("Casual" is CA).

58. If ("Affinity" is N) and ("Pleasure" is LP) and ("Arousal" is NT) then ("Friendly" is H) and ("Lively" is NT) and ("Casual" is CA).

59. If ("Affinity" is N) and ("Pleasure" is LP) and ("Arousal" is LS) then ("Friendly" is H) and ("Lively" is C) and ("Casual" is CA).

60. If ("Affinity" is N) and ("Pleasure" is LP) and ("Arousal" is HS) then ("Friendly" is H) and ("Lively" is VC) and ("Casual" is CA).

61. If ("Affinity" is N) and ("Pleasure" is NT) and ("Arousal" is HA) then ("Friendly" is VH) and ("Lively" is VL) and ("Casual" is NT).

62. If ("Affinity" is N) and ("Pleasure" is NT) and ("Arousal" is LA) then ("Friendly" is VH) and ("Lively" is L) and ("Casual" is NT).

63. If ("Affinity" is N) and ("Pleasure" is NT) and ("Arousal" is NT) then ("Friendly" is VH) and ("Lively" is NT) and ("Casual" is NT).

64. If ("Affinity" is N) and ("Pleasure" is NT) and ("Arousal" is LS) then ("Friendly" is VH) and ("Lively" is C) and ("Casual" is NT).

65. If ("Affinity" is N) and ("Pleasure" is NT) and ("Arousal" is HS) then ("Friendly" is VH) and ("Lively" is EC) and ("Casual" is NT).

66. If ("Affinity" is N) and ("Pleasure" is LD) and ("Arousal" is HA) then ("Friendly" is VH) and ("Lively" is VL) and ("Casual" is F).

67. If ("Affinity" is N) and ("Pleasure" is LD) and ("Arousal" is LA) then ("Friendly" is VH) and ("Lively" is L) and ("Casual" is F).

68. If ("Affinity" is N) and ("Pleasure" is LD) and ("Arousal" is NT) then ("Friendly" is VH) and ("Lively" is NT) and ("Casual" is F).

69. If ("Affinity" is N) and ("Pleasure" is LD) and ("Arousal" is LS) then ("Friendly" is VH) and ("Lively" is C) and ("Casual" is F).

70. If ("Affinity" is N) and ("Pleasure" is LD) and ("Arousal" is HS) then ("Friendly" is VH) and ("Lively" is EC) and ("Casual" is F).

71. If ("Affinity" is N) and ("Pleasure" is HD) and ("Arousal" is HA) then ("Friendly" is EH) and ("Lively" is VL) and ("Casual" is VF).

72. If ("Affinity" is N) and ("Pleasure" is HD) and ("Arousal" is LA) then ("Friendly" is EH) and ("Lively" is L) and ("Casual" is VF).

73. If ("Affinity" is N) and ("Pleasure" is HD) and ("Arousal" is NT) then ("Friendly" is EH) and ("Lively" is NT) and ("Casual" is EF).

74. If ("Affinity" is N) and ("Pleasure" is HD) and ("Arousal" is LS) then ("Friendly" is EH) and ("Lively" is C) and ("Casual" is EF).

75. If ("Affinity" is N) and ("Pleasure" is HD) and ("Arousal" is HS) then ("Friendly" is EH) and ("Lively" is EC) and ("Casual" is EF).